全国机械行业高等职业教育"十二五"规划教材

高等职业教育教学改革精品教材

数 控 加 工 工 艺

主　　编　刘永利

副主编　王　睿　叶　畅

参　　编　张香圃　殷红梅　王鹏程

主　　审　喻步贤

机 械 工 业 出 版 社

本教材是根据教育部机械职业教育数控专业教学指导委员会制订的"数控技术专业教学计划与大纲"编写的，是配合国家级示范院校数控专业教学改革的系列教材之一。

本教材包括绪论、数控加工工艺文件的识读、数控刀具的选择、典型零件在数控机床上的装夹、典型零件数控车削加工工艺分析、典型零件数控铣削加工工艺分析、典型零件加工中心加工工艺分析、典型零件配合的数控铣削加工工艺案例分析内容。

本教材可作为高等职业教育机电类专业教学用书，也可作为各种层次的继续教育的数控培训教材，还可供有关技术人员参考。

凡选用本书作为教材的教师，均可登录机械工业出版社教育服务网 www.cmpedu.com 下载本教材配套电子教案，或发送电子邮件至 cpmgaozhi@sina.com 索取。咨询电话：010-88379375。

图书在版编目（CIP）数据

数控加工工艺/刘永利主编 . 一北京：机械工业出版社，2011. 8
（2019. 6 重印）
全国机械行业高等职业教育"十二五"规划教材
高等职业教育教学改革精品教材
ISBN 978-7-111-34839-9

Ⅰ.①数… Ⅱ.①刘… Ⅲ.①数控机床－加工－高等职业教育－教材 Ⅳ.①TG659

中国版本图书馆 CIP 数据核字（2011）第 162685 号

机械工业出版社（北京市百万庄大街 22 号 邮政编码 100037）
策划编辑：崔占军 边 萌 责任编辑：边 萌 王丹凤
版式设计：霍永明 责任校对：刘怡丹
封面设计：鞠 杨 责任印制：张 博
三河市国英印务有限公司印刷
2019 年 6 月第 1 版第 7 次印刷
184mm×260mm · 16.25 印张 · 398 千字
标准书号：ISBN 978-7-111-34839-9
定价：39.80 元

前　言

　　数控技术及数控装备是关系到国家战略地位和体现国家综合国力水平的重要基础产业，其水平高低是衡量一个国家制造业现代化程度的核心标志。目前，随着我国大力发展高新技术产业的逐步推进，社会需要数控机床数量和档次逐年提高。因此，急需培养一大批能够熟练掌握数控技术的应用型高级技能型人才。为了适应我国高等职业教育发展及应用型技术人才培养的需要，结合多年的理论教学经验和企业实践经验，对数控加工工艺课程教学体系和教学方式进行了有益的探索和实践，编写了这部教材。

　　本教材是以数控人才知识结构和工作能力的市场需求为目标，从培养学生必备的专业基础知识和专业技术应用能力出发，教材内容紧扣数控加工技术的岗位（群）需求，涵盖了数控加工工艺技术所需的知识、技能和素质。特别注意将全国数控技能大赛与教学紧密地联系起来，将以前的考核内容融入课程体系中，提升学生的职业素质和应用技能。

　　本教材主要特色为

　　1）本教材针对数控职业教育特点，课程内容由浅入深，循序渐进，图文并茂，形象生动，突出了简明性、系统性、实用性和先进性。系统地介绍了数控技术、数控装备、数控加工工艺等方面的知识。

　　2）本教材以工作过程为导向，以情境教学为主题，以项目教学为模块，每个项目都设有工作任务、能力目标、相关知识准备、任务实施、思考与练习题，使学生带着问题学习，思考解决问题的方法，增强了学生学习的迫切性、主动性和探究性。

　　3）本教材分为数控加工工艺文件的识读、数控刀具的选择、典型零件在数控机床上的装夹、典型零件数控车削加工工艺分析、典型零件数控铣削加工工艺分析、典型零件加工中心加工工艺分析、典型零件配合的数控铣削加工工艺案例分析7个学习情境，顺序是按照数控加工工艺分析的步骤进行安排的，使学生更明了、更直观掌握数控加工工艺的分析过程。

　　4）本教材在知识的顺序安排上，打破了原有教材的知识结构；在内容安排上增加了配合件数控铣削加工工艺分析，主要考虑学生参加省级及全国数控技能大赛的需要而安排的。这样，既有利于学生掌握理论知识，又能锻炼学生的实际动手能力及解决实际问题的能力，为职业资格考核和参加职业技能大赛打下良好的知识和技能基础。

　　本教材由淮安信息职业技术学院刘永利教授任主编，渤海船舶职业学院王睿、淮安信息职业技术学院叶畅任副主编。参加编写的有刘永利（学习情境一）、王睿（学习情境五、六、七）、叶畅（学习情境二）、殷红梅和张香圃（学习情境三）、王鹏程（学习情境四）。

　　本教材由淮安信息职业技术学院喻步贤任主审，他对书稿进行了详细审阅，并提出许多宝贵意见，在此表示感谢。

　　限于编者的水平有限，教材中难免存在缺点和错误，恳请广大读者批评指正。

编　者

目 录

绪　论

【工作任务】

到数控加工现场观察数控零件加工过程，了解数控加工工艺过程及数控加工内容；加深对数控、数控加工原理、数控加工工艺及数控加工工艺过程等概念的理解。

【能力目标】

1. 了解数控的概念，掌握数控加工原理。
2. 掌握数控加工工艺的概念，了解数控加工工艺过程。
3. 了解数控加工工艺的特点及数控加工的内容。

【相关知识准备】

一、数控加工工艺概述

随着科学技术的飞速发展，机械制造技术发生了巨大的变化，对机械产品的质量和生产率提出了越来越高的要求。尤其是航空、军事、造船等领域所需的零件，精度要求高，形状复杂，批量小。传统的普通机械加工设备已难以适应市场对产品多样化的要求。为了满足上述要求，以数字控制技术为核心的新型数字程序控制机床应运而生。

1952 年美国帕森斯公司（Parsons Corporation）受美国军方委托，与麻省理工学院伺服机构研究所合作研制生产出第一台工业用数控机床。从此，数控技术随着计算机技术和微电子技术的发展而迅速发展起来。

我国数控机床的研制是从 1958 年开始的，由清华大学研制出了最早的样机。到目前为止，已自行开发了三轴、四轴和五轴联动的数控系统，新开发的数控机床产品已达到国际上 20 世纪 90 年代初期的水平，为国家重点建设提供了一批高水平的数控机床。

当今世界各国制造业广泛采用数控技术，以提高制造能力和水平，提高对动态多变市场的适应能力和竞争能力。数控技术及装备是发展新兴高新技术产业和尖端工业的使用技术和最基本的装备，装备工业的技术水平和现代化程度，决定着一个国家整个国民经济的水平和现代化程度。

（一）数控概念及数控加工原理

1. 数控概念

（1）数字控制（Numerical Control，简称 NC）　数字控制是一种用数字化信号对控制对象（如机床的运动及其加工过程）进行自动控制的技术。

（2）数控技术　数控技术是指用数字、字母和符号对某一工作过程进行可编程自动控制的技术。

（3）数控系统　数控系统是指实现数控技术相关功能的软硬件模块的有机集成系统，是数控技术的载体。

（4）计算机数控系统（Computer Numerical Control，简称 CNC）　计算机数控系统是指

以计算机为核心的数控系统。

（5）数控机床（NC Machine）　数控机床是指应用数控技术对加工过程进行控制的机床或者装备了数控系统的机床。

2. 数控加工过程

数控加工就是根据零件图样及工艺要求等原始条件，编制零件数控加工程序，并输入数控机床的数控系统，以控制数控机床中刀具与工件的相对运动，从而完成零件的加工。数控加工流程如图 0-1 所示。

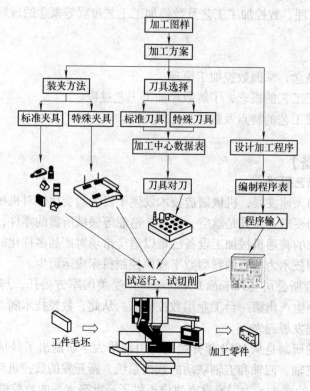

图 0-1　数控加工流程

1）根据零件加工图样进行工艺分析，确定零件的加工方案、工艺参数和位移数据。

2）用规定的程序代码和格式编写零件加工程序单；或用自动编程软件进行 CAD/CAM 工作，直接生成零件的加工程序文件。

3）程序的输入或传输。手工编程时，可以通过数控机床的操作面板输入程序；自动编程时，由编程软件生成的程序，通过计算机的串行通信接口直接传输到数控机床的数控单元（Multipoint Control Unit，简称 MCU）。

4）按照输入/传输到数控单元的加工程序，进行试运行、刀具路径模拟等。

5）通过对机床的正确操作，运行程序，完成零件的加工。

3. 数控加工原理

CNC 系统的工作过程如图 0-2 所示。

（1）译码　译码是将以文本格式表达的零件加工程序，以程序段为单位转换成刀补处理程序所要求的数据格式，把其中的各种零件轮廓信息（如起点、终点、直线或圆弧等）、

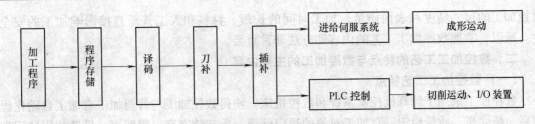

图 0-2　CNC 系统的工作过程

加工速度信息（F 代码）和其他辅助信息（M、S、T 代码等），按照一定的语法规则解释成计算机能够识别的数据形式，并以一定的数据格式存放在指定的内存专用单元中。在译码过程中，还要完成对程序段的语法检查，若发现语法错误便立即报警。

（2）刀补处理　刀具补偿包括刀具长度补偿和刀具半径补偿。通常 CNC 装置的零件程序以零件轮廓轨迹编程，刀具补偿的作用是把零件轮廓轨迹转换成刀具中心轨迹。目前在比较好的 CNC 装置中，刀具补偿还包括程序段之间的自动转接和过切削判别，也就是所谓的 C 刀具补偿。

（3）插补计算　插补的任务是在一条给定起点和终点的曲线上进行数据点的密化。插补程序在每个插补周期运行一次，并根据指令的进给速度计算出一个微小的直线数据段。通常，经过若干次插补周期后，插补加工完成一个程序段轨迹，即完成从程序段起点到终点的数据点的密化工作。图 0-3 所示为插补示例。

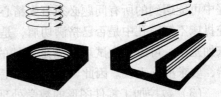

（4）PLC 控制　PLC（Programmable Logic cell，可编程逻辑单元）控制可以在数控机床运行过程中，以 CNC 内部和机床各行程开关、传感器、按

图 0-3　插补示例

钮、继电器等开关信号状态为条件，并按预先规定的逻辑关系对主轴的起停、换向，刀具的更换，工件的夹紧、松开，液压、冷却、润滑系统的运行等进行控制。

数控加工原理就是将预先编好的加工程序以数据的形式输入数控系统，数控系统通过译码、刀补处理、插补计算等数据处理和 PLC 协调控制，最终实现零件的加工。

（二）数控加工工艺概念与工艺过程

1. 数控加工工艺概念

数控加工工艺是指数控机床加工零件时所运用的各种方法和技术手段的总和。在数控机床上加工零件，首先要根据零件的尺寸和结构特点进行工艺分析，拟定加工方案，选择合适的夹具和刀具，确定每把刀具加工时的切削用量。然后将全部的工艺过程、工艺参数等编制成程序，输入数控系统。整个加工过程是自动进行的，因此程序编程前的工艺分析与设计是一项十分重要的工作。

2. 工艺过程

数控加工工艺过程是利用切削刀具在数控机床上直接加工对象的形状、尺寸、表面位置、表面状态等，使其成为成品或半成品的过程。

数控加工过程是在一个由数控机床、刀具、夹具和工件构成的数控加工工艺系统中完成的。数控机床是零件加工的工作机械，刀具直接对零件进行切削，夹具用来固定零件并使之占有正确的位置，加工程序控制刀具与工件之间的相对运动轨迹。工艺设计的好坏直接影响数控加工的尺寸精度和表面质量、加工时间的长短、材料和人工甚至直接影响加工的安全性。所以，掌握数控加工工艺的内容和方法非常重要。

二、数控加工工艺的特点与数控加工的主要内容

（一）数控加工工艺特点

数控加工采用了计算机控制系统和数控机床，使得数控加工与普通加工有加工自动化程度高、精度高、质量稳定、对加工对象的适应性强、生产效率高、周期短、设备使用费用高等特点。数控加工工艺与普通加工工艺的差异如下。

（1）数控加工工艺内容要求更具体、详细　普通加工工艺上的许多具体的工艺问题，如工步的划分与安排、刀具的几何形状与尺寸、走刀路线、加工余量、切削用量等，在很大程度上由操作人员根据实际经验和习惯自行考虑和决定，工艺人员在设计工艺规程时不必进行过多的规定。

数控加工工艺的所有工艺问题必须事先设计和安排好，并编入加工程序中。数控工艺不仅包括详细的切削加工步骤，还包括工夹具型号、规格、切削用量和其他特殊要求，以及标有数控加工坐标位置的工序图等。在自动编程中更需要确定各种详细的工艺参数。

（2）数控加工工艺要求更严密、精确　采用普通加工工艺加工时，可以根据加工过程中出现的问题，比较自由地进行人为调整。采用数控加工工艺加工时，适应性较差，加工过程中可能遇到的所有问题必须事先精心考虑，否则将导致严重的后果。例如，攻螺纹时，数控机床不知道孔中是否已挤满切屑，是否需要退刀清理一下切屑再继续加工。又如非数控机床加工中，可以多次试切来满足零件的精度要求；而数控加工过程中，严格按规定尺寸进给，要求准确无误。因此，数控加工工艺设计要求更加严密、精确。

（3）数控加工零件图形的数学处理和编程尺寸设定值的计算　编程尺寸并不是零件图上设计尺寸的简单再现。在对零件图进行数学处理和计算时，编程尺寸设定值要根据零件尺寸公差要求和零件的形状几何关系重新调整计算，才能确定合理的编程尺寸。

（4）考虑进给速度对零件形状精度的影响　制订数控加工工艺时，选择切削用量要考虑进给速度对加工零件形状精度的影响。在数控加工中，刀具的移动轨迹是由插补运算完成的。根据插补原理分析，在数控系统已定的条件下，进给速度越快，则插补精度越低，导致工件的轮廓形状精度越差。尤其在高精度加工时，这种影响非常明显。

（5）强调刀具选择的重要性　复杂形面的加工编程通常采用自动编程方式。自动编程中，必须先选定刀具再生成刀具中心运动轨迹，因此对于不具有刀具补偿功能的数控机床来说，若刀具选择不当，所编程序只能推倒重来。

（6）数控加工工艺的特殊要求

1）由于数控机床比普通机床的刚度高，所配的刀具也较好，因此在同等情况下，数控机床切削用量比普通机床大，加工效率也较高。

2）数控机床的功能复合化程度越来越高，因此现代数控加工工艺的特点是工序相对集中，表现为工序数目少，工序内容多，由于在数控机床上尽可能安排较复杂的工序，所以数控加工的工序内容比普通机床的加工工序内容复杂。

3）由于数控机床加工的零件比较复杂，因此在确定装夹方式和夹具设计时，要特别注意刀具与夹具、工件的干涉问题。

（7）数控加工程序的编写、校验与修改是数控加工工艺的一项特殊内容　在普通加工

工艺中，划分工序、选择设备等重要内容，对数控加工工艺来说这些属于已基本确定的内容，所以制订数控加工工艺的着重点是整个数控加工过程的分析，关键在确定进给路线及生成刀具运动轨迹。复杂表面的刀具运动轨迹生成需借助自动编程软件，既是编程问题，也是数控加工工艺问题。这也是数控加工工艺与普通加工工艺最大的不同之处。

（二）数控加工的主要内容

一般来说，数控加工主要包括以下几个方面的内容：

1）通过数控加工的适应性分析选择并确定进行数控加工零件的内容。

2）结合加工表面的特点和数控设备的功能对零件进行数控加工工艺分析。

3）进行数控加工工艺设计。

4）根据编程的需要，对零件图形进行数学处理和计算。

5）编写加工程序单。

6）按照程序单制作控制介质，如穿孔纸带、磁带、软盘等。

7）检验与修改加工程序。

8）首件试加工以进一步修改加工程序，并对现场问题进行处理。

9）编制数控加工工艺技术文件，如数控加工工序卡、程序说明卡、走刀路线图等。

【任务实施】

到数控加工现场观察数控加工过程。解释概念部分参看教材中相关知识准备部分，答案略。

【思考与练习题】

1. 什么是数控机床？简述数控加工过程。

2. 什么是数控加工工艺？

3. 简述数控加工工艺的特点和内容。

学习情境一　数控加工工艺文件的识读

项目一　切削用量和切削液的选择

【工作任务】

某车工师傅在粗加工一件零件时，采用了在刀具上产生积屑瘤的加工方法，而在精加工时，他又努力避免积屑瘤的产生，这是为什么？在防止积屑瘤方面，能用哪些方法？在粗、精加工时切削用量如何选择？切削液如何选用？

【能力目标】

1. 学会切削用量参数的计算。
2. 了解切削层和切削层参数的概念。
3. 学会分析切屑的折断过程，掌握解决断屑的措施。
4. 掌握积屑瘤的概念，并分析它对金属加工的影响。
5. 学会改善工件材料的切削加工性能的方法。
6. 学会切削用量和切削液选择。

【相关知识准备】

一、切削运动和切削要素

（一）切削运动

金属切削加工就是用金属切削刀具把工件毛坯上预留的金属材料（统称余量）切除，获得图样所要求的零件。在切削过程中，刀具和工件之间必须有相对运动，这种相对运动就称为切削运动。按切削运动在切削加工中的功用不同分为主运动和进给运动。

（1）主运动　主运动是由机床提供的主要运动，它使刀具和工件之间产生相对运动，从而使刀具前刀面接近工件并切除切削层。它可以是旋转运动，如车削时工件的旋转运动（图1-1），铣削时铣刀的旋转运动；也可以是直线运动，如刨削时刀具或工件的往复直线运动。其特点是切削速度最高，消耗的机床功率也最大。

（2）进给运动　进给运动是由机床提供的使刀具与工件之间产生附加的相对运动，加上主运动即可不断地或连续地切除切削层，并得出具有所需几何特性的已加工表面。它可以是连续的运动，如车削外圆时车刀平行于工件轴线的纵向运动（图1-1）；也可以是间断运动，如刨削时刀具的横向移动。其特点是消耗的功率比主运动小得多。

主运动可以由工件完成（如车削、龙门刨削等），也可以由刀具完成（如钻削、铣削等）。进给运动也同样可以由工件完成（如铣削、磨削等）或刀具完成（如车削、钻削等）。

在各类切削加工中，主运动只有一个，而进给运动可以有一个（如车削）、两个（如圆磨削）或多个，甚至没有（如拉削）。

当主运动和进给运动同时进行时，由主运动和进给运动合成的运动称为合成切削运动，如图1-1所示。刀具切削刃上选定点相对工件的瞬时合成运动方向称为合成切削运动方向，其速度称为合成切削速度。合成切削速度 v_e 为同一选定点的主运动速度 v_c 与进给运动速度 v_f 的矢量和，即

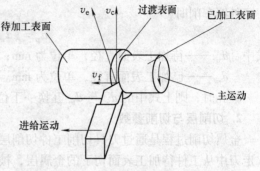

图1-1　车削时的运动和工件上的三个表面

$$v_e = v_c + v_f$$

（二）加工中的工件表面

切削过程中，工件上多余的材料不断地被刀具切除而转变为切屑。因此，工件在切削过程中形成了三个不断变化着的表面（图1-1）：

（1）已加工表面　工件上经刀具切削后产生的表面称为已加工表面。

（2）待加工表面　工件上有待切除切削层的表面称为待加工表面。

（3）过渡表面　工件上由切削刃形成的那部分表面称为过渡表面。它在下一切削行程（如刨削）、刀具或工件的下一转里（如单刃镗削或车削）将被切除，或者由下一切削刃（如铣削）切除。

（三）切削要素

1. 切削用量

切削用量是用来表示切削运动，调整机床用的参量，并且可用它对主运动和进给运动进行定量的表述。它包括以下三个要素：

（1）切削速度（v_c）　切削刃选定点相对于工件主运动的瞬时速度称为切削速度。大多数切削加工的主运动是回转运动，其切削速度 v_c（单位为 m/min）的计算公式为

$$v_c = \pi dn / 1000 \tag{1-1}$$

式中　d——切削刃选定点处所对应的工件或刀具的回转直径，单位为 mm；

　　　n——工件或刀具的转速，单位为 r/min。

（2）进给量（f）　刀具在进给方向上相对于工件的位移量称为进给量，可用刀具或工件每转或每行程的位移量来表达或度量（图1-2）。其单位用 mm/r 或 mm/行程（如刨削等）表示。车削时的进给速度 v_f（单位为 mm/min）是指切削刃上选定点相对于工件的进给运动的瞬时速度，它与进给量之间的关系为

$$v_f = nf \tag{1-2}$$

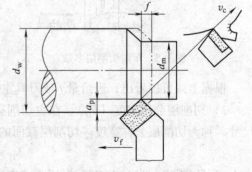

图1-2　切削用量三要素

铰刀、铣刀等多齿刀具，常要规定出每齿进给量（f_z，单位为 mm/z），其含义为多齿刀具每转或每行程中每齿相对于工件在进给运动方向上的位移量，即

$$f_z = f / z \tag{1-3}$$

式中　z——刀齿数。

（3）背吃刀量（a_p）　背吃刀量是已加工表面和待加工表面之间的垂直距离，其单位

为 mm。

外圆车削时,

$$a_p = (d_w - d_m)/2 \tag{1-4}$$

式中　　d_w——待加工表面直径,单位为 mm;

　　　　d_m——已加工表面直径,单位为 mm。

镗孔时,则上式中的 d_w 与 d_m 互换一下位置。

2. 切削层与切削参数

金属切削过程是通过刀具切削工件切削层而进行的。在切削过程中,刀具的切削刃在一次走刀中从工件待加工表面切下的金属层,被称为切削层。切削层的截面尺寸被称为切削层参数。此外,在切削层中需介绍一重要概念——背吃刀量 a_p,对于外圆车削,它指已加工表面与待加工表面间的垂直距离。

数控加工中最常用的是数控车与数控铣两种加工方式。现以这两种加工方式为例说明切削层参数的定义。

(1) 车削切削层参数　如图 1-3 所示,刀具车削工件外圆时,切削刃上任一点走的是一条螺旋线运动轨迹,整个切削刃切削出一条螺旋面。工件旋转一周,车刀由位置 I 移动到位置 II,移动一个进给量 f,切下金属切削层。此点的参数是在该点并与该点主运动方向垂直的平面内度量。

1) 切削层公称厚度 (h_D)。在主切削刃选定点的基面内,垂直于过渡表面的切削层尺寸,称为切削层公称厚度。图 1-4 切削层截面的切削厚度为

$$h_D = f\sin\kappa_r \tag{1-5}$$

式中　　κ_r——刀具主偏角,即刀具主切削刃与进给方向的夹角。

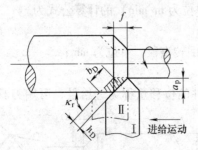

图 1-3　车削切削层参数

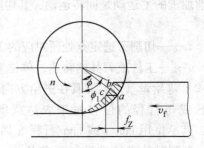

图 1-4　铣削切削层参数

根据上式可以看出,进给量 f 或刀具主偏角 κ_r 增大,车削切削层厚度 h_D 增大。

2) 切削层公称宽度 (b_D)。在主切削刃选定点的基面内,沿过渡层表面度量的切削层尺寸,称为切削层公称宽度。切削层截面的公称切削宽度为

$$b_D = a_p/\sin\kappa_r \tag{1-6}$$

由上式可以看出,当背吃刀量 a_p 增大或者主偏角 κ_r 减小时,切削层公称宽度 b_D 增大。

3) 切削层公称横截面积 (A_D)。在主切削刃选定点的基面内,切削层的截面面积,称为切削层公称横截面积。车削切削层公称横截面为

$$A_D = h_D b_D = f a_p \tag{1-7}$$

(2) 铣削切削层参数　铣削的方式主要有端铣与周铣,本文以周铣的铣削方式为例

讲解。

铣削与车削不同，在金属切削过程中，刀具旋转，工件进给移动，保持金属的连续切削。铣刀上一般有多个切削刃，所以金属的铣削是后一刀齿在前一刀齿加工后进行切削的，因此铣削的切削层应是两把刀加工面之间的加工层，周铣的切削层参数定义如下。

1）切削层公称厚度（h_D）。在基面内度量的相邻刀齿主切削刃运动轨迹间的距离。如图 1-4 所示，直齿圆柱铣刀刀齿在任意位置的切削厚度。其中，虚线为前刀齿加工轨迹，当前刀齿旋转 ϕ 角时，刀齿在加工轨迹上所在的位置为 a 点，前刀齿在同样角度位置时加工轨迹上点为 c 点，它们之间距离为每齿进给量 f_z，即铣刀每转一齿工件相对铣刀在进给方向上的移动距离。根据定义可知，此点切削层厚度为

$$h_D = ab = \text{arcsin}\phi = f_z \sin\phi \qquad (1-8)$$

可见，每齿进给量或 ϕ 角的增大都将增大切削层公称厚度。而且，当 $\phi = 0$ 时，切削层厚度为 0，当 $\phi = \phi_1$ 时，切削层厚度最大。

2）切削层公称宽度（b_D）。铣削的切削层公称宽度是指主切削刃与工件切削面的接触长度（近似值）。直齿圆柱铣刀铣削的切削层宽度为

$$b_D = a_p \qquad (1-9)$$

即切削层宽度等于背吃刀量，值得注意的是铣削的背吃刀量与一般车削所定义的不同，它是平行于铣刀轴线方向度量的被切削层尺寸，因此，对于圆周铣，背吃刀量为工件在铣刀轴线方向上被切削的尺寸。

3）切削层公称横截面积（A_D）。直齿圆周铣削的公称截面面积同样为切削厚度与背吃刀量的积，即

$$A_D = h_D b_D \qquad (1-10)$$

因为铣削切削层厚度是变化的，所以切削层公称横截面积也是变化的，由式（1-8）可知，当 $\phi = 0°$ 时，$h_D = 0$，切削层公称横截面面积最小，为 0；$\phi = \phi_1$ 时，h_D 达到最大值，因此公称横截面面积最大。

二、金属切削过程的基本规律

（一）切屑的控制

在金属切削过程中，必然会产生切屑，如不能有效地控制，轻者将划伤工件已加工表面，重者则危害操作者的人身安全和机床设备的正常运行。在数控生产中更应该注意切屑的控制。

1. 切屑的类型

由于工件材料不同，工件在加工过程中的切削变形也不同，因此所产生的切屑类型也多种多样。切屑主要有四种类型，如图 1-5 所示。其中前三种属于加工弹塑性材料时产生的切屑，第四种为加工脆性材料的切屑。现对这四种类型切屑特点分别介绍。

（1）带状切屑　此类切屑的特点是形状为带状，内表面比较光滑，外表面可以看到剪切面的条纹，呈毛茸状。它的形成过程如图 1-5a 所示。这是加工塑性金属时最常见的一种切屑。一般切削厚度较小，切削速度高，刀具前角大时，容易产生这类切屑。此时切削力波动小，已加工表面质量好。

（2）挤裂切屑　挤裂切屑形状与带状切屑差不多，不过它的外表面呈锯齿形，内表面一些地方有裂纹，如图 1-5b 所示。此类切屑一般在切削速度较低，切削厚度较大，刀具前

角较小时产生。切削过程不太稳定，切削力波动较大，已加工表面粗糙值较大。

（3）单元切屑 在切削速度很低，切削厚度很大情况下，切削铅、退火铝、纯铜等材料时，由于剪切变形完全达到材料的破坏极限，切下的切屑断裂成均匀的颗粒状，则成为梯形的单元切屑，如图1-5c所示。这种切屑类型较少，切削力波动最大，已加工表面粗糙值较大。

（4）崩碎切屑 如图1-5d所示，此类切屑为不连续的碎屑状，形状不规则，而且加工表面也凹凸不平。主要在加工白口铸铁、高硅铸铁等脆硬材料时产生。不过对于灰铸铁和脆铜等脆性材料，产生的切屑也不连续，由于灰铸铁硬度不大，通常得到片状和粉状切屑，高速切削甚至为松散带状，这种脆性材料产生切屑可以算中间类型切屑。这时已加工工件表面质量较差，切削过程不平稳。

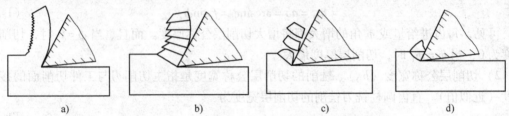

图 1-5   切屑类型
a）带状切屑 b）挤裂切屑 c）单元切屑 d）崩碎切屑

以上切屑虽然与加工不同材料有关，但加工同一种材料采用不同的切削条件也将产生不同的切屑。如加工弹塑性材料时，一般得到带状切屑，但如果前角较小，速度较低，切削厚度较大时将产生挤裂切屑；如前角进一步减小，再降低切削速度，或加大切削厚度，则得到单元切屑。掌握这些规律，可以控制切屑形状和尺寸，达到断屑和卷屑目的。

2. 切屑的折断

当对切屑不进行控制时，产生的切屑一般到一定长度会自行折断。如不对切屑进行人为的折断，可能对操作者和设备造成影响。

图1-6所示为切屑的折断过程。在图1-6a中，厚度为h_{ch}的切屑受到断屑台推力F_{Bn}作用而产生弯曲，并产生弯曲应变。在继续切削的过程中，切屑的弯曲半径由ρ_0逐渐增大到ρ，当切屑端部碰到后刀面时，切屑又产生反向弯曲应变，相当于切屑反复弯折，最后弯曲应变ε_{max}大于材料极限应变ε_b时折断。可以知道切屑的折断是正向弯曲应变和反向弯曲应变的综合结果。根据弯曲产生的应变计算，可以得出折断条件为

$$\varepsilon_{max} = \frac{h_{ch}}{2}\left(\frac{1}{\rho_0} - \frac{1}{\rho}\right) \geqslant \varepsilon_b \tag{1-11}$$

由式（1-11）可知，当切屑越厚（h_{ch}）越大，切屑弯曲半径ρ越小，材料硬度越高、脆性越大（极限应变值ε_b小）时，切屑越容易折断。

切屑的弯曲半径ρ与断屑槽尺寸有密切关系。如图1-6b所示，可得公式为

$$\rho = \frac{L_{Bn} - l}{h_{Bn}} - \frac{h_{Bn}}{2} \tag{1-12}$$

由公式可知，如减小ρ，则需减小断屑槽宽度L_{Bn}，增加断屑台高度h_{Bn}与加长刀屑接触长度l。

3. 断屑措施

（1）磨制断屑槽 磨制断屑槽是焊接硬质合金车刀常用的一种断屑方式。图1-7所示

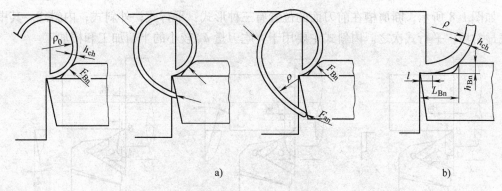

图 1-6　切屑折断过程

a) 弯曲　b) 折断

为几种常用的断屑槽形式：直线圆弧形；直线形；全圆弧形。

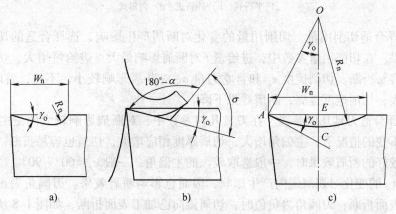

图 1-7　断屑槽形式

a) 直线圆弧形　b) 直线形　c) 全圆弧形

直线圆弧形和直线形断屑槽适用于切削碳素钢、合金结构钢、工具钢等，一般前角在 $\gamma_o = 5° \sim 15°$。全圆弧形前角比较大，$\gamma_o = 25° \sim 35°$，适用于切削纯铜、不锈钢等高弹塑性材料。

断屑槽的参数对其断屑性能和断屑范围有密切关系。影响断屑的主要参数有：槽宽 L_{Bn}，槽深 h_{Bn}。槽宽 L_{Bn} 应保证切削切屑在流出槽时碰到断屑台，以使切屑卷曲折断。如进给量大，切削厚时，可以适当增加槽宽 L_{Bn}。

表 1-1 是当进给量和背吃刀量确定后槽宽 L_{Bn} 的参考值。对于全圆弧型断屑槽，当背吃刀量 $a_p = 2 \sim 6mm$ 时，一般槽宽圆弧半径 $R_n = (0.4 \sim 0.7) L_{Bn}$。

表 1-1　断屑槽宽度 L_{Bn}

进给量	背吃刀量	断屑槽宽/mm	
$f/(mm \cdot r^{-1})$	a_p/mm	低碳钢、中碳钢	合金钢、工具钢
0.2 ~ 0.5	1 ~ 3	3.2 ~ 3.5	2.8 ~ 3.0
0.3 ~ 0.5	2 ~ 5	3.5 ~ 4.0	3.0 ~ 3.2
0.3 ~ 0.6	3 ~ 6	4.5 ~ 5.0	3.2 ~ 3.5

如图 1-8 所示，断屑槽在前刀面的位置有三种形式：平行式；外斜式；内斜式。其中外斜式最常用，平行式次之。内斜式主要用于背吃刀量 a_p 较小的半精加工和精加工。

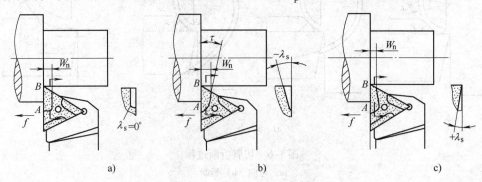

图 1-8　断屑槽前刀面所处位置
a）平行式　b）外斜式　c）内斜式

（2）选择合适切削用量　切削用量的变化对断屑产生影响，选择合适的切削用量，能增强断屑效果。在切削用量参数中，进给量 f 对断屑影响最大。进给量增大，切屑厚度也增大，碰撞时容易折断。切削速度 v_c 和背吃刀量 a_p 对断屑影响较小，不过，背吃刀量增加，断屑困难增大；切削速度提高，断屑效果下降。

（3）选择合适刀具几何参数　在刀具几何参数中，对断屑影响较大的是主偏角 κ_r。因为在进给量不变的情况下，主偏角增大，切屑厚度相应增大，切屑也容易折断。因此，在生产中希望有较好的断屑效果时，一般选取较大的主偏角，一般 $\kappa_r = 60° \sim 90°$。

刃倾角 λ_s 的变化对切屑流向产生影响，因而也影响断屑效果。刃倾角为正值时，切屑流向待加工表面折断；刃倾角为负值时，切屑流向已加工表面折断，如图 1-8 所示。

（二）积屑瘤

金属切削过程实际是被切削金属层在刀具的挤压下产生剪切滑移的塑性变形过程，在切削过程中也有弹性变形，但与塑性变形相比可以忽略。而且切削过程中，还会产生积屑瘤，它反过来又对切削产生影响，以下对这两个方面分别说明。

1. 金属切削过程的变形

金属在加工过程中会发生剪切和滑移，图 1-9 所示为金属的滑移线和流动轨迹，其中横向线是金属流动轨迹线，纵向线是金属的剪切滑移线。图 1-10 表示了金属的滑移过程。由图 1-9 可知，金属切削过程的塑性变形通常可以划分三个变形区，各区特点如下。

（1）第一变形区　切削层金属从开始塑性变形到剪切滑移基本完成，这一过程区域称为第一变形区。

切削层金属在刀具的挤压下首先将产生弹性变形，当最大剪切应力超过材料的屈服极限时，发生塑性变形。如图 1-9 所示，金属会沿 OA 线剪切滑移，OA 线被称为始滑移线。随着刀具的移动，这种塑性变形将逐步增大，当进入 OM 线时，这种滑移变形停止，OM 线被称为终滑移线。现以金属切削层中某一点的变化过程来说明。如图 1-10 所示，在金属切削过程中，切削层中金属一点 P 不断向刀具切削刃移动，当此点进入 OA 线时，发生剪切滑移，P 点向 2、3 等点流动的过程中继续滑移，当进入 OM 线上 4 点时这种滑移停止，2'-2，3'-3，4'-4 为各点相对前一点的滑移量。此区域的变形过程可以通过图 1-10 形象表示，切

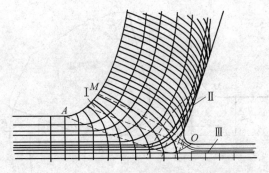

图 1-9　金属切削过程中滑移线与流线

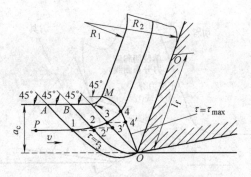

图 1-10　第一变形区金属滑移

削层在此区域如同一片片相叠的层片，在切削过程中层片之间发生了相对滑移。OA 线与 OM 线之间的区域就是第一变形区 I。

第一变形区是金属切削变形过程中最大的变形区，在这个区域内，金属将产生大量的切削热，并消耗大部分功率。此区域较窄，宽度仅 $0.02 \sim 0.2 \text{mm}$。

（2）第二变形区　产生塑性变形的金属切削层材料经过第一变形区后沿刀具前刀面流出，在靠近前刀面处形成第二变形区，如图 1-9 所示的 II 变形区。

在这个变形区域，由于切削层材料受到刀具前刀面的挤压和摩擦，变形进一步加剧，材料在此处纤维化，流动速度减慢，甚至停滞在前刀面上。而且，切屑与前刀面的压力很大，高达 $2 \sim 3 \text{GPa}$，由此摩擦产生的热量也使切屑与刀具面温度上升到几百度的高温，切屑底部与刀具前刀面发生粘结现象。发生粘结现象后，切屑与前刀面之间的摩擦不是一般的外摩擦，而变成粘结层与其上层金属的内摩擦。这种内摩擦与外摩擦不同，它与材料的流动应力特性和粘结面积有关，粘结面积越大，内摩擦力也越大。图 1-11 所示为发生粘结现象时的摩擦状况，根据摩擦状况，切屑接触面分为两个部分：粘结部分为内摩擦，这部分的单位切向应力等于材料的屈服强度 τ_s；粘结部分以外为外摩擦部分，也就是滑动摩擦部分，此部分的单位切向应力由 τ_s 减小到零。图 1-11 中也显示了整个接触区域内正应力 σ_r 的分布情况，刀尖处，正应力最大，逐步减小到零。

（3）第三变形区　金属切削层在已加工表面受刀具切削刃钝圆部分的挤压与摩擦而产生塑性变形部分的区域，如图 1-9 所示的 III 变形区。

第三变形区的形成与切削刃钝圆有关。因为切削刃不可能绝对锋利，不管采用何种方式刃磨，切削刃总会有一钝圆半径 γ_n。一般高速钢刃磨后 γ_n 为 $3 \sim 10 \mu\text{m}$，硬质合金刀具磨后约 $18 \sim 32 \mu\text{m}$，如采用细粒金刚石砂轮磨削，γ_n 最小可达到 $3 \sim 6 \mu\text{m}$。另外，切削刃切削后就会产生磨损，增加切削刃钝圆。

图 1-12 所示为考虑切削刃钝圆情况下已加工表面的形成过程。当切削层以一定的速度接近切削刃时，会出现剪切与滑移，金属切削层绝大部分金属经过第二变形区的变形沿终滑移层 OM 方向流出，由于切削刃钝圆的存在，在钝圆 O 点以下有一少部分厚 Δa 的金属切削层不能沿 OM 方向流出，被切削刃钝圆挤压过去，该部分经过切削刃钝圆 B 点后，受到后刀面 BC 段的挤压和摩擦，经过 BC 段后，这部分金属开始弹性回复，回复高度为 Δh，在回复过程中又与后刀面 CD 部分产生摩擦，这部分切削层在 OB、BC、CD 段的挤压和摩擦后，形成了已加工表面的加工质量。所以说第三变形区对工件加工表面质量产生很大影响。

以上对金属切削层在切削过程中三个变形区域变形的特点进行了介绍，如果将这三个区

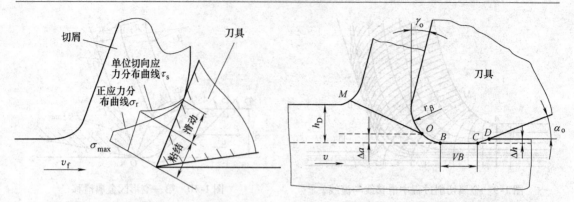

图 1-11 切屑与前刀面的摩擦　　　　　图 1-12 已加工表面形成过程

域综合起来，可以看作如图 1-13 所示过程。当金属切削层进入第一变形区时，金属发生剪切滑移，并且金属纤维化，该切削层接近切削刃时，金属纤维更长并包裹在切削刃周围，最后在 O 点断裂成两部分，一部分沿前刀面流出成为切屑，另一部分受到切削刃钝圆部分的挤压和摩擦成为已加工表面，表面金属纤维方向平行已加工表面，这层金属具有与基体组织不同的性质。

2. 积屑瘤的形成及对加工的影响

在一定的切削速度和保持连续切削的情况下，加工弹塑性材料时，在刀具前刀面常常粘结一块剖面呈三角状的硬块，这块金属被称为积屑瘤。

积屑瘤的形成可以根据第二变形区的特点来解释。当金属切削层从终滑移面流出时，受到刀具前刀面的挤压和摩擦，切屑与刀具前刀面接触面温度升高，挤压力和温度达到一定的程度时，就产生粘结现象，也就是常说的"冷焊"。切屑流过与刀具粘结的底层时，产生内摩擦，这时底层上面金属出现加工硬化，并与底层粘结在一起，逐渐长大，成为积屑瘤，如图 1-14 所示。

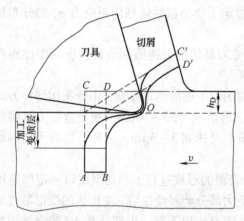 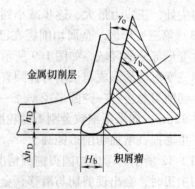

图 1-13 刀具的切削完成过程　　　　　图 1-14 积屑瘤对加工的影响

积屑瘤的产生不但与材料的加工硬化有关，而且也与切削刃前区的温度和压力有关。一般材料的加工硬化性越强，越容易产生积屑瘤；温度与压力太低不会产生积屑瘤，温度太高也不会产生积屑瘤。与温度相对应，切削速度太低不会产生积屑瘤，切削速度太高，积屑瘤也不会发生，因为切削速度对切削温度有较大的影响。

积屑瘤硬度很高，是工件材料硬度的 $2 \sim 3$ 倍，能同刀具一样对金属进行切削。它对金属切削过程会产生如下影响。

（1）实际刀具前角增大　刀具前角 γ_o 指刀面与基面之间的夹角。如图 1-14 所示，由于积屑瘤的粘结，刀具前角增大了一个 γ_b 角度，如把积屑瘤看成刀具一部分的话，无疑实际刀具前角增大，现为 $\gamma_o + \gamma_b$。

刀具前角增大可减小切削力，对切削过程有积极的作用。而且，积屑瘤的高度 H_b 越大，实际刀具前角也越大，切削更容易。

（2）实际切削厚度增大　由图 1-14 可以看出，当积屑瘤存在时，实际的金属积屑层厚度比无积屑瘤时增加了一个 Δh_D，显然，这对工件切削尺寸的控制是不利的。值得注意的是，这个厚度 Δh_D 的增加并不是固定的，因为积屑瘤在不停变化，它是一个产生，长大，最后脱落的周期性变化过程，这样可能在加工中产生振动。

（3）加工后表面粗糙度增大　积屑瘤的变化不但是整体，而且积屑瘤本身也有一个变化过程。积屑瘤的底部一般比较稳定，而它的顶部极不稳定，经常会破裂，然后再形成。破裂的一部分随切屑排除，另一部分留在加工表面上，使加工表面变得非常粗糙。可以看出，如果想提高表面加工质量，必须控制积屑瘤的发生。

（4）切削刀具的寿命降低　从积屑瘤在刀具上的粘结来看，积屑瘤应该对刀具有保护作用，它代替刀具切削，减少了刀具磨损。但积屑瘤的粘结是不稳定的，它会周期性的从刀具上脱落，当它脱落时，可能使刀具表面金属剥落，从而使刀具磨损加大。对于硬质合金刀具这一点表现尤为明显。

（三）切削力及切削功率

了解切削力对于计算功率消耗，刀具、机床、夹具的设计，制订合理的切削用量，确定合理的刀具几何参数都有重要的意义。在数控加工过程中，许多数控设备就是通过监测切削力来监控数控加工过程以及加工刀具所处的状态。

1. 切削力的产生

刀具在切削过程中克服加工阻力所需的力称为切削力。切削力主要由克服被加工材料对弹性变形的抗力，克服被加工材料对塑性变形的抗力，克服切屑对刀具前刀面的摩擦力和刀具后刀面对过渡表面以及已加工表面间的摩擦力等产生，如图 1-15 所示。

2. 切削合力及分力

作用在刀具上的各个力的总和形成对刀具的总的合力，如图 1-16 所示。合力 F_r 又可以分解为三个垂直方向的分力 F_f、F_p、F_c。车削时的分力如下。

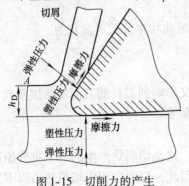

图 1-15　切削力的产生

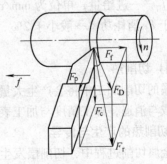

图 1-16　切削合力及分力

进给力 F_f——也称轴向力或走刀力。它是总合力在进给方向的分力。它是设计走刀机构，计算车刀进给功率的依据。

背向力 F_p——也称径向力或吃刀力。它是总合力在垂直工作平面方向的分力。此力的反力使工件发生弯曲变形，影响工件的加工精度，并在切削过程中产生振动。它是机床零件和车刀强度的依据。

切削力 F_c——也称切向力。它是总合力在主运动方向上的分力，是计算车刀强度，设计机床零件，确定机床功率的依据。

由图 1-16 可知

$$F_r = \sqrt{F_c^2 + F_D^2}$$

F_D 为总合力在切削层尺寸平面上的投影，是进给力 F_f 与背向力 F_p 的合力，即

$$F_D = \sqrt{F_p^2 + F_f^2}$$

因此总合力为

$$F_r = \sqrt{F_c^2 + F_p^2 + F_f^2} \tag{1-13}$$

在刀具主偏角 $\kappa_r = 45°$，刀具刃倾角 $\lambda_s = 0°$，刀具前角 $\gamma_o = 15°$ 时，根据试验 F_f、F_p、F_c 三个力之间的关系为

$$F_p = (0.4 \sim 0.5)F_c$$
$$F_f = (0.3 \sim 0.4)F_c$$
$$F_r = (1.12 \sim 1.18)F_c$$

不过，根据车刀材料、车刀几何参数、切削用量、工件材料和车刀磨损等情况不同，F_f、F_p、F_c 三力之间比例有较大变化。

3. 切削功率

切削过程中消耗的功率称为切削功率 P_c。通过图 1-16 可以看到，背向力 F_p 在力的方向无位移，不做功，因此切削功率为进给力 F_f 与切削力 F_c 所做的功。功率公式为

$$P_c = (F_c v_c/60 + F_f nf/1000) \times 10^{-3} \tag{1-14}$$

式中　P_c——切削功率，单位为 kW；

　　　F_c——切削力，单位为 N；

　　　v_c——切削速度，单位为 m/min；

　　　F_f——进给力，单位为 N；

　　　n——工件转速，单位为 r/s；

　　　f——进给量，单位为 mm/r。

由于 F_f 消耗功率一般小于 2%，可以忽略不计，因此功率公式可简化为

$$P_c = F_c v_c/60 \times 10^{-3}$$

（四）切削热

金属的切削加工中将会产生大量切削热，切削热又影响到刀具前刀面的摩擦系数，积屑瘤的形成与消退，加工精度与加工表面质量、刀具寿命等。

1. 切削热的产生与传导

在金属切削过程中，切削层发生弹性与塑性变形，这是切削热产生的一个重要原因，另外，切屑、工件与刀具的摩擦也产生了大量的热量。因此，切削过程中切削热由以下三个区

域产生：剪切面、切屑与刀具前刀面的接触区和刀具后刀面与工件过渡表面接触区。

金属切削层的塑性变形产生的热量最大，即主要在剪切面区产生，可以通过下式近似计算出切削热量，实际上是切削力所做的功，即

$$Q = F_c v_c \qquad\qquad (1-15)$$

式中　Q ——切削热量，单位为 J/s；

　　　F_c ——切削力，单位为 N；

　　　v_c ——切削主运动速度，单位为 m/s。

切削产生的热量主要由切屑、刀具、工件和周围介质（空气或切削液）传出，如不考虑切削液，则各种介质的比例参考如下：

（1）车削加工　切屑，50% ~ 86%；刀具，10% ~ 40%；工件，3% ~ 9%；空气，1%。切削速度越高，切削厚度越大，切屑传出的热量越多。

（2）钻削加工　切屑，28%；刀具，14.5%；工件，52.5%；空气，5%。

2. 切削温度的分布

图 1-17 和图 1-18 所示为切削温度的分布情况，可以了解切削温度有以下分布特点。

1）切削最高温度并不在切削刃，而是离切削刃有一定距离。对于 45 钢，约在离切削刃 1mm 处前刀面的温度最高。

2）后刀面温度的分布与前刀面类似，最高温度也在切削刃附近，不过比前刀面的温度低。

3）终剪切面后，沿切屑流出的垂直方向温度变化较大，越靠近刀面，温度越高，这说明切屑在刀面附近被摩擦升温，而且切屑在前刀面的摩擦热集中在切屑底层。

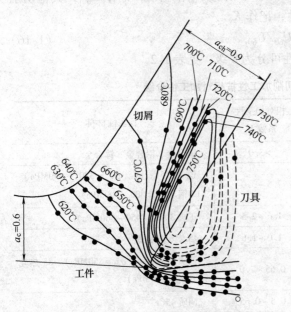

图 1-17　切削温度的分布

工件材料：低碳易切钢；刀具 $\gamma_o = 30°$，$\alpha_o = 7°$；

切削层厚度 $h_D = 0.6mm$，切削速度 $v_c = 22.86 m/min$，

干切削，预热 611°

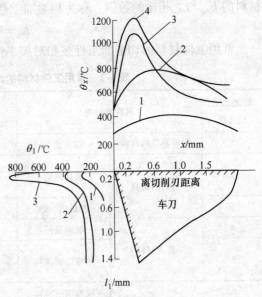

图 1-18　切削不同材料温度分布切削速度

$v_c = 30 m/min$，$f = 0.2 m/r$

1—45 钢 – YT15　2—GCr15 – YT14

3—钛合金 BT2 – YG8　4—BT2 – YT15

三、改善工件材料的切削加工性

不同材料，切削加工的难易程度是不同的。了解影响金属切削加工难易度的因素，对于提高加工效率和加工质量将有重要的意义。

（一）材料切削加工性的概念与评价标准

在一定的切削条件下，工件材料在进行切削加工时表现出的加工难易程度被称为材料的切削加工性。

加工时的情况和要求不同，材料加工难易程度的评价标准也不同。如粗加工时用刀具寿命和切削力为指标；精加工时用已加工表面粗糙度值作指标。因此，切削加工性是一个相对概念。一般材料的切削加工性的标准用以下几个方面来衡量。

（1）加工表面质量　容易获得较小表面粗糙度的材料，其材料的切削加工性好。

（2）刀具寿命　这是比较通用的材料切削加工性的参数。参数常用的衡量方法是保证相同刀具寿命的前提下，考察切削材料所允许的切削速度的高低，以 U_T 表示，含义为当刀具寿命为 $T(\min)$ 时，切削某种工件材料所允许的切削速度值。U_T 越高，工件材料的切削加工性越好。一般情况下，取 $T = 60\min$，U_T 可以用 U_{60} 表示；难加工材料 $T = 30\min$ 或 $15\min$。

（3）单位切削力　机床动力不足或机床系统刚性不足时，常采用此衡量方法。

（4）断屑性能　对工件材料断屑性能要求高的机床，如自动生产线、组合机床等，或对断屑性能要求较高的工序，常采用此衡量方法。

以上是评价材料切削加工性的各种标准。在生产实践中，通常采用相对加工性来衡量材料的切削加工性，即：以强度为 $\sigma_b = 0.637\text{GPa}$ 的 45 钢的 U_{60} 作基准，记作 U_{60j}，其他切削材料的 U_{60} 与之相比的数值，称为相对加工性，记作 K_v。

$$K_v = U_{60}/U_{60j} \tag{1-16}$$

常用工件材料的切削加工性按相对加工性可分为 8 级，见表 1-2。

表 1-2　常用工件材料的切削加工性按相对加工性分级

切削加工性等级	名称及种类		相对加工性系数 K_v	代表性材料
1	很容易切削材料	一般非铁金属	>3.0	铜合金、铝合金、锌合金
2	易切削材料	易切削钢	2.5~3.0	退火 15Cr 钢（$\sigma_b = 380~450\text{MPa}$）；Y12 钢（$\sigma_b = 400~500\text{MPa}$）
3		较易切削钢	1.6~2.5	正火 30 钢（450~560MPa）
4	普通材料	一般钢及铸铁	1.0~1.6	45 钢、灰铸铁
5		稍难切削材料	0.65~1.0	调质 2Cr13 钢（$\sigma_b = 850\text{MPa}$）；85 热轧钢（$\sigma_b = 900\text{MPa}$）
6		较难切削材料	0.5~0.65	调质 45Cr
7	难切削材料	难切削材料	0.15~0.5	50CrV 调质；1Cr18Ni9Ti 未淬火；工业纯铁；某些钛合金
8		很难切削材料	<0.15	某些钛合金；铸造镍基高温合金；Mn13 高锰钢

（二）影响工件材料切削加工性的因素

在影响工件材料切削加工性的各种因素中，最主要的影响因素是材料的硬度，其次是该材料的金相组织相关因素，再次是工件材料的塑性和韧性。

（1）工件材料硬度对切削加工性的影响　一般情况下，加工硬度高的工件材料时，切屑与前刀面的接触长度减小，前刀面上的法向应力增大，摩擦集中在一小段刀具和切屑接触面上，使切削温度增高，摩擦加剧，因此刀尖容易磨损和崩刃。工件材料的硬度越高，所允许的切削速度也越低。当工件材料的硬度达到 54HRC 时，材料的 U_{60} 值相当低，高速钢刀具已无法切削。

（2）工件材料强度对切削加工性的影响　工件材料的强度越高，所需的切削力也越大，切削温度也相应增高，刀具磨损变大。因此，材料的切削加工性是随着材料的强度增大而降低。

（3）材料的塑性与韧性对切削加工性的影响　在强度相同时，塑性大的材料所需切削力大，产生的切削温度也高，另外还容易发生粘结现象，切削变形大，因而刀具磨损较大，已加工表面质量较差，此材料的切削加工性也较差。

材料的韧性对材料加工性的影响与塑性类似。韧性大的工件材料所需切削力较大，刀具磨损较快，而且材料的韧性越高，断屑越困难。

（4）金相组织对材料切削加工性的影响　一般铁素体的塑性较高，珠光体的塑性较低。金属材料中含有大部分铁素体和少量珠光体时材料的切削加工性较好。片状珠光体分布的材料，金属切削加工性较差；球状珠光体分布的材料，金属切削加工性较好。切削马氏体、回火马氏体和索氏体等硬度较高的组织时，刀具磨损大，材料切削加工性差。

（5）材料化学成分对切削加工性的影响　钢中化学成分能改善钢的性能。其中，Cr、Ni、V、Mo、W、Mn 等元素能提高钢的强度和硬度；Si 和 Al 等元素容易形成氧化铝和氧化硅等硬质点，增加刀具磨损。这些元素含量较低时（一般 0.3% 为限），对金属的切削加工性影响不大，超过这个含量，材料的切削加工性降低。

钢中加入少量的硫、硒、铅、磷等元素后，不但能降低钢的强度，而且能降低钢的塑性，因而提高了钢的切削加工性。

铸铁中化学元素对切削加工性的影响是通过这些元素对碳石墨化作用而产生的。铸铁中碳元素以两种形式存在：碳化铁和游离石墨。石墨硬度低，润滑性能好，当铸铁中碳以这种形式存在时，铸铁的切削加工性高；碳化铁因为硬度高，刀具容易磨损，所以当铸铁碳化铁含量高时，切削加工性低。

（6）材料的加工硬化性能对切削加工性的影响　工件材料的加工硬化性能越高，切削力越大，切削温度也越高；另外，刀具容易被硬化的切屑和已硬化表面磨损，因而，材料的切削加工性越低。一些高锰钢和奥氏体不锈钢切削后的表面硬度，比原硬度高 1.8 倍左右，造成刀具磨损加剧。

（三）改善金属材料切削加工性的措施

工件材料的切削加工性往往不能满足加工的需要，需要采取措施提高材料的加工性能。通过以上对影响材料切削加工性的因素分析，可以知道，改善材料的切削加工性，主要可以采取以下两种措施。

1. 调整工件材料的化学成分

因为工件材料的化学成分影响金属切削加工性，如材料中加入硫元素，组织中产生硫化物，减少组织的结合强度，便于切削；加入铅，使材料组织结构不连接，有利断屑，铅还能形成润滑膜，减小摩擦系数。因此，在钢中添加硫、铅等化学元素，金属的切削性能将得到有效提高。一般在大批量生产中，通过改变材料的化学成分来改善切削加工性。

2. 通过热处理改变材料的金相组织和力学性能

根据影响材料加工性的因素分析可知，金属材料的金相组织和力学性能，能影响金属材料的切削加工性。通过热处理能改变材料的金相组织和力学性能，从而达到改善金属切削加工性目的。

高碳钢和工具钢硬度高，含有较多网状和片状渗碳体组织，难切削。通过球化退火，得到球状渗碳体组织，降低了材料硬度，改善了切削加工性。

低碳钢塑性高，切削加工性也差。通过冷拔和正火处理，可以降低其塑性，提高硬度，使其切削加工性得到改善。马氏体不锈钢塑性也较高，一般通过调质处理，降低塑性，提高其加工性。

热轧状态的中碳钢，由于组织不均匀，有些表面有硬皮，所以难切削。通过正火处理或退火处理，均匀材料的组织和硬度，可以提高材料切削加工性。

铸铁一般通过退火处理，可消除内应力和降低表面硬度，以改善切削加工性。

四、切削用量的确定和切削液的选择

（一）切削用量的确定

切削用量是切削加工过程中切削速度、进给量和背吃刀量的总称。切削用量的选择，对加工效率、加工成本和加工质量都有重大的影响。切削用量的选择需要考虑机床、刀具、工件材料和工艺等多种因素。

1. 切削用量选择原则和方法

所谓合理的切削用量是指充分利用机床和刀具的性能，并在保证加工质量的前提下，获得高的生产率与低加工成本的切削用量。当刀具寿命一定时，切削速度 v_c 对生产率影响最大，进给量 f 次之，背吃刀量 a_p 最小。因此，在刀具寿命一定，从提高生产率角度考虑，切削用量的选择有一个总的原则：首先选择尽量大的背吃刀量，其次选择最大的进给量，最后是切削速度。当然，切削用量的选择还要考虑各种因素，最后才能得出一种比较合理的方案。

自动换刀数控机床主轴或装刀所费时间较多，所以选择切削用量要保证刀具加工完一个零件，或保证刀具寿命不低于一个工作班，最少不低于半个工作班。

以下对切削用量三要素选择方法分别论述。

（1）背吃刀量的选择　背吃刀量的选择根据加工余量确定。切削加工一般分为粗加工、半精加工和精加工几道工序，各工序有不同的选择方法。

1）粗加工时（表面粗糙度 $R_a 50 \sim 12.5\mu m$），在允许的条件下，尽量一次切除该工序的全部余量。中等功率机床，背吃刀量可达 $8 \sim 10mm$。但对于加工余量大，一次走刀会造成机床功率或刀具强度不够；或加工余量不均匀，引起振动；或刀具受冲击严重出现打刀等几种情况，需要采用多次走刀。如分两次走刀，则第一次背吃刀量尽量取大，一般为加工余量的 $2/3 \sim 3/4$。第二次背吃刀量尽量取小些，可取加工余量的 $1/4 \sim 1/3$。

2）半精加工时（表面粗糙度 $R_a 6.3 \sim 3.2 \mu m$），背吃刀量一般为 $0.5 \sim 2mm$。

3）精加工时（表面粗糙度 $R_a 1.6 \sim 0.8 \mu m$），背吃刀量为 $0.1 \sim 0.4mm$。

（2）进给量的选择　粗加工时，进给量主要考虑工艺系统所能承受的最大进给量，如机床进给机构的强度、刀具强度与刚度、工件的装夹刚度等。精加工和半精加工时，最大进给量主要考虑加工精度和表面粗糙度。另外还要考虑工件材料、刀尖圆弧半径、切削速度等。如当刀尖圆弧半径增大，切削速度提高时，可以选择较大的进给量。

在生产实际中，进给量常根据经验选取。粗加工时，根据工件材料、车刀导杆直径、工件直径和背吃刀量按表1-3进行选取。其中的数据是经验所得，包含了导杆的强度和刚度，工件的刚度等工艺系统因素。

表1-3　硬质合金车刀粗车外圆及端面的进给量参考值　　　　（单位：mm）

工件材料	车刀刀杆尺寸	工件直径	背吃刀量 a_p				
			≤3	>3 ~5	>5 ~8	>8 ~12	>12
			进给量 $f/mm \cdot r^{-1}$				
合金结构钢 耐热钢 碳素结构钢	16 × 25	20	0.3 ~ 0.4	—	—	—	—
		40	0.4 ~ 0.5	0.3 ~ 0.4	—	—	—
		60	0.5 ~ 0.7	0.4 ~ 0.6	0.3 ~ 0.5	—	—
		100	0.6 ~ 0.9	0.5 ~ 0.7	0.5 ~ 0.7	0.4 ~ 0.5	—
		400	0.8 ~ 1.2	0.7 ~ 1.0	0.6 ~ 0.8	0.5 ~ 0.6	—
	20 × 30 25 × 25	20	0.3 ~ 0.4	—	—	—	—
		40	0.4 ~ 0.5	0.3 ~ 0.4	—	—	—
		60	0.6 ~ 0.7	0.5 ~ 0.7	0.4 ~ 0.6	—	—
		100	0.8 ~ 1.0	0.7 ~ 0.9	0.5 ~ 0.7	0.4 ~ 0.7	—
		400	1.2 ~ 1.4	1.0 ~ 1.2	0.8 ~ 1.0	0.6 ~ 0.9	0.4 ~ 0.6
铸铁及 合金钢	16 × 25	40	0.4 ~ 0.5	—	—	—	—
		60	0.6 ~ 0.8	0.5 ~ 0.6	—	—	—
		100	0.8 ~ 1.2	0.7 ~ 1.0	0.6 ~ 0.8	0.5 ~ 0.7	—
		400	1.0 ~ 1.4	1.0 ~ 1.2	0.8 ~ 1.0	0.6 ~ 0.8	—
	20 × 30 25 × 25	40	0.4 ~ 0.5	—	—	—	—
		60	0.6 ~ 0.9	0.5 ~ 0.8	0.4 ~ 0.7	—	—
		100	0.9 ~ 1.3	0.8 ~ 1.2	0.7 ~ 1.0	0.5 ~ 0.78	—
		400	1.2 ~ 1.8	1.2 ~ 1.6	1.0 ~ 1.3	0.9 ~ 1.0	0.7 ~ 0.9

从表1-3可以看到，在背吃刀量一定时，进给量随着导杆尺寸和工件尺寸的增大而增大。加工铸铁时，切削力比加工钢件时小，所以铸铁可以选取较大的进给量。精加工与半精加工时，可根据加工表面粗糙度要求按表1-4选取，同时考虑切削速度和刀尖圆弧半径因素。有必要的话，还要对所选进给量参数进行强度校核，最后要根据机床说明书确定。

在数控加工中最大进给量受机床刚度和进给系统的性能限制。选择进给量时，还应注意零件加工中的某些特殊因素。比如在轮廓加工中，选择进给量时，应考虑轮廓拐角处的超程问题。特别是在拐角较大、进给速度较高时，应在接近拐角处适当降低进给速度，在拐角后逐渐升速，以保证加工精度。

加工过程中，由于切削力的作用，机床、工件、刀具系统产生变形，可能使刀具运动滞

表 1-4　按表面粗糙度选择进给量的参考值

工件材料	表面粗糙度 /μm	切削速度范围 /m·min^{-1}	刀尖圆弧半径 γ_ε/mm		
			0.5	1.0	2.0
			进给量 f/mm·r^{-1}		
铸铁、青铜、铝合金	$R_a10 \sim 5$	不限	0.25 ~ 0.40	0.40 ~ 0.50	0.50 ~ 0.60
	$R_a5 \sim 2.5$		0.15 ~ 0.25	0.25 ~ 0.40	0.40 ~ 0.60
	$R_a2.5 \sim 1.25$		0.10 ~ 0.15	0.15 ~ 0.20	0.20 ~ 0.35
碳钢及合金钢	$R_a10 \sim 5$	<50	0.30 ~ 0.50	0.45 ~ 0.60	0.55 ~ 0.70
		>50	0.40 ~ 0.55	0.55 ~ 0.65	0.65 ~ 0.70
	$R_a5 \sim 2.5$	<50	0.18 ~ 0.25	0.25 ~ 0.30	0.30 ~ 0.40
		>50	0.25 ~ 0.30	0.30 ~ 0.35	0.35 ~ 0.50
	$R_a2.5 \sim 1.25$	<50	0.10	0.11 ~ 0.15	0.15 ~ 0.22
		50 ~ 100	0.11 ~ 0.16	0.16 ~ 0.25	0.25 ~ 0.35
		>100	0.16 ~ 0.20	0.20 ~ 0.25	0.25 ~ 0.35

后，从而在拐角处可能产生"欠程"。因此，拐角处的欠程问题，在编程时应给予足够的重视。此外，还应充分考虑切削的自然断屑问题，通过选择刀具几何形状和对切削用量的调整，使排屑处于最顺畅状态，严格避免长屑缠绕刀具而引起故障。

（3）切削速度的选择　确定了背吃刀量 a_p、进给量 f 和刀具寿命 T，则可以按下面公式计算或由表 1-7 确定切削速度 v_c 和机床主轴转速 n。

$$v_c = \frac{C_V}{60T^m a_p^{x_v} f^{y_v}} k_v \tag{1-17}$$

公式中各指数和系数可以由表 1-5 选取，修正系数 k_v 为一系列修正系数乘积，各修正系数可以通过表 1-6 选取。此外，切削速度也可通过表 1-7 得出。

半精加工和精加工时，切削速度 v_c，主要受刀具寿命和已加工表面质量限制，在选取切削速度 v_c 时，要尽可能避开积屑瘤的速度范围。

表 1-5　车削速度计算式中的系数与指数

工件材料	刀具材料	进给量 f/mm·r^{-1}	系数与指数值			
			C_v	x_v	y_v	m
外圆纵车碳素结构钢	YT15 （干切）	$f \leq 0.3$	291	0.15	0.20	0.2
		$f \leq 0.7$	242	0.15	0.35	0.2
		$f > 0.7$	235	0.15	0.45	0.2
	W18Cr4V （加切削液）	$f \leq 0.25$	67.2	0.25	0.33	0.125
		$f > 0.25$	43	0.25	0.66	0.125
外圆纵车灰铸铁	YG6 （干切）	$f \leq 0.4$	189.8	0.15	0.20	0.2
		$f > 0.4$	158	0.15	0.40	0.2
	W18Cr4V （干切）	$f \leq 0.25$	24	0.15	0.30	0.1
		$f > 0.25$	22.7	0.15	0.40	0.1

表1-6　车削速度计算修正系数

| 工件材料 K_{MV_c} | 加工钢：硬质合金 $K_{MV_c}=0.637/\sigma_b$　高速钢 $K_{MV_c}=C_M(0.637/\sigma_b)^{n_{v_c}}$　$C_M=1.0$；$n_{v_c}=1.75$；当 $\sigma_b\leqslant0.441GPa$ 时，$n_{v_c}=-1.0$ | | | | | |
| | 加工灰铸铁：硬质合金 $K_{MV_c}=(190/HBW)^{1.25}$　　高速钢 $K_{MV_c}=(190/HBW)^{1.7}$ | | | | | |

毛坯状况 K_{SV_c}	无外皮	棒料	锻件	铸钢、铸铁		Cu－Al合金
				一般	带砂皮	
	1.0	0.9	0.8	0.8－0.85	0.5－0.6	0.9

刀具材料 K_{TV_c}	钢	YT5	YT14	YT15	YT30	YG8
		0.65	0.8	1	1.4	0.4
	灰铸铁	YG8		YG6		YG3
		0.83		1.0		1.15

主偏角 K_{krV_c}	κ_r	30°	45°	60°	75°	90°
	钢	1.13	1	0.92	0.86	0.81
	灰铸铁	1.2	1	0.88	0.83	0.73

副偏角 k'_{krv_c}	k'_r	30°	30°	30°	30°	30°
	k'_{kcv_c}	1	0.97	0.94	0.91	0.87

刀尖半径 $K_{r_gv_c}$	r	1mm	2mm	3mm	4mm
	$K_{r_gv_c}$	0.94	1.0	1.03	1.13

刀杆尺寸 K_{BV_c}	$B\times H$	12×20 16×16	16×25 20×20	20×30 25×25	25×40 30×30	30×45 40×40	40×60
	K_{BV_c}	0.93	0.97	1	1.04	1.08	1.12

切削速度的选取原则是粗车时，因背吃刀量和进给量都较大，应选较低的切削速度；精加工时，选择较高的切削速度；加工材料强度硬度较高时，选较低的切削速度，反之取较高切削速度；刀具材料的切削性能越好，切削速度越高。

2. 高速切削技术

（1）超高速切削技术的概念　高速切削技术目前还没统一的定义，一般指采用超硬材料的刀具，通过极大地提高切削速度和进给速度，来提高材料切除率、加工精度和加工表面质量的现代加工技术。一般以主轴转速界定：高速加工的主轴转速≥10000r/min。

（2）高速切削技术的切削速度范围　高速切削技术涉及多种切削方法：车、铣、磨等。一般切削速度范围因不同的加工方法和不同的工件材料而异，通常高速车削切削速度的范围为700～7000m/min，高速铣削的范围为300～6000m/min，高速磨削的为50～300m/s。一些定义了切削速度的下限，如德国 Schulz 公司所定的铣削下限为：铝件1200m/min，铸铁900m/min，钢件500m/min。

（3）高速切削技术的特点

1）加工效率高。进给率较常规提高5～10倍，材料去除率提高3～6倍。

2）切削力小。较常规切削降低至少30%，背向力降低更明显。这有利于减小工件受力变形，适合加工薄壁件和细长件。

表1-7 车削加工常用钢材的切削速度参考数值

加工材料	布氏硬度 HBW	背吃刀量 a_p/mm	高速钢刀具 v_c/(m·min⁻¹)	高速钢刀具 f/(mm·r⁻¹)	硬质合金刀具 未涂层 v_c/(m·min⁻¹) 焊接式	未涂层 可转位	未涂层 f/(mm·r⁻¹)	涂层 材料	涂层 v/(m·min⁻¹)	涂层 f/(mm·r⁻¹)	陶瓷(超硬材料)刀具 v_c/(m·min⁻¹)	陶瓷 f/(mm·r⁻¹)	说明
易切削碳钢 低碳	100~200	1	55~90	0.18~0.2	185~240	220~275	0.18	TY15	320~410	0.18	550~700	0.13	切削条件较好时可用冷压 Al₂O₃ 陶瓷,切削条件较差时宜用 Al₂O₃ + TiC 热压混合陶瓷
		4	41~70	0.40	135~185	160~215	0.50	TY14	215~275	0.40	425~580	0.25	
		8	34~55	0.50	110~145	130~170	0.75	TY5	170~220	0.50	335~490	0.40	
易切削碳钢 中碳	175~225	1	52	0.2	165	200	0.18	TY15	305	0.18	520	0.13	
		4	40	0.40	125	150	0.50	TY14	200	0.40	395	0.25	
		8	30	0.50	100	120	0.75	TY5	160	0.50	305	0.40	
碳钢 低碳	125~225	1	43~46	0.18	140~150	170~195	0.18	TY15	260~290	0.18	520~580	0.13	
		4	34~33	0.40	115~125	135~150	0.50	TY14	170~190	0.40	365~425	0.25	
		8	27~30	0.50	88~100	105~120	0.75	TY5	135~150	0.50	275~365	0.40	
碳钢 中碳	175~275	1	34~40	0.18	115~130	150~160	0.18	TY15	220~240	0.18	460~520	0.13	
		4	23~30	0.40	90~100	115~125	0.50	TY14	145~160	0.40	290~350	0.25	
		8	20~26	0.50	70~78	90~100	0.75	TY5	115~125	0.50	200~260	0.40	
碳钢 高碳	175~275	1	30~37	0.18	115~130	140~155	0.18	TY15	215~230	0.18	460~520	0.13	
		4	24~27	0.40	88~95	105~120	0.50	TY14	145~150	0.40	275~335	0.25	
		8	18~21	0.50	69~76	84~95	0.75	TY5	115~120	0.50	185~245	0.40	
合金钢 低碳	125~225	1	41~46	0.18	135~150	170~185	0.18	TY15	220~235	0.18	520~580	0.13	
		4	32~37	0.40	105~120	135~145	0.50	TY14	175~190	0.40	365~395	0.25	
		8	24~27	0.50	84~95	105~115	0.75	TY5	135~145	0.50	275~335	0.40	
合金钢 中碳	175~275	1	34~41	0.18	105~115	130~150	0.18	TY15	175~200	0.18	460~520	0.13	
		4	26~32	0.40	85~90	105~120	0.40~0.50	TY14	135~160	0.40	280~360	0.25	
		8	20~24	0.50	67~73	82~95	0.50~0.75	TY5	105~120	0.50	220~265	0.40	
合金钢 高碳	175~275	1	30~37	0.18	105~115	135~145	0.18	TY15	175~190	0.18	460~520	0.13	
		4	24~27	0.40	84~90	105~115	0.50	TY14	135~150	0.40	275~335	0.25	
		8	18~21	0.50	66~72	82~90	0.75	TY5	105~120	0.50	215~245	0.40	
高强度钢	225~350	1	20~26	0.18	90~105	115~135	0.18	TY15	150~185	0.18	380~440	0.13	>300HBW 时宜用 W12Cr4V5Co5 及 W2MoCr4VCo8
		4	15~20	0.40	69~84	90~105	0.40	TY14	120~135	0.40	205~265	0.25	
		8	12~15	0.50	53~66	69~84	0.50	TY5	90~105	0.50	145~205	0.40	

3）切削热少。加工过程迅速，95%以上的切削热被切屑带走，工件集聚热量少，温升低，适于加工易氧化和易产生热变形的零件。

4）加工精度高。刀具激振频率远离工艺系统固有频率，不易产生振动；又因切削力小，热变形小，残余应力小，易于保证加工精度和表面质量。

5）工序集约化。可获得高的加工精度和较小的表面粗糙度值，在一定的条件下，可对硬表面加工，从而使工序集约化。这对模具加工有特别意义。

（4）高速切削技术的应用　高速切削技术的应用范围很广，现主要用于以下几个领域。

1）在航空工业轻合金的加工。飞机制造业是最早采用高速铣削的行业。飞机上的零件通常采用"整体制造法"，即在整体上"掏空"加工以形成多筋薄壁构件，其金属切除量相当大，这正是高速切削的用武之地。铝合金的切削速度已达 1500 ~ 5500m/min，最高达 7500m/min。

2）模具制造业也是高速切削应用的重要领域。模具型腔加工过去一直为电加工垄断，但其加工效率低。而高速加工切削力小，可铣淬硬 60HRC 的模具钢，加工表面粗糙度值又很小，浅腔大曲率半径的模具完全可用高速铣削来代替电加工；对深腔小曲率的，可用高速铣削加工作为粗加工和半精加工，电加工只作为精加工。这样可使生产效率大大提高，周期缩短。钢的切削速度可达 600 ~ 800m/min。

3）汽车工业是高速切削的又一应用领域。汽车发动机的箱体、气缸盖多用组合机床加工。国外汽车工业及上海大众、上海通用公司，凡技术变化较快的汽车零件，如气缸盖的气门数目及参数经常变化，现一律用高速加工中心来加工。铸铁的切削速度可达 750 ~ 4500m/min。

（二）切削液的选择

1. 切削液的作用

（1）润滑作用　切削液能在刀具的前、后刀面与工件之间形成一层润滑薄膜，可减少或避免刀具与工件或切屑间的直接接触，减轻摩擦和粘结程度，因而可以减轻刀具的磨损，提高工件表面的加工质量。

切削速度对切削液的润滑效果影响最大，一般速度越高，切削液的润滑效果越低。切削液的润滑效果还与切削厚度、材料强度等切削条件有关。切削厚度越大，材料强度越高，润滑效果越差。

（2）冷却作用　流出切削区的切削液带走大量的热量，从而降低工件与刀具的温度，提高刀具寿命，减少热变形，提高加工精度。不过切削液对刀具与切屑界面的影响不大，试验表明，切削液只能缩小刀具与切屑界面的高温区域，并不能降低最高温度。切削液若喷注到刀具副后面处，对刀具和工件的冷却效果明显。

切削液的冷却性能取决于它的导热系数、比热容、汽化热、汽化速度及流量、流速等。切削热的冷却作用主要靠热传导。因为水的导热系数为油的 3 ~ 5 倍，且比热容也大一倍，所以水溶液的冷却性能比油好。

切削液温度对冷却效果影响很大。切削液温度太高，冷却作用小；切削液温度太低，切削油粘度大，冷却效果也不好。

（3）清洗作用　在车、铣、磨削、钻等加工时，常浇注和喷射切削液来清洗机床上的切屑和杂物，并将切屑和杂物带走。

（4）防锈作用　一些切削液中加入了防锈添加剂，它能与金属表面起化学反应而生成一层保护膜，从而起到防锈的作用。

2. 切削液添加剂及切削液分类

（1）切削液添加剂

1）油性添加剂。单纯矿物油与金属的吸附力差，润滑效果不好，如在矿物油中添加油性添加剂，将改善润滑作用。动植物油、皂类、胺类等与金属吸附力强，形成的物理吸附油膜较牢固，是理想的油性添加剂。不过物理吸附油膜在温度较高时将失去吸附能力，因此一般油性添加剂切削液在200℃以下使用。

2）极压添加剂。这种添加剂主要利用添加剂中的化合物，在高温下与加工金属快速反应形成化学吸附膜，从而起固体润滑剂作用。目前常用的添加剂中一般含氯、硫和磷等化合物。由于化学吸附膜与金属结合牢固，一般在400～800℃高温仍起作用。硫与氯的极压切削油分别对非铁金属和钢铁有腐蚀作用，应注意合理使用。

3）表面活性剂。表面活性剂是一种有机化合物，它使矿物油微小颗粒稳定分散在水中，形成稳定的水包油乳化液。表面活性剂除起乳化作用外，还能吸附在金属表面，形成润滑膜，起润滑作用。乳化液中除加入适量的乳化稳定剂（如乙二醇、正丁醇）外，还添加防锈添加剂（如亚硝酸钠等），抗泡沫剂（二甲基硅油等），防霉添加剂（苯酚等）。

（2）切削液的种类　切削液可分为水溶性和非水溶性两大类。

1）切削油。切削油分为两类：一类以矿物油为基体加入油性添加剂的混和油，一般用于低速切削非铁金属及磨削中；另一类是极压切削油，是在矿物油中添加极压添加剂制成，适用于重切削和难加工材料的切削。

2）乳化液。乳化液是用乳化油加70%～98%的水稀释而成的乳白色或半透明状液体，它由切削油加乳化剂制成。乳化液具有良好的冷却和润滑性能。乳化液的稀释程度根据用途定。浓度高润滑效果好，但冷却效果差；反之，冷却效果好，润滑效果差。

3）水溶液。水溶液的主要成分是水，为具有良好的防锈性能和一定的润滑性能，常加入一定的添加剂（如亚硝酸钠、硅酸钠等）。常用的水溶液有电介质水溶液和表面活性水溶液。电介质水溶液是在水中加入电介质作为防锈剂；表面活性水溶液是加入皂类等表面活性物质，增强水溶液的润滑作用。

3. 切削液选用原则

切削液的效果除由本身的性能决定外，还与工件材料、刀具材料、加工方法等因素有关，应该综合考虑，合理选择，以达到良好的效果。表1-8为常用切削液选用表。以下是一般的选用原则。

（1）粗加工　粗加工时，切削用量大，产生的切削热量多，容易使刀具迅速磨损。此类加工一般采用冷却作用为主的切削液，如离子型切削液或质量分数为3%～5%乳化液。切削速度较低时，刀具以机械磨损为主，宜选用润滑性能为主的切削液；速度较高时，刀具主要是热磨损，应选用冷却为主的切削液。

硬质合金刀具耐热性好，热裂敏感，可以不用切削液。如采用切削液，必须连续、充分浇注，以免冷热不均产生热裂纹而损伤刀具。

（2）精加工　精加工时，切削液的主要作用是提高工件表面加工质量和加工精度。加工一般钢件，在较低的速度（6.0～30m/min）情况下，宜选用极压切削油或质量分数为10%～12%极压乳化液，以减小刀具与工件之间的摩擦和粘结，抑制积屑瘤。

表1-8　常用切削液选用表

加工类型		工件材料					
		碳钢	合金钢	不锈钢及耐热钢	铸铁及黄铜	青铜	铝及合金
车、铣、及镗孔	粗加工	3%～5%乳化液	1.5%～15%乳化液　2.5%石墨或硫化乳化液　3.5%氯化石蜡油制乳化液	（1）10%～30%乳化液　（2）10%硫化乳化液	（1）一般不用　（2）3%～5%乳化液	一般不用	（1）一般不用　（2）中性或含有游离酸小于4mg的弱性乳化液
	精加工	（1）石墨化或硫化乳化液　（2）5%乳化液（高速时）　（3）10%～15%乳化液（低速时）		（1）氧化煤油　（2）煤油75%、油酸或植物油25%　（3）煤油60%、松节油20%、油酸20%	黄铜一般不用，铸铁用煤油	7%～10%乳化液	（1）煤油　（2）松节油　（3）煤油与矿物油的混合物
切断及切槽		（1）15%～20%乳化液　（2）硫化乳化液　（3）活性矿物油　（4）硫化油		（1）氧化煤油　（2）煤油75%、油酸或植物油25%　（3）硫化油85%～87%、油酸或植物油13%～15%	（1）7%～10%乳化液　（2）硫化乳化液		
钻孔及镗孔		（1）7%硫化乳化液　（2）硫化切削油		（1）3%肥皂+2%亚麻油（不锈钢钻孔）　（2）硫化切削油（不锈钢镗孔）	（1）一般不用　（2）煤油（用于铸铁）　（3）菜油（用于黄铜）	（1）7%～10%乳化液　（2）硫化乳化液	（1）一般不用　（2）煤油　（3）煤油与菜油的混合油
铰孔		（1）硫化乳化液　（2）10%～15%极压乳化液　（3）硫化油与煤油混合液（中速）		（1）10%乳化液或硫化切削油　（2）含硫氯磷切削油			（1）2号锭子油　（2）2号锭子油与蓖麻油的混合物　（3）煤油和菜油的混合物
车螺纹		（1）硫化乳化液　（2）氧化煤油　（3）煤油75%，油酸或植物油25%　（4）硫化切削油　（5）变压器油70%，氯化石蜡30%		（1）氧化煤油　（2）硫化切削油　（3）煤油60%，松节油20%、油酸20%　（4）硫化油60%、煤油25%、油酸15%　（5）四氯化碳90%，猪油或菜油10%	（1）一般不用　（2）煤油（铸铁）　（3）菜油（黄铜）	（1）一般不用　（2）菜油	（1）硫化油30%、煤油15%、2号或3号锭子油55%　（2）硫化油30%、煤油15%、油酸30%、2号或3号锭子油25%
滚齿插齿		（1）20%～25%极压乳化液　（2）含硫（或氯、磷）的切削油			（1）煤油（铸铁）　（2）菜油（黄铜）	（1）10%～15%极压乳化液　（2）含氯切削油	（1）10%～15%极压乳化液　（2）煤油
磨削		（1）电解水溶液　（2）3%～5%乳化液　（3）豆油+硫磺粉			3%～5%乳化液		磺化蓖麻油1.5%、浓度30%～40%的氢氧化钠，加至微碱性，煤油9%，其余为水

注：表中百分数均为质量分数。

精加工铜及其合金、铝及合金或铸铁时，宜选用粒子型切削液或 10% ～12% 乳化液，以降低加工表面粗糙度值。注意加工铜材料时，不宜采用含硫切削液，因为硫对铜有腐蚀作用。另外，加工铝时，也不适于采用含硫与氯的切削液，因为这两种元素宜与铝形成强度高于铝的化合物，反而增大刀具与切屑间的摩擦，也不宜采用水溶液，因高温时水强使铝产生针孔。

（3）难加工材料的切削 难加工材料硬质点多，热导率低，切削液不易散出，刀具磨损较快。此类加工一般处于高温高压的边界润滑摩擦状态，应选用润滑性能好的极压切削油或高浓度的极压乳化液。当用硬质合金刀具高速切削时，可选用冷却作用为主的低浓度乳化液。

【任务实施】

根据开始的工作任务解决方案如下。

根据本节积屑瘤对加工的影响分析可知，积屑瘤能增大刀具实际前角，使切削更容易，所以这位师傅在粗加工时采用了利用积屑瘤的加工方法，但积屑瘤很不稳定，它会周期性地脱落，这就造成了刀具实际切削厚度在变化，影响零件的加工尺寸精度。另外，积屑瘤的剥落和形状的不规则又使零件加工表面变得非常粗糙，影响零件表面粗糙度。所以在精加工阶段，这位师傅又努力避免积屑瘤的发生。

根据积屑瘤产生的原因可以知道，积屑瘤是切屑与刀具前刀面摩擦，摩擦温度达到一定程度，切屑与前刀面接触层金属发生加工硬化时产生的，因此可以采取以下几个方面的措施来避免积屑瘤的发生。

首先从加工前的热处理工艺阶段解决。通过热处理，提高零件材料的硬度，降低材料的加工硬化。其次，调整刀具角度，增大前角，从而减小切屑对刀具前刀面的压力；调低切削速度，使切削层与刀具前刀面接触面温度降低，避免粘结现象的发生；采用较高的切削速度，增加切削温度，因为温度高到一定程度，积屑瘤也不会发生；更换切削液，采用润滑性能更好的切削液，减少切削摩擦。

粗加工时，切削用量的选择要根据工件的加工余量，首先选择尽可能大的背吃刀量 a_p；其次根据机床进给系统及刀杆的强度刚度等的限制条件，选择尽可能大的进给量 f；最后根据刀具寿命确定最佳的切削速度 v_c；并且校核所选切削用量是机床功率允许的。

精加工时，切削用量的选择要首先根据粗加工后的加工余量确定背吃刀量 a_p；其次根据已加工表面粗糙度的要求，选取较小的进给量 f；最后在保证刀具寿命的前提下，尽可能选择较高的切削速度 v_c；并校核所选切削用量是机床功率允许的。

粗加工时，切削用量大，产生的切削热量多，容易使刀具迅速磨损。此类加工一般采用冷却作用为主的切削液，如离子型切削液或质量分数为 3% ～5% 的乳化液。切削速度较低时，刀具以机械磨损为主，宜选用润滑性能为主的切削液；速度较高时，刀具主要是热磨损，应选用冷却为主的切削液。硬质合金刀具耐热性好，热裂敏感，可以不用切削液。如采用切削液，必须连续、充分浇注，以免冷热不均产生热裂纹而损伤刀具。

精加工时，切削液的主要作用是提高工件表面加工质量和加工精度。加工一般钢件，在较低的速度（6.0～30m/min）情况下，宜选用极压切削油或质量分数为 10% ～12% 的极压乳化液，以减小刀具与工件之间的摩擦和粘结，抑制积屑瘤。精加工铜及其合金、铝及合金或铸铁时，宜选用粒子型切削液或质量分数为 10% ~ 12% 的乳化液，以降低加工表面粗糙度。注意加工铜材料时，不宜采用含硫切削液，因为硫对铜有腐蚀作用。另外，加工铝时，也不适于采用含硫与氯的切削液，因为这两种元素宜与铝形成强度高于铝的化合物，反而增大刀具与切屑间的摩擦，也不宜采用水溶液，因高温时水强使铝产生针孔。

【思考与练习题】

1. 画图说明切削运动的类型。

2. 画图说明工件切削过程中产生的表面。

3. 切削用量的三要素有哪些？试写出他们的计算公式。

4. 什么是切削层？切削层参数有哪些？

5. 切屑的类型有哪些？它们的特点是什么？

6. 简述切屑的折断过程。断屑的措施有哪些？

7. 简述金属切削过程产生塑性变形的三个变形区的特点。

8. 什么是积屑瘤？它对金属加工有何影响？

9. 什么是切削力？它是如何产生的？切削功率的大小与哪些因素有关？

10. 切削热产生在哪些区域？切削温度是如何分布的？

11. 简述如何改善工件材料的切削加工性能。

12. 切削用量选择的原则和方法有哪些？

13. 切削液的作用是什么？它有哪些种类？切削加工时，如何选择切削液？

项目二 零件的工艺分析

【工作任务】

1. 某主轴箱体主轴孔的设计要求为 $\phi100H7$，$R_a = 0.8\mu m$。其加工工艺路线为毛坯→粗镗→半精镗→精镗→浮动镗。试确定各工序尺寸及其公差。

2. 如图 1-19 所示零件，要加工内孔 $\phi40H7$、阶梯孔 $\phi13mm$ 和 $\phi22mm$ 三种不同规格和精度要求的孔，零件材料为 HT200。试选择加工方法和在选择刀具的基础上确定其切削用量。

【能力目标】

1. 学会对零件图的尺寸分析和对零件的结构分析。

2. 学会正确地选用毛坯，并掌握加工余量的计算。

3. 学会安排材料的热处理工序。

4. 掌握基准不重合时工序尺寸的计算方法。

5. 掌握外圆表面、内孔表面和平面的加工方案的选择方法。

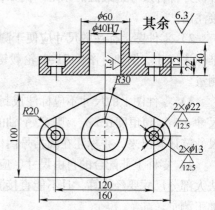

图 1-19 零件图

6. 学会零件加工阶段的划分和正确安排加工顺序。

7. 掌握影响加工精度和加工表面质量的因素。

【相关知识准备】

一、零件图的工艺分析

在制订零件的机械加工工艺规程之前，对零件图进行工艺分析，以及对产品零件图提出修改意见。这是制订工艺规程的一项重要工作。

（一）零件图的尺寸分析

首先应熟悉零件在产品中的作用、位置、装配关系和工作条件，搞清楚各项技术要求对零件装配质量和使用性能的影响，找出主要的和关键的技术要求，然后对零件图样进行分析。

（1）检查零件图的完整性和正确性　在了解零件形状和结构之后，应检查零件视图是否正确、足够，表达是否直观、清楚，绘制是否符合国家标准，尺寸、公差以及技术要求的标注是否齐全、合理等。

（2）零件的技术要求分析　零件的技术要求包括下列几个方面：加工表面的尺寸精度、主要加工表面的形状精度、主要加工表面之间的相互位置精度、加工表面的粗糙度以及表面质量方面的其他要求、热处理要求、其他要求（如动平衡、未注圆角或倒角、去飞边、毛坯要求等）。

要注意分析这些要求在保证使用性能的前提下是否经济合理，在现有生产条件下能否实现。特别要分析主要表面的技术要求，因为主要表面的加工确定了零件工艺过程的大致轮廓。

（3）零件的材料分析　即分析所提供的毛坯材质本身的机械性能和热处理状态，毛坯的铸造品质和被加工部位的材料硬度，是否有白口、夹砂、疏松等。判断其加工的难易程度，为选择刀具材料和切削用量提供依据。所选的零件材料应经济合理，切削性能好，满足使用性能的要求。

（4）合理的标注尺寸

1）零件图上的重要尺寸应直接标注，而且在加工时应尽量使工艺基准与设计基准重合，并符合尺寸链最短的原则。例如，图 1-20 中活塞环槽的尺寸为重要尺寸，其宽度应直接注出。

2）零件图上标注的尺寸应便于测量，不要从轴线、中心线、假想平面等难以测量的基准标注尺寸。例如，图 1-21 中轮毂键槽的深度，只有尺寸 c 的标注才便于用卡尺或样板测量。

3）零件图上的尺寸不应标注成封闭式，以免产生矛盾。如图 1-22 所示，已标注了孔距尺寸 $a \pm \delta_a$ 和角度 $\alpha \pm \delta_\alpha$，则 x、y 轴的坐标尺寸就不能随便标注。有时为了方便加工，可按尺寸链计算出来，并标注在圆括号内作为加工时的参考尺寸。

4）零件上非配合的自由尺寸，应按加工顺序尽量从工艺基准注出。图 1-23a 的表示方法大部分尺寸要经换算，且不能直接测量；而图 1-23b 的标注方式与加工顺序一致，又便于加工测量。

5）零件上各非加工表面的位置尺寸应直接标注，而非加工面与加工面之间只能有一个

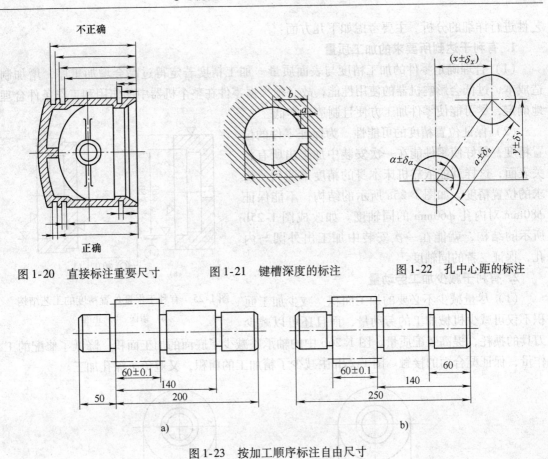

图 1-20 直接标注重要尺寸　　图 1-21 键槽深度的标注　　图 1-22 孔中心距的标注

图 1-23 按加工顺序标注自由尺寸
a）错误　b）正确

联系尺寸，如图 1-24 中所示。图 1-24a 中的注法不合理，只能保证一个尺寸符合图样要求，其余尺寸可能会超差。而图 1-24b 中标注尺寸 A 在加工面Ⅳ时予以保证，其他非加工面的位置直接标注，在铸造时保证。

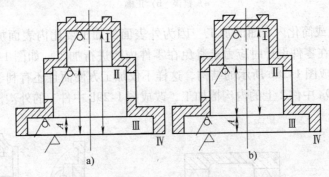

图 1-24 非加工面与加工面之间的尺寸标注
a）错误　b）正确

（二）零件的结构工艺性分析

零件的结构工艺性是指在满足使用性能的前提下，是否能以较高的生产率和最低的成本方便地加工出来的特性。为了多快好省地把所设计的零件加工出来，就必须对零件的结构工艺性进行详细的分析。主要考虑如下几方面：

1. 有利于达到所要求的加工质量

（1）合理确定零件的加工精度与表面质量　加工精度若定得过高会增加工序，增加制造成本，过低会影响机器的使用性能，故必须根据零件在整个机器中的作用和工作条件合理地确定，尽可能使零件加工方便且制造成本低。

（2）保证位置精度的可能性　为保证零件的位置精度，最好使零件能在一次安装中加工出所有相关表面，这样就能依靠机床本身的精度来达到所要求的位置精度。如图 1-25a 所示的结构，不能保证 $\phi 80mm$ 对内孔 $\phi 60mm$ 的同轴度。如改成图 1-25b 所示的结构，就能在一次安装中加工出外圆与内孔，保证二者的同轴度。

图 1-25　有利于保证位置精度的工艺结构
a）错误　b）正确

2. 有利于减少加工劳动量

（1）尽量减少不必要的加工面积　减少加工面积不仅可减少机械加工的劳动量，而且还可以减少刀具的损耗，提高装配质量。图 1-26b 中的轴承座减少了底面的加工面积，降低了修配的工作量，保证配合面的接触。图 1-27b 中减少了精加工的面积，又避免了深孔加工。

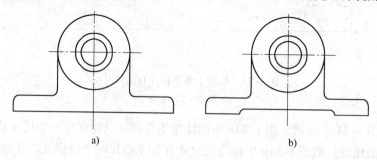

图 1-26　减少轴承座底面加工面积
a）错误　b）正确

（2）尽量避免或简化内表面的加工　因为外表面的加工要比内表面加工方便经济，又便于测量。因此，在零件设计时应力求避免在零件内腔进行加工。如图 1-28 所示箱体，将图 1-28a 的结构改成图 1-28b 所示的结构，这样不仅加工方便而且还有利于装配。再如图 1-29 所示，将图 1-29a 中件 2 上的内沟槽加工，改成图 1-29b 中件 1 的外沟槽加工，这样加工与测量就都很方便。

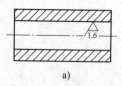 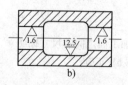 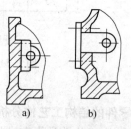

图 1-27　避免深孔加工的方法
a）错误　b）正确

图 1-28　将内表面转化为外表面加工
a）错误　b）正确

3. 有利于提高劳动生产率

（1）零件的有关尺寸应力求一致并能用标准刀具加工　如图 1-30b 中改为退刀槽尺寸一致，则减少了刀具的种类，节省了换刀时间。如图 1-31b 中采用凸台高度等高，则减少了加工过程中刀具的调整。如图 1-32b 所示的结构，能采用标准钻头钻孔，从而方便了加工。

（2）减少零件的安装次数　零件的加工表面应尽量分布在同一方向，或互相平行或互相垂直的表面上；次要表面应尽可能与主要表面分布在同一方向上，以便在加工主要表面时，同时将次要表面也加工出来；孔端的加工表面应为圆形凸

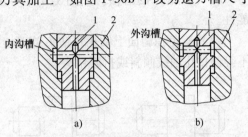

图 1-29　将内沟槽转化为外沟槽加工
a）错误　b）正确
1、2—工件

台或沉孔，以便在加工孔时同时将凸台或沉孔全锪出来。例如，图 1-33b 中的钻孔方向应一致；图 1-34b 中键槽的方位应一致。

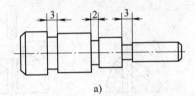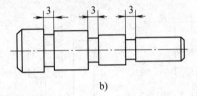

图 1-30　退刀槽尺寸一致
a）错误　b）正确

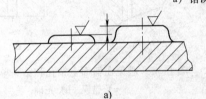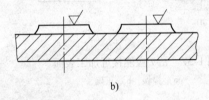

图 1-31　凸台高度相等
a）错误　b）正确

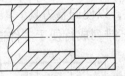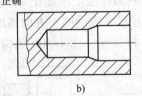

图 1-32　便于采用标准钻头
a）错误　b）正确

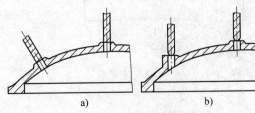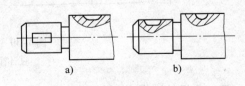

图 1-33　钻孔方向一致
a）错误　b）正确

图 1-34　键槽方位一致
a）错误　b）正确

（3）零件的结构应便于加工　如图1-35b、图1-36b所示，设有退刀槽、越程槽，减少了刀具（砂轮）的磨损。如图1-37b所示的结构，便于引进刀具，从而保证了加工的可能性。

（4）避免在斜面上钻孔和钻头单刃切削　如图1-38b所示，避免了因钻头两边切削力不等使钻孔轴线倾斜或折断钻头。

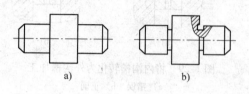

图1-35　应留有越程槽
a）错误　b）正确

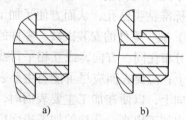

图1-36　应留有退刀槽
a）错误　b）正确

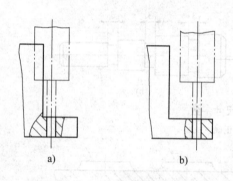

图1-37　钻头应能接近加工表面
a）错误　b）正确

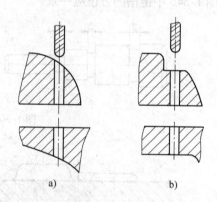

图1-38　避免在斜面上钻孔和钻头单刃切削
a）错误　b）正确

（5）便于多刀或多件加工　如图1-39b所示，为适应多刀加工，阶梯轴各段长度应相似或成整数倍；直径尺寸应沿同一方向递增或递减，以便调整刀具。零件设计的结构要便于多件加工，如图1-40所示，图1-40b结构可将毛坯排列成行便于多件连续加工。

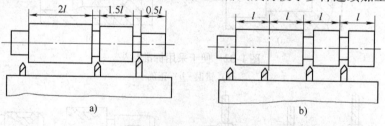

图1-39　便于多刀加工
a）错误　b）正确

二、毛坯的选择

在制订机械加工工艺规程时，正确选择合适的毛坯，对零件的加工质量、材料消耗和加工工时都有很大的影响。显然毛坯的尺寸和形状越接近成品零件，机械加工的劳动量就越

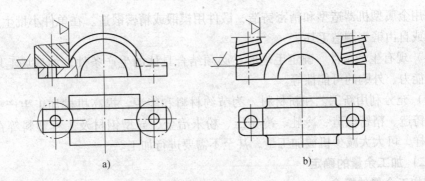

图 1-40 便于多件连续加工

a) 错误 b) 正确

少，但是毛坯的制造成本就越高，所以应根据生产纲领，综合考虑毛坯制造和机械加工的费用来确定毛坯，以求得最好的经济效益。

（一）毛坯的确定

1. 毛坯的种类

（1）铸件 铸件适用于形状较复杂的零件毛坯。其铸造方法有砂型铸造、精密铸造、金属型铸造、压力铸造等。较常用的是砂型铸造。当毛坯精度要求低、生产批量较小时，采用木模手工造型法；当毛坯精度要求高、生产批量很大时，采用金属型机器造型法。铸件材料有铸铁、铸钢及铜、铝等非铁金属。

（2）锻件 锻件适用于强度要求高、形状比较简单的零件毛坯。其锻造方法有自由锻和模锻两种。自由锻毛坯精度低、加工余量大、生产率低，适用于单件小批生产以及大型零件毛坯。模锻毛坯精度高、加工余量小、生产率高，但成本也高，适用于中小型零件毛坯的大批大量生产。

（3）型材 型材有热轧和冷拉两种。热轧适用于尺寸较大、精度较低的毛坯；冷拉适用于尺寸较小、精度较高的毛坯。

（4）焊接件 焊接件是根据需要将型材或钢板等焊接而成的毛坯件，它简单方便，生产周期短，但需经时效处理后才能进行机械加工。

（5）冷冲压件 冷冲压件毛坯可以非常接近成品要求，在小型机械、仪表、轻工电子产品方面应用广泛。但因冲压模具昂贵而仅用于大批大量生产。

2. 毛坯选择时应考虑的因素

（1）零件的材料及力学性能要求 零件材料的工艺特性和力学性能大致决定了毛坯的种类。例如，铸铁零件用铸造毛坯；钢质零件当形状较简单且力学性能要求不高时常用棒料，对于重要的钢质零件，为获得良好的力学性能，应选用锻件，当形状复杂且力学性能要求不高时用铸钢件；非铁金属零件常用型材或铸造毛坯。

（2）零件的结构形状与外形尺寸 大型且结构较简单的零件毛坯多用砂型铸造或自由锻；结构复杂的毛坯多用铸造；小型零件可用模锻件或压力铸造毛坯；板状钢质零件多用锻件毛坯；轴类零件的毛坯，若台阶直径相差不大，可用棒料；若各台阶尺寸相差较大，则宜选择锻件。

（3）生产纲领的大小 大批大量生产中，应采用精度和生产率都较高的毛坯制造方法。

铸件采用金属型机器造型和精密铸造，锻件用模锻或精密锻造。在单件小批生产中用木模手工造型或自由锻来制造毛坯。

（4）现有生产条件　确定毛坯时，必须结合具体的生产条件，如现场毛坯制造的实际水平和能力、外购的可能性等。

（5）充分利用新工艺和新材料　为节约材料和能源，提高机械加工生产率，应充分考虑精密铸造、精密锻造、冷轧、冷挤压、粉末冶金、异型钢材及工程塑料等在机械中的应用。这样，可大大减少机械加工量，甚至不需要进行加工。

（二）加工余量的确定

1. 加工余量的概念

加工余量是指加工过程中所切去的金属层厚度。余量有总加工余量和工序余量之分。由毛坯转变为零件的过程中，在某加工表面上切除金属层的总厚度，称为该表面的总加工余量（亦称毛坯余量）。一般情况下，总加工余量并非一次切除，而是分在各工序中逐渐切除，故每道工序所切除的金属层厚度称为该工序加工余量（简称工序余量）。工序余量是相邻两工序的工序尺寸之差，毛坯余量是毛坯尺寸与零件图样的设计尺寸之差。由于工序尺寸有公差，故实际切除的余量大小不等。图1-41表示工序余量

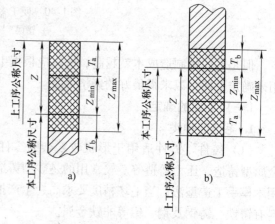

图 1-41　工序余量与工序尺寸及其公差的关系
a）被包容面（轴）　b）包容面（孔）

与工序尺寸的关系。可知，工序余量的公称尺寸（简称基本余量或公称余量）Z 可按下式计算

对于被包容面：Z ＝ 上工序公称尺寸 － 本工序公称尺寸

对于包容面：Z ＝ 本工序公称尺寸 － 上工序公称尺寸

为了便于加工，工序尺寸都按"入体原则"标注极限偏差，即被包容面的工序尺寸取上极限偏差为零；包容面的工序尺寸取下极限偏差为零。毛坯尺寸则按双向布置上、下极限偏差。工序余量和工序尺寸及其公差的计算公式为

$$Z = Z_{\min} + T_a \tag{1-18}$$
$$Z_{\max} = Z + T_b = Z_{\min} + T_a + T_b \tag{1-19}$$

式中　$Z_{\min}$——最小工序余量，单位为 mm；

$Z_{\max}$——最大工序余量，单位为 mm；

T_a——上工序尺寸的公差，单位为 mm；

T_b——本工序尺寸的公差，单位为 mm。

由于毛坯尺寸、零件尺寸和各道工序的工序尺寸都存在误差，所以无论是总加工余量，还是工序加工余量都是一个变动值，出现了最大和最小加工余量，它们与工序尺寸及其公差的关系如图1-42所示。

由图1-42可以看出，公称加工余量为前工序和本工序尺寸之差；最小加工余量为前工序尺寸的最小值和本工序尺寸的最大值之差；最大加工余量为前工序尺寸的最大值和本工序

尺寸的最小值之差。工序加工余量的变动范围（最大加工余量与最小加工余量之差）等于前工序与本工序的工序尺寸公差之和。

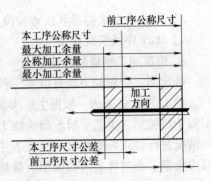

图 1-42　工序加工余量及其公差

2. 影响加工余量的因素

在确定工序的具体内容时，其工作之一就是合理地确定工序加工余量。加工余量的大小对零件的加工质量和制造的经济性均有较大的影响。加工余量过大，必然增加机械加工的劳动量、降低生产率，增加原材料、设备、工具及电力等的消耗。加工余量过小，又不能确保切除上工序形成的各种误差和表面缺陷，影响零件的质量，甚至产生废品。由图 1-41 可知，工序加工余量（公称值，以下同）除可用相邻工序的工序尺寸表示外，还可以用另外一种方法表示，即工序加工余量等于最小加工余量与前工序工序尺寸公差之和。因此，在讨论影响加工余量的因素时，应首先研究影响最小加工余量的因素。

影响最小加工余量的因素较多，现将主要影响因素分单项介绍如下。

（1）前工序形成的表面粗糙度和缺陷层深度（R_a 和 D_a）　为了使工件的加工质量逐步提高，一般每道工序都应切到待加工表面以下的正常金属组织，将上道工序形成的表面粗糙度和缺陷层切掉。

（2）前工序形成的形状误差和位置误差（Δx 和 Δw）　当形状公差、位置公差和尺寸公差之间的关系是独立原则时，尺寸公差不控制几何公差。此时，最小加工余量应保证将前工序形成的形状和位置误差切掉。

以上影响因素中的误差及缺陷，有时会重叠在一起，如图 1-43 所示，其中的 Δx 为平面度误差，Δw 为平行度误差，但为了保证加工质量，可对各项进行简单叠加，以便彻底切除。上述各项误差和缺陷都是前工序形成的，为能将其全部切除，还要考虑本工序的装夹误差 ε_b 的影响。如图 1-44 所示，自定心卡盘定心不准，使工件轴线偏离主轴旋转轴线 e 值，造成加工余量不均匀，为确保将前工序的各项误差和缺陷全部切除，直径上的余量应增加 $2e$。装夹误差 ε_b 的数值，可在求出定位误差、夹紧误差和夹具的对定误差后求得。

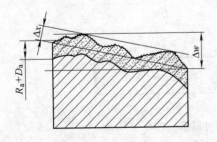

图 1-43　影响最小加工余量的因素图

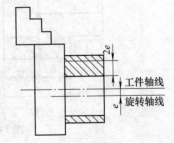

图 1-44　装夹误差对加工余量的影响

综上所述，影响工序加工余量的因素可归纳为下列几点：

1）前工序的工序尺寸公差（T_a）。

2）前工序形成的表面粗糙度和表面缺陷层深度（$R_a + D_a$）。

3）前工序形成的形状误差和位置误差（Δx、Δw）。

4）本工序的装夹误差（ε_b）。

3. 确定加工余量的方法

确定加工余量的方法有以下三种。

（1）查表修正法 根据生产实践和试验研究，已将毛坯余量和各种工序的工序余量数据编于机械加工工艺手册。确定加工余量时，可从手册中获得所需数据，然后结合工厂的实际情况进行修正。查表时应注意表中的数据为公称值，对称表面（轴孔等）的加工余量是双边余量，非对称表面的加工余量是单边的。这种方法目前应用最广。

（2）经验估计法 此法是根据实践经验确定加工余量。为防止加工余量不足而产生废品，往往估计的数值总是偏大，因而这种方法只适用于单件、小批生产。

（3）分析计算法 是根据加工余量计算公式和一定的试验资料，通过计算确定加工余量的一种方法。采用这种方法确定的加工余量比较经济合理，但必须有比较全面可靠的试验资料及先进的计算手段方可进行，故目前应用较少。

在确定加工余量时，总加工余量和工序加工余量要分别确定。总加工余量的大小与选择的毛坯制造精度有关。用查表法确定工序加工余量时，粗加工工序的加工余量不应查表确定，而是用总加工余量减去各工序余量求得，同时要对求得的粗加工工序余量进行分析，如果过小，要增加总加工余量；过大，应适当减少总加工余量，以免造成浪费。

三、尺寸链的计算

（一）工艺尺寸链的定义

加工图 1-45 所示零件，零件图上标注的设计尺寸为 A_1 和 A_0。用零件的面 1 来定位加工面 3，得尺寸 A_1；仍以面 1 定位加工面 2，保证尺寸 A_2，于是 A_1、A_2 和 A_0 就形成了一个封闭的图形。这种由相互联系的尺寸按一定顺序首尾相接排列成尺寸封闭图形就称为尺寸链。由单个零件在工艺过程中的有关工艺尺寸所组成的尺寸链，为工艺尺寸链。

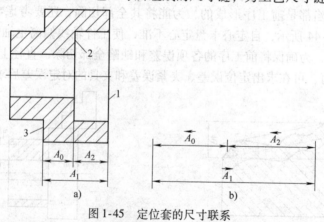

图 1-45 定位套的尺寸联系
a）零件图 b）尺寸链图

通过以上分析可以知道，工艺尺寸链的主要特征是封闭性和关联性。

（1）封闭性 尺寸链中各个尺寸的排列呈封闭形式，不封闭就不成为尺寸链。

（2）关联性 任何一个直接保证的尺寸及其精度的变化，必将影响间接保证的尺寸和其精度。在图 1-45 所示的尺寸链中，A_1、A_2 的变化，都将引起 A_0 的变化。

（二）工艺尺寸链的组成

环——组成工艺尺寸链的各个尺寸都称为工艺尺寸链的环。图 1-45 中的尺寸 A_1、A_2 和 A_0 都是工艺尺寸链的环。环又可分为封闭环和组成环。

（1）封闭环　在加工过程中，间接获得、最后保证的尺寸。例如，图 1-45 中的 A_0 是间接获得的，为封闭环。每个尺寸链只能有一个封闭环。

（2）组成环　除封闭环以外的其他环，称为组成环。组成环的尺寸是直接保证的，它又影响到封闭环的尺寸。按其对封闭环的影响又可分为增环和减环。

1）增环。当其余组成环不变，而该环增大（或减小）使封闭环随之增大（或减小）的环，称为增环。例如，图 1-45 中的 A_1 即为增环，可标记成 $\overrightarrow{A_1}$。

2）减环。当其余组成环不变，该环增大（或减小）反而使封闭环减小（或增大）的环，称为减环。例如，图 1-45 中的尺寸 A_2 即为减环，标记成 $\overleftarrow{A_2}$。

工艺尺寸链一般都用工艺尺寸链图表示，如图 1-45b 所示。建立工艺尺寸链时，应首先对工艺过程和工艺尺寸进行分析，确定间接保证精度的尺寸，并将其定为封闭环，然后再从封闭环出发，按照零件表面尺寸间的联系，用首尾相接的单向箭头顺序表示各组成环，这种尺寸图就是尺寸链图。根据上述定义，利用尺寸链图即可迅速判断组成环的性质，凡与封闭环箭头方向相同的环即为减环，而凡与封闭环箭头方向相反的环即为增环。

（三）工艺尺寸链的计算

工艺尺寸链的计算方法有两种，即极值法和概率法，这里仅介绍生产中常用的极值法。

（1）封闭环的公称尺寸　封闭环的公称尺寸等于组成环环尺寸的代数和，即

$$A_0 = \sum_{i=1}^{m} \overrightarrow{A_i} - \sum_{j=m+1}^{n} \overleftarrow{A_j} \tag{1-20}$$

式中　A_0——封闭环的尺寸；

　　$\overrightarrow{A_i}$——增环的公称尺寸；

　　$\overleftarrow{A_j}$——减环的公称尺寸；

　　m——增环的环数；

　　n——组成环数。

（2）封闭环的极限尺寸　封闭环的上极限尺寸等于所有增环的上极限尺寸之和减去所有减环的下极限尺寸之和；封闭环的下极限尺寸等于所有增环的下极限尺寸之和减去所有减环的上极限尺寸之和。故极值法也称为极大极小法，即

$$A_{0max} = \sum_{i=1}^{m} \overrightarrow{A_{imax}} - \sum_{j=1}^{n} \overleftarrow{A_{jmin}} \tag{1-21}$$

$$A_{0min} = \sum_{i=1}^{m} \overrightarrow{A_{imin}} - \sum_{j=1}^{n} \overleftarrow{A_{jmax}} \tag{1-22}$$

（3）封闭环的上极限偏差 ES$（A_0）$ 与下极限偏差 EI$（A_0）$　封闭环的上极限偏差等于所有增环的上极限偏差之和减去所有减环的下极限偏差之和，即

$$\text{ES}(A_0) = \sum_{i=1}^{m} \text{ES}(\overrightarrow{A_i}) - \sum_{j=1}^{n} \text{EI}(\overleftarrow{A_j}) \tag{1-23}$$

封闭环的下极限偏差等于所有增环的下极限偏差之和减去所有减环的上极限偏差之

和，即

$$EI(A_0) = \sum_{i=1}^{m} EI(\overrightarrow{A_i}) - \sum_{j=1}^{n} ES(\overleftarrow{A_j}) \tag{1-24}$$

（4）封闭环的公差 T（A_0） 封闭环的公差等于所有组成环公差之和，即

$$T(A_0) = \sum_{i=1}^{n} T(A_i) \tag{1-25}$$

（5）计算封闭环的竖式 封闭环还可列竖式进行解算。解算时的应用口诀：增环上下极限偏差照抄；减环上下极限偏差对调、反号，见表1-9。

表1-9 封闭环的竖式

环的类型	公称尺寸	上极限偏差 ES	下极限偏差 EI
增环 $\overrightarrow{A_1}$	$+A_1$	ES_{A1}	EI_{A1}
增环 $\overrightarrow{A_2}$	$+A_2$	ES_{A2}	EI_{A2}
减环 $\overleftarrow{A_3}$	$-A_3$	$-ES_{A3}$	$-EI_{A3}$
减环 $\overleftarrow{A_4}$	$-A_4$	$-ES_{A4}$	$-EI_{A4}$
封闭环 A_0	A_0	ES_{A0}	EI_{A0}

（四）基准重合时工序尺寸及其公差的计算

零件上外圆和内孔的加工多属于这种情况。当表面需经多次加工时，各工序的加工尺寸及公差取决于各工序的加工余量及所采用加工方法的经济加工精度，计算的顺序是由最后一道工序向前推算。计算步骤为：

1）定毛坯总余量和工序余量。

2）定工序尺寸及公差。最终工序尺寸公差等于设计尺寸公差，其余工序尺寸公差按经济精度确定。求工序公称尺寸，从零件图上的设计尺寸开始，一直往前推算到毛坯尺寸，某工序公称尺寸等于后道工序公称尺寸加上或减去后道工序余量。

3）标注工序尺寸公差。最后一道工序的公差按设计尺寸标注，其余工序尺寸公差按"入体原则"标注。

（五）基准不重合时工序尺寸及其公差的计算

1. 测量基准与设计基准不重合时工序尺寸及其公差的计算

在加工中，有时会遇到某些加工表面的设计尺寸不便测量，甚至无法测量的情况，为此需要在工件上另选一个容易测量的测量基准，通过对该测量尺寸的控制来间接保证原设计的精度。这就产生了测量基准与设计基准不重合时，测量尺寸及公差的计算问题。

【例1-1】 如图1-46a所示零件，两个端面已加工完毕，加工孔底面 C 时，要保证尺寸 $16_{-0.35}^{0}$ mm，因该尺寸不便测量，只好测量 A_1 来间接保证，试确定测量尺寸 A_1。

解：1）列出尺寸链图。根据题意画出尺寸链图，如图1-46b所示。尺寸 $16_{-0.35}^{0}$ mm 是在加工中间接保证的尺寸，为封闭环，即 $A_0 = 16_{-0.35}^{0}$ mm；判断各组成环的增减环的增减性，各组成环中 A_1 为减环，A_2 为增环。

2）计算。

A_1 公称尺寸：由 $A_0 = A_2 - A_1$

则 $\qquad\qquad A_1 = A_2 - A_0 = (60 - 16)\,\text{mm} = 44\,\text{mm}$

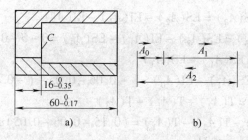

图 1-46 测量基准与设计基准不重合时工序尺寸的计算
a）零件图 b）尺寸链图

A_1 的极限偏差：由 $ES(A_0) = ES(A_2) - EI(A_1)$

则 $\qquad EI(A_1) = ES(A_2) - ES(A_0) = 0 - 0 = 0$

由 $EI(A_0) = EI(A_2) - ES(A_1)$

则 $\qquad ES(A_1) = EI(A_2) - EI(A_0) = [-0.17 - (-0.35)]mm = 0.18mm$

A_1 的公差：由 $T(A_0) = T(A_2) + T(A_1)$

则 $T(A_1) = T(A_0) - T(A_2) = (0.35 - 0.17)mm = 0.18mm$

3）结论：A_1 的尺寸为 $44^{+0.18}_{0}$ mm。

2. 定位基准与设计基准不重合时工序尺寸及其公差的计算

零件采用调整法加工时，如果加工表面的定位基准与设计基准不重合，就要进行尺寸换算，重新标注工序尺寸。

【例 1-2】 如图 1-47a 所示零件，除 B 面及右端 $\phi40H7$ 的孔未加工外，其余各表面均已加工完。现以 A 面为定位基准，欲采用调整法加工 B 面及 $\phi40H7$ 的孔，加工时需保证 $25^{0}_{-0.15}$ mm 的尺寸精度，试确定尺寸 L_3。

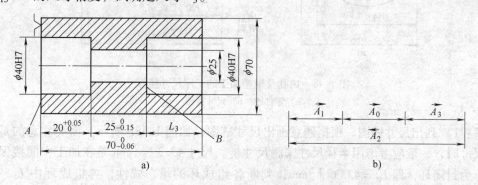

图 1-47 定位基准与设计基准不重合时工序尺寸计算
a）零件图 b）尺寸链图

解：1）列出尺寸链图。根据题意画出尺寸链图，如图 1-47b 所示。尺寸 $25^{0}_{-0.15}$ mm 是在加工中间接保证的尺寸，为封闭环，即 $A_0 = 25^{0}_{-0.15}$ mm；判断各组成环的增、减性，各组成环中 $A_1 = 20^{+0.05}_{0}$ mm、$A_3 = L_3$ 为减环，$A_2 = 70^{0}_{-0.06}$ mm 为增环。

2）计算。

L_3 公称尺寸：由 $A_0 = A_2 - A_1 - A_3$

则 $\qquad A_3 = A_2 - A_0 - A_1 = (70 - 20 - 25)mm = 25mm$

L_3 的极限偏差：由 $\mathrm{ES}(A_0) = \mathrm{ES}(A_2) - \mathrm{EI}(A_1) - \mathrm{EI}(A_3)$

则　　　　　　　$\mathrm{EI}(A_3) = \mathrm{ES}(A_2) - \mathrm{EI}(A_1) - \mathrm{ES}(A_0) = 0 - 0 - 0 = 0$

由 $\mathrm{EI}(A_0) = \mathrm{EI}(A_2) - \mathrm{ES}(A_1) - \mathrm{ES}(A_3)$

则　　$\mathrm{ES}(A_3) = \mathrm{EI}(A_2) - \mathrm{ES}(A_1) - \mathrm{EI}(A_0) = [-0.06 - 0.05 - (-0.15)]\mathrm{mm} = 0.04\mathrm{mm}$

L_3 的公差：由 $\mathrm{T}(A_0) = \mathrm{T}(A_2) + \mathrm{T}(A_1) + \mathrm{T}(A_3)$

则　　　　　　$\mathrm{T}(A_3) = \mathrm{T}(A_0) - \mathrm{T}(A_2) - \mathrm{T}(A_1) = (0.15 - 0.06 - 0.05)\mathrm{mm} = 0.04\mathrm{mm}$

3）结论：L_3 的尺寸为 $25^{+0.04}_{0}\mathrm{mm}$。

【例 1-3】 图 1-48 所示为齿轮内孔的局部简图，设计要求有孔径为 $\phi40^{+0.06}_{0}\mathrm{mm}$，键槽深度尺寸为 $43.3^{+0.2}_{0}\mathrm{mm}$，其加工顺序为：

1）镗内孔至 $\phi39.6^{+0.10}_{0}\mathrm{mm}$。

2）插键槽至尺寸 L_1。

3）淬火处理。

4）磨内孔，同时保证内孔直径 $\phi40^{+0.06}_{0}\mathrm{mm}$ 和键槽深度 $43.3^{+0.2}_{0}\mathrm{mm}$。

试确定插键槽的工序尺寸 L_1。

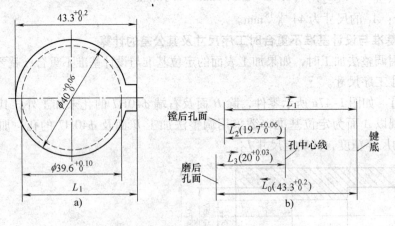

图 1-48　内孔及键槽加工的工序尺寸换算

a）零件图　b）尺寸链图

解：1）列出尺寸链图。根据题意画出尺寸链图，如图 1-48b 所示。需要注意的是当有直径尺寸时，一般应考虑用半径尺寸来画尺寸链。尺寸 $43.3^{+0.2}_{0}\mathrm{mm}$ 是在加工中间接保证的尺寸，为封闭环，即 $L_0 = 43.3^{+0.2}_{0}\mathrm{mm}$；判断各组成环的增、减性，各组成环中 L_1、$L_3 = 20^{+0.03}_{0}\mathrm{mm}$ 为增环，$L_2 = 19.7^{+0.05}_{0}$ 为减环。

2）计算。

L_1 公称尺寸：由 $L_0 = L_1 + L_3 - L_2$

则　　　　　　　$L_1 = L_2 + L_0 - L_3 = (19.7 + 43.3 - 20)\mathrm{mm} = 43\mathrm{mm}$

L_1 的极限偏差：由 $\mathrm{ES}(L_0) = \mathrm{ES}(L_1) + \mathrm{ES}(L_3) - \mathrm{EI}(L_2)$

则　　　　$\mathrm{ES}(L_1) = \mathrm{EI}(L_2) + \mathrm{ES}(L_0) - \mathrm{ES}(L_3) = (0 + 0.2 - 0.03)\mathrm{mm} = 0.17\mathrm{mm}$

由 $\mathrm{EI}(L_0) = \mathrm{EI}(L_1) + \mathrm{EI}(L_3) - \mathrm{ES}(L_2)$

则　　　　$\mathrm{EI}(L_1) = \mathrm{ES}(L_2) + \mathrm{EI}(L_0) - \mathrm{EI}(L_3) = (0.05 + 0 - 0)\mathrm{mm} = 0.05\mathrm{mm}$

L_1 的公差：由 $\mathrm{T}(L_0) = \mathrm{T}(L_2) + \mathrm{T}(L_1) + \mathrm{T}(L_3)$

则　　　　　$T(L_1) = T(L_0) - T(L_2) - T(L_3) = (0.2 - 0.05 - 0.03) \text{mm} = 0.12 \text{mm}$

3) 结论。L_1 的尺寸为 $43^{+0.17}_{+0.05} \text{mm}$。

四、数控加工工艺路线设计

设计工艺路线是制订工艺规程的重要内容之一，其主要内容包括选择各加工方法、划分加工阶段、划分工序以及安排工序的先后顺序等。设计者应用从生产实践中总结出来的一些综合性的工艺原则，结合本企业的实际生产条件，提出几种方案，再从中选择最佳方案。

（一）加工方法的选择

机械零件的结构形状是多种多样的，但它们都由平面、外圆柱面、内圆柱面或曲面、成形面等基本表面组成。每一种表面都有多种加工方法，具体选择时应根据零件的加工精度、表面粗糙度、材料、结构形状、尺寸及生产类型等，选用相应的加工方法和加工方案。

1. 外圆表面加工方法的选择

外圆表面的加工方法主要是车削和磨削。表面粗糙度要求较小时，还要经光整加工。具体如图 1-49 所示的外圆表面的加工方案。

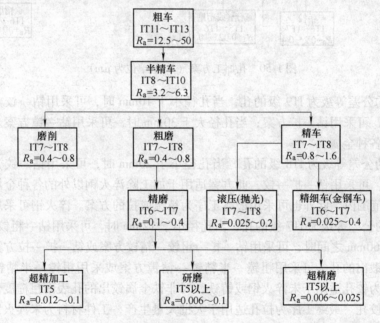

图 1-49　外圆表面加工方案（R_a 值单位为 μm）

1) 最终工序为车削的加工方案，适用于除淬火钢以外的各种金属。

2) 最终工序为磨削的加工方案，适用于淬火钢、未淬火钢和铸铁。不适用于非铁金属，因其韧性大，磨削时易堵塞砂轮。

3) 最终工序为精细车或金刚车的加工方案，适用于要求较高的非铁金属的精加工。

4) 最终工序为光整加工，如研磨、超精磨及超精加工等，为提高生产率和加工质量，一般在光整加工前进行精磨。

5) 对表面粗糙度要求高，而尺寸精度要求不高的外圆，可通过滚压或抛光达到要求。

2. 内孔表面加工方法的选择

内孔表面的加工方法有钻孔、扩孔、铰孔、镗孔、拉孔、磨孔以及光整加工等。图1-50

是常用的孔加工方案。应根据被加工孔的加工要求、尺寸、具体的生产条件、批量的大小以及毛坯上有无预加工孔合理选用。

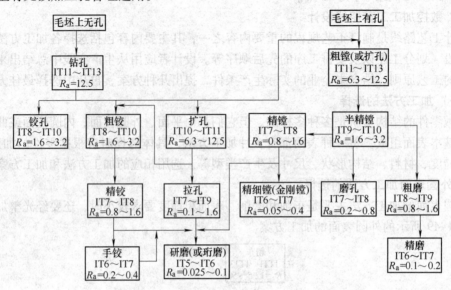

图 1-50 孔加工方案（R_a 值单位为 μm）

1）加工的公差等级为 IT9 级的孔，当孔径小于 10mm 时，可采用钻→铰方案；当孔径小于 30mm 时，可采用钻→扩方案；当孔径大于 30mm 时，可采用钻→镗方案。工件材料为淬火钢以外的各种金属。

2）加工的公差等级为 IT8 级的孔，当孔径小于 20mm 时，可采用钻→铰方案；当孔径大于 20mm 时，可采用钻→扩→铰，此方案适用于加工除淬火钢以外的各种金属，但孔径应在 20～80mm 范围内，此外也可采用最终工序为精镗或拉的方案。淬火钢可采用磨削加工。

3）加工的公差等级为 IT7 级的孔，当孔径小于 12mm 时，可采用钻→粗铰→精铰方案；当孔径在 12～60mm 之间时，可采用钻→扩→粗铰→精铰方案或钻→扩→拉方案。若加工毛坯上已铸出或锻出的孔，可采用粗镗→半精镗→精镗方案或采用粗镗→半精镗→磨孔的方案。最终工序为铰孔适用于未淬火钢或铸铁，对非铁金属铰出的孔表面粗糙度值较大，常用精细镗孔代替铰孔。最终工序为拉孔适用于大批大量生产，工件材料为未淬火钢、铸铁及非铁金属。最终工序为磨孔的方案适用于加工除硬度低、韧性大的非铁金属外的淬火钢、未淬火钢和铸铁。

4）加工的公差等级为 IT6 级的孔，最终工序采用手铰、精细镗、研磨或珩磨等均能达到，应视具体情况选择。韧性较大的非铁金属不宜采用珩磨，可采用研磨或精细镗。研磨对大、小孔加工均适用，而珩磨只适用于大直径孔的加工。

3. 平面加工方法的选择

平面的主要加工方法有铣削、刨削、车削、磨削及拉削等，质量要求高的表面还需经研磨或刮削加工。图 1-51 所示为常见的平面加工方案。

1）最终工序为刮研的加工方案，多用于单件小批生产中配合表面要求高且不淬硬平面的加工。当批量较大时，可用宽刀细刨代替刮研。宽刀细刨特别适用于加工像导轨面这样的狭长平面，能显著提高生产率。

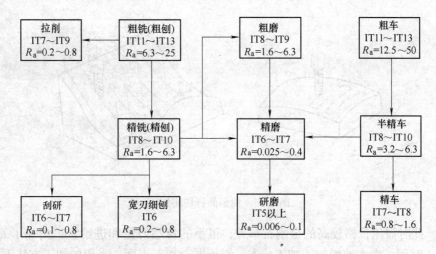

图 1-51　常见的平面加工方案（R_a 值单位为 μm）

2）磨削适用于直线度及表面粗糙度要求高的淬硬工件和薄片工件，也适用于未淬硬钢件上面积较大的平面的精加工。但不宜加工塑性较大的非铁金属。

3）车削主要用于回转体零件的端面的加工，以保证端面与回转轴线的垂直度要求。

4）拉削平面适用于大批量生产中的加工质量要求较高且面积较小的平面。

5）最终工序为研磨的方案适用于高精度、表面粗糙度值小的小型零件的精密平面，如量规等精密量具的表面。

4. 平面轮廓和曲面轮廓加工方法的选择

平面轮廓常用的加工方法有数控铣削、线切割及磨削等。如图 1-52a 所示的内平面轮廓，当曲率半径较小时，可采用数控线切割方法加工。若选择铣削方法，因铣刀直径受最小曲率半径的限制，直径太小，刚性不足，会产生较大的加工误差。图 1-52b 所示的外平面轮廓，可采用数控铣削方法加工，常用粗铣→精铣方案，也可采用数控线切割方法加工。对精度及表面粗糙度要求较高的轮廓表面，在数控铣削加工之后，再进行数控磨削加工。数控铣削加工适用于除淬火钢以外的各种金属，数控线切割加工可用于各种金属，数控磨削加工适用于除非铁金属以外的各种金属。

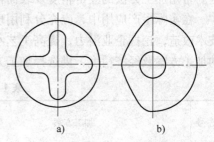

图 1-52　平面轮廓类零件
a）内平面轮廓　b）外平面轮廓

立体曲面轮廓的加工方法主要是数控铣削。多用球头铣刀，以"行切法"加工，如图 1-53 所示。根据曲面形状、刀具形状以及精度要求等通常采用二轴半联动或三轴联动。对精度和表面粗糙度要求高的曲面，当用三轴联动的"行切法"加工不能满足要求时，可用模具铣刀，选择四坐标或五坐标联动加工。

表面加工方法的选择，除了考虑加工质量、零件的结构形状和尺寸、零件的材料和硬度以及生产类型外，还要考虑到加工的经济性。

各种表面加工方法所能达到的精度和表面粗糙度都有一个相当大的范围。当精度达到一定程度后，要继续提高精度，成本会急剧上升。例如，外圆车削，将公差等级从 IT7 级提高

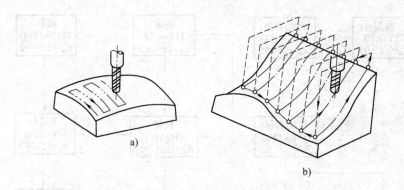

a)   b)

图 1-53   曲面的行切法加工

到 IT6 级，此时需用价格较高的金刚石车刀，很小的背吃刀量和进给量，增加了刀具费用，延长了加工时间，大大地增加了加工成本。对于同一加工表面，采用的加工方法不同，加工成本也不一样。例如，公差等级为 IT7 级和表面粗糙度 R_a 值为 0.4μm 的外圆表面，采用精车就不如采用磨削经济。

任何一种加工方法获得的精度只在一定范围内才是经济的，这种一定范围内的加工精度即为该种加工方法的经济精度。它是指在正常加工条件下（采用符合质量标准的设备、工艺装备和标准等级的工人，不延长加工时间）所能达到的加工精度。相应的表面粗糙度称为经济粗糙度。在选择加工方法时，应根据工件的精度要求选择与经济精度相适应的加工方法。常用加工方法的经济精度及表面粗糙度，可查阅有关工艺手册。

在实际生产应用中，应充分利用现有设备和工艺手段，不断引进新技术，对老设备进行技术改造，挖掘企业潜力，提高工艺水平。表 1-10 ~ 表 1-13 分别列出了外圆、内孔和平面的加工方案及经济精度，供选择加工方法时参考。

表 1-10   外圆表面加工方案

序号	加工方案	经济精度级	表面粗糙度 R_a 值 /μm	适用范围
1	粗车	IT11 以下	50 ~ 12.5	适用于淬火钢以外的各种金属
2	粗车→半精车	IT8 ~ 10	6.3 ~ 3.2	
3	粗车→半精车→精车	IT7 ~ 8	1.6 ~ 0.8	
4	粗车→半精车→精车→滚压（或抛光）	IT7 ~ 8	0.2 ~ 0.025	
5	粗车→半精车→磨削	IT7 ~ 8	0.8 ~ 0.4	主要用于淬火钢，也可用于未淬火钢，但不宜加工非铁金属
6	粗车→半精车→粗磨→精磨	IT6 ~ 7	0.4 ~ 0.1	
7	粗车→半精车→粗磨→精磨→超精加工（或轮式超精磨）	IT5	$0.1 ~ R_z 0.1$	
8	粗车→半精车→精车→金刚石车	IT6 ~ 7	0.4 ~ 0.025	主要用于要求较高的非铁金属加工
9	粗车→半精车→粗磨→精磨→超精磨或镜面磨	IT5 以上	$0.025 ~ R_z 0.05$	极高精度的外圆加工
10	粗车→半精车→粗磨→精磨→研磨	IT5 以上	$0.1 ~ R_z 0.05$	

表 1-11　内孔加工方案

序号	加工方案	经济精度级	表面粗糙度 R_a 值 /μm	适用范围
1	钻	IT11 ~ 12	12.5	加工未淬火钢及铸铁的实心毛坯,也可用于加工非铁金属(但表面粗糙度值稍大,孔径小于 15 ~ 20mm)
2	钻→铰	IT9	3.2 ~ 1.6	
3	钻→铰→精铰	IT7 ~ 8	1.6 ~ 0.8	
4	钻→扩	IT10 ~ 11	12.5 ~ 6.3	同上,但孔径大于 15 ~ 20mm
5	钻→扩→铰	IT8 ~ 9	3.2 ~ 1.6	
6	钻→扩→粗铰→精铰	IT7	1.6 ~ 0.8	
7	钻→扩→机铰→手铰	IT6 ~ 7	0.4 ~ 0.1	
8	钻→扩→拉	IT7 ~ 9	1.6 ~ 0.1	大批大量生产(精度由拉刀的精度而定)
9	粗镗(或扩孔)	IT11 ~ 12	12.5 ~ 6.3	除淬火钢外各种材料,毛坯有铸出孔或锻出孔
10	粗镗(粗扩)→半精镗(精扩)	IT8 ~ 9	3.2 ~ 1.6	
11	粗镗(扩)→半精镗(精扩)→精镗(铰)	IT7 ~ 8	1.6 ~ 0.8	
12	粗镗(扩)→半精镗(精扩)→精镗→浮动镗刀精镗	IT6 ~ 7	0.8 ~ 0.4	
13	粗镗(扩)→半精镗→磨孔	IT7 ~ 8	0.8 ~ 0.2	主要用于淬火钢也可用于未淬火钢,但不宜用于非铁金属
14	粗镗(扩)→半精镗→粗磨→精磨	IT6 ~ 7	0.2 ~ 0.1	
15	粗镗→半精镗→精镗→金刚镗	IT6 ~ 7	0.4 ~ 0.05	主要用于精度要求高的非铁金属加工
16	钻→(扩)→粗铰→精铰→珩磨; 钻→(扩)→拉→珩磨; 粗镗→半精镗→精镗→珩磨	IT6 ~ 7	0.2 ~ 0.025	精度要求很高的孔
17	以研磨代替上述方案中的珩磨	IT6 级以上		

表 1-12　平面加工方案

序号	加工方案	经济精度级	表面粗糙度 R_a 值 /μm	适用范围
1	粗车→半精车	IT9	6.3 ~ 3.2	端面
2	粗车→半精车→精车	IT7 ~ IT8	1.6 ~ 0.8	
3	粗车→半精车→磨削	IT8 ~ IT9	0.8 ~ 0.2	
4	粗刨(或粗铣)→精刨(或精铣)	IT8 ~ IT9	6.3 ~ 1.6	一般不淬硬平面(端铣表面粗糙度值较小)
5	粗刨(或粗铣)→精刨(或精铣)→刮研	IT6 ~ IT7	0.8 ~ 0.1	精度要求较高的不淬硬平面;批量较大时宜采用宽刃精刨方案
6	以宽刃刨削代替上述方案刮研	IT7	0.8 ~ 0.2	

（续）

序号	加工方案	经济精度级	表面粗糙度 R_a 值 /μm	适用范围
7	粗刨（或粗铣）→精刨（或精铣）→磨削	IT7	0.8 ~ 0.2	精度要求高的淬硬平面或不淬硬平面
8	粗刨（或粗铣）→精刨（或精铣）→粗磨→精磨	IT6 ~ IT7	0.4 ~ 0.02	
9	粗铣→拉	IT7 ~ IT9	0.8 ~ 0.2	大量生产，较小的平面（精度视拉刀精度而定）
10	粗铣→精铣→磨削→研磨	IT6 级以上	0.1 ~ R_z0.05	高精度平面

表 1-13　各种加工方法的经济精度和表面粗糙度（中批生产）

被加工表面	加工方法	经济精度 IT	表面粗糙度 R_a/μm
外圆和端面	粗车	11 ~ 13	50 ~ 12.5
	半精车	8 ~ 11	6.3 ~ 3.2
	精车	7 ~ 9	3.2 ~ 1.6
	粗磨	8 ~ 11	3.2 ~ 0.8
	精磨	6 ~ 8	0.8 ~ 0.2
	研磨	5	0.2 ~ 0.012
	超精加工	5	0.2 ~ 0.012
	精细车（金刚车）	5 ~ 6	0.8 ~ 0.05
孔	钻孔	11 ~ 13	50 ~ 6.3
	铸锻孔的粗扩（镗）	11 ~ 13	50 ~ 12.5
	精扩	9 ~ 11	6.3 ~ 3.2
	粗铰	8 ~ 9	6.3 ~ 1.6
	精铰	6 ~ 7	3.2 ~ 0.8
	半精镗	9 ~ 11	6.3 ~ 3.2
	精镗（浮动镗）	7 ~ 9	3.2 ~ 0.8
	精细镗（金刚镗）	6 ~ 7	0.8 ~ 0.1
	粗磨	9 ~ 11	6.3 ~ 3.2
	精磨	7 ~ 9	1.6 ~ 0.4
	研磨	6	0.2 ~ 0.012
	珩磨	6 ~ 7	0.4 ~ 0.1
	拉孔	7 ~ 9	1.6 ~ 0.8
平面	粗刨、粗铣	11 ~ 13	50 ~ 12.5
	半精刨、半精铣	8 ~ 11	6.3 ~ 3.2
	精刨、精铣	6 ~ 8	3.2 ~ 0.8
	拉削	7 ~ 8	1.6 ~ 0.8
	粗磨	8 ~ 11	6.3 ~ 1.6
	精磨	6 ~ 8	0.8 ~ 0.2
	研磨	5 ~ 6	0.2 ~ 0.012

（二）加工阶段的划分

当零件的加工质量要求较高时，往往不可能用一道工序来满足其要求，而要用几道工序逐步达到所要求的加工质量。按工序的性质不同，零件的加工过程通常可分为粗加工、半精加工、精加工和光整加工四个阶段。

1. 各加工阶段的主要任务

（1）粗加工阶段　其任务是切除毛坯上大部分多余的金属，使毛坯在形状和尺寸上接近零件成品，因此，主要目标是提高生产率。

（2）半精加工阶段　其任务是使主要表面达到一定的精度，留有一定的精加工余量，为主要表面的精加工（如精车、精磨）做好准备。并可完成一些次要表面加工，如扩孔、攻螺纹、铣键槽等。

（3）精加工阶段　其任务是保证各主要表面达到规定的尺寸精度和表面粗糙度要求。主要目标是全面保证加工质量。

（4）光整加工阶段　对零件上精度和表面粗糙度要求很高（IT6 级以上，表面粗糙度 R_a 值为 0.2μm 以下）的表面，需进行光整加工，其主要目标是提高尺寸精度、减小表面粗糙度，一般不用来提高位置精度。

应当指出：加工阶段的划分不是绝对的，必须根据工件的加工精度要求和工件的刚性来决定。一般来说，工件精度要求越高、刚性越差，划分阶段应越细；当工件批量小、精度要求不太高、工件刚性较好时也可以不分或少分阶段；重型零件由于输送及装夹困难，一般在一次装夹下完成粗精加工，为了弥补不分阶段带来的弊端，常在粗加工工步后松开工件，然后以较小的夹紧力重新夹紧，再继续进行精加工工步。

2. 划分加工阶段的目的

1）保证加工质量。工件在粗加工时，切除的金属层较厚，切削力和夹紧力都比较大，切削温度也高，将引起较大的变形。如果不划分加工阶段，粗、精加工混在一起，就无法避免上述原因引起的加工误差。按加工阶段加工，粗加工造成的加工误差可以通过半精加工和精加工来纠正，从而保证零件的加工质量。

2）合理使用设备。粗加工余量大，切削用量大，可采用功率大，刚度好，效率高而精度低的机床。精加工切削力小，对机床破坏小，采用高精度机床。这样发挥了设备的各自特点，既能提高生产率，又能延长精密设备的使用寿命。

3）便于及时发现毛坯缺陷。对毛坯的各种缺陷，如铸件的气孔、夹砂和余量不足等，在粗加工后即可发现，便于及时修补或决定报废，以免继续加工下去，造成浪费。

4）便于安排热处理工序。例如，粗加工后，一般要安排去应力的热处理，以消除内应力。

3. 划分加工工序

（1）工序划分的原则　工序的划分可以采用两种不同原则，即工序集中原则和工序分散原则。

1）工序集中原则。工序集中原则是指每道工序包括尽可能多的加工内容，从而使工序的总数减少。采用工序集中原则的优点是：有利于采用高效的专用设备和数控机床，提高生产效率；减少工序数目，缩短工艺路线，简化生产计划和生产组织工作；减少机床数量、操作工人数和占地面积；减少工件装夹次数，保证了加工表面件的相互位置精度，减少了夹具的数量和装夹工件的辅助时间。但是专用设备和工艺装备投资大，调整维修比较麻烦，生产准备周期长，也不利于转产。

2）工序分散原则。工序分散就是将工件的加工分散在较多的工序内进行，每道工序的加工内容很少。采用工序分散原则的优点是：加工设备和工艺装备结构简单，调整和维修方便，操作简单，转产容易；有利于选择合理的切削用量，减少机动时间。但工艺路线较长，所需设备及工人人数多，占地面积大。

（2）工序划分方法　工序划分主要考虑生产纲领、所用设备及零件本身的结构和技术要求等。大批量生产时，若使用多轴、多刀的高效加工中心，可按工序集中原则组织生产；若在由组合机床组成的自动线上加工，工序一般按分散原则划分。随着现代数控技术的发展，特别是加工中心的应用，工艺路线的安排更多地趋向于工序集中。单件小批生产时，通常采用工序集中原则。成批生产时，可按工序集中原则划分，也可按工序分散原则划分，应视具体情况而定。对于结构尺寸和质量都很大的重型零件，应采用工序集中原则，以减少装夹次数和运输量。对于刚性差、精度高的零件，应按工序分散原则划分工序。

在数控铣床上加工的零件，一般按工序集中原则划分，划分方法如下。

1）按安装次数划分。以一次安装完成的那一部分工艺过程为一道工序。这种方法适用于加工内容不多的工件，加工完成后就能达到待检状态。

2）按粗、精加工划分。即精加工中完成的那一部分工艺过程为一道工序，粗加工中完成的那一部分工艺过程为一道工序。这种划分方法适用于加工后变形较大，需粗、精加工分开的零件，如毛坯为铸件、焊接件或锻件。

3）按加工部位划分。即以完成相同型面的那一部分工艺过程为一道工序，对于加工表面多而复杂的零件，可按其结构特点（如内形、外形、曲面和平面等）划分成多道工序。

4）按所用刀具划分。以同一把刀具完成的那一部分工艺过程为一道工序，这种方法适用于工件的待加工表面较多，机床连续工作时间过长，加工程序的编制和检查难度较大等情况。加工中心常用这种方法来划分。

（三）加工顺序的安排

1. 加工顺序安排的原则

（1）先粗后精　先安排粗加工，中间安排半精加工，最后安排精加工和光整加工。

（2）先主后次　先安排零件的装配基面和工作表面等主要表面的加工，后安排如键槽、紧固用的光孔和螺纹孔等次要表面的加工。由于次要表面加工工作量小，又常与主要表面有位置精度要求，所以一般放在主要表面的半精加工之后，精加工之前进行。

（3）先面后孔　对于箱体、支架、连杆、底座等零件，先加工用作定位的平面和孔的端面，然后再加工孔。这样可使工件定位夹紧稳定可靠，利于保证孔与平面的位置精度，减小刀具的磨损，同时也给孔加工带来方便。

（4）基面先行　用作精基准的表面，要首先加工出来。所以，第一道工序一般是进行定位面的粗加工和半精加工（有时包括精加工），然后再以精基面定位加工其他表面，如轴类零件顶尖孔的加工。

2. 材料热处理选择

热处理可以提高材料的力学性能，改善金属的切削性能以及消除残余应力。在制订工艺路线时，应根据零件的技术要求和材料的性质，合理地安排热处理工序。

（1）退火与正火　退火或正火的目的是为了消除组织的不均匀，细化晶粒，改善金属的加工性能。对高碳钢零件用退火降低其硬度，对低碳钢零件用正火提高其硬度，以获得较好的可加工性，同时能消除毛坯制造中的应力。退火与正火一般安排在机械加工之前进行。

（2）时效处理　以消除内应力、减少工件变形为目的。为了消除残余应力，在工艺过程中需安排时效处理。对于一般铸件，常在粗加工前或粗加工后安排一次时效处理；对于要求较高的零件，在半精加工后尚需再安排一次时效处理；对于一些刚性较差、精度要求特别高的重要零件（如精密丝杠、主轴等），常在每个加工阶段之间都安排一次时效处理。

（3）调质　对零件淬火后再高温回火，能消除内应力、改善加工性能并能获得较好的综合力学性能。一般安排在粗加工之后进行。对一些性能要求不高的零件，调质也常作为最终热处理。

（4）淬火、渗碳淬火和渗氮　它们的主要目的是提高零件的硬度和耐磨性，常安排在精加工（磨削）之前进行，其中渗氮由于热处理温度较低，零件变形很小，也可以安排在精加工之后。

五、机械加工质量分析

（一）机械加工精度

1. 加工精度的概念

加工精度是加工后零件表面的实际尺寸、形状、位置三种几何参数与图样要求的理想几何参数的符合程度。理想的几何参数，对尺寸而言，就是平均尺寸；对表面几何形状而言，就是绝对的圆、圆柱、平面、锥面和直线等；对表面之间的相互位置而言，就是绝对的平行、垂直、同轴、对称等。零件实际几何参数与理想几何参数的偏离数值称为加工误差。

加工精度与加工误差都是评价加工表面几何参数的术语。加工精度用公差等级衡量，等级值越小，其精度越高；加工误差用数值表示，数值越大，其误差越大。加工精度高，就是加工误差小；反之亦然。

任何加工方法所得到的实际参数都不会绝对准确，从零件的功能看，只要加工误差在零件图要求的公差范围内，就认为保证了加工精度。机器的质量取决于零件的加工质量和机器的装配质量，零件加工质量包含零件加工精度和表面质量两大部分。

机械加工精度是指零件加工后的实际几何参数（尺寸、形状和位置）与理想几何参数相符合的程度。它们之间的差异称为加工误差。加工误差的大小反映了加工精度的高低。误差越大加工精度越低，误差越小加工精度越高。加工精度包括三个方面内容：

（1）尺寸精度　指加工后零件的实际尺寸与零件尺寸的公差带中心的相符合程度。

（2）形状精度　指加工后的零件表面的实际几何形状与理想的几何形状的相符合程度。

（3）位置精度　指加工后零件有关表面之间的实际位置与理想位置相符合程度。

2. 原始误差与加工误差的关系

在机械加工过程中，刀具和工件加工表面之间位置关系合理时，加工表面精度就能达到加工要求，否则就不能达到加工要求，加工精度分析就是分析和研究加工精度不能满足要求时各种因素，即各种原始误差产生的可能性，并采取有效的工艺措施进行克服，从而提高加工精度。

在机械加工中，机床、夹具、工件和刀具构成一个完整的系统，称为工艺系统。由于工艺系统本身的结构和状态、操作过程以及加工过程中的物理力学现象而产生刀具和工件之间的相对位置关系发生偏移的各种因素称为原始误差。它可以照样、放大或缩小地反映给工件，使工件产生加工误差而影响零件加工精度。一部分原始误差与切削过程有关；一部分原始误差与工艺系统本身的初始状态有关。这两部分误差又受环境条件、操作者技术水平等因素的影响。

（1）与工艺系统本身初始状态有关的原始误差

1）原理误差，即加工方法原理上存在的误差。

2）工艺系统几何误差。

① 工件与刀具的相对位置在静态下已存在的误差，如刀具和夹具制造误差、调整误差以及安装误差。

② 工件和刀具的相对位置在运动状态下存在的误差，如机床的主轴回转运动误差、导轨的导向误差和传动链的传动误差等。

（2）与切削过程有关的原始误差

1）工艺系统力效应引起的变形，如工艺系统受力变形、工件内应力的产生和消失而引起的变形等造成的误差。

2）工艺系统热效应引起的变形，如机床、刀具、工件的热变形等造成的误差。

3. 影响加工精度的因素

工艺系统中的各组成部分，包括机床、刀具、夹具的制造误差、安装误差、使用中的磨损都直接影响工件的加工精度。也就是说，在加工过程中工艺系统会产生各种误差，从而改变刀具和工件在切削运动过程中的相互位置关系而影响零件的加工精度。这些误差与工艺系统本身的结构状态和切削过程有关，产生加工误差的主要因素有：

（1）系统的几何误差

1）加工原理误差。加工原理误差是由于采用了近似的加工运动方式或者近似的刀具轮廓而产生的误差，因在加工原理上存在误差，故称加工原理误差。只要原理误差在允许范围内，这种加工方式仍是可行的。

2）机床的几何误差。机床的制造误差、安装误差以及使用中的磨损，都直接影响工件的加工精度。其中主要是机床主轴回转运动、机床导轨直线运动和机床传动链的误差。

3）刀具的制造误差及磨损。刀具的制造误差、安装误差以及使用中的磨损，都影响工件的加工精度。刀具在切削过程中，切削刃、刀面与工件、切屑产生强烈摩擦，使刀具磨损。当刀具磨损达到一定值时，工件的表面粗糙度值增大，切屑颜色和形状发生变化，并伴有振动。刀具磨损将直接影响切削生产率、加工质量和成本。

4）夹具误差。夹具误差包括定位误差、夹紧误差、夹具安装误差及对刀误差等。这些误差主要与夹具的制造和装配精度有关。下面将对夹具的定位误差进行详细的分析。

工件在夹具中的位置是以其定位基面与定位元件相接触（配合）来确定的。然而，由于定位基面、定位元件工作表面的制造误差，会使各工件在夹具中的实际位置不相一致。加工后，各工件的加工尺寸必然大小不一，形成误差。这种由于工件在夹具上定位不准而造成的加工误差称为定位误差，用 Δ_D 表示。它包括基准位移误差和基准不重合误差。在采用调整法加工一批工件时，定位误差的实质是工序基准在加工尺寸方向上的最大变动量。采用试切法加工，不存在定位误差。

定位误差产生的原因是工件的制造误差和定位元件的制造误差，两者的配合间隙及工序基准与定位基准不重合等。

①基准不重合误差。当定位基准与工序基准不重合时而造成的加工误差，称为基准不重合误差，其大小等于定位基准与工序基准之间尺寸的公差，用 Δ_B 表示。

②基准位移误差。工件在夹具中定位时，由于工件定位基面与夹具上定位元件限位基面的制造公差和最小配合间隙的影响，导致定位基准与限位基准不能重合，从而使各个工件的位置不一致，给加工尺寸造成误差，这个误差称为基准位移误差，用 Δ_Y 表示。图 1-54a 所示为圆套铣键槽的工序简图，工序尺寸为 A 和 B。图 1-54b 所示为加工示意图，工件以内孔 D 在圆柱心轴上定位，O 是心轴轴线，C 是对刀尺寸。尺寸 A 的工序基准是内孔轴线，定位基准也是内孔轴线，两者重合，$\Delta_B = 0$。但是，由于工件内孔面与心轴圆柱面有制造公差和最小配合间隙，使得定位基准（工件内孔轴线）与限位基准（心轴轴线）不能重合，定位基准相对于限位基准下移了一段距离，由于刀具调整好位置后在加工一批工件过程中位置不再变动（与限位基准的位置不变）。所以，定位基准的位置变动影响到尺寸 A 的大小，给尺寸 A 造成了误差，这个误差就是基准位移误差。基准位移误差的大小应等于因定位基准与限位基准不重合造成工序尺寸的最大变动量。由图 1-54b 可知，一批工件定位基准的最大变动量为

$$\Delta_i = A_{max} - A_{min} \qquad (1\text{-}26)$$

式中　Δ_i——一批工件定位基准的最大变动量；

　　　A_{max}——最大工序尺寸；

　　　A_{min}——最小工序尺寸。

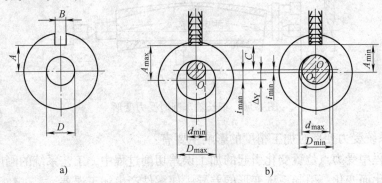

图 1-54　圆套铣键槽工序的基准位移误差

a）工序简图　b）加工示意图及基准位移误差

当定位基准的变动方向与工序尺寸的方向相同时，基准位移误差等于定位基准的变动范围，即

$$\Delta_y = \Delta_i \qquad (1\text{-}27)$$

此时

$$\Delta_i = i_{max} - i_{min}$$

式中　i_{max}——定位基准的最大位移；

　　　i_{min}——定位基准的最小位移。

当定位基准的变动方向与工序尺寸的方向不同时，基准位移误差等于定位基准的变动范围在加工尺寸方向上的投影，如图 1-55 所示，即

$$\Delta_y = \Delta_i cos\alpha \qquad (1\text{-}28)$$

式中 α——定位基准的变动方向与工序尺寸方向间的夹角。

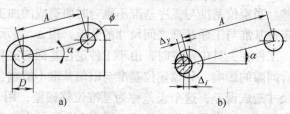

图 1-55   铰孔加工工序的基准位移误差

a) 工序简图   b) 加工示意图及基准位移误差

　　（2）工艺系统的受力变形   由机床、夹具、工件、刀具所组成的工艺系统是一个弹性系统，在加工过程中由于切削力、传动力、惯性力、夹紧力以及重力的作用，会产生弹性变形，从而破坏了刀具与工件之间的准确位置，产生加工误差。例如，车削细长轴时（图 1-56），在切削力的作用下，工件因弹性变形而出现"让刀"现象。随着刀具的进给，在工件的全长上切削深度将会由多变少，然后再由少变多，结果使零件产生腰鼓形。

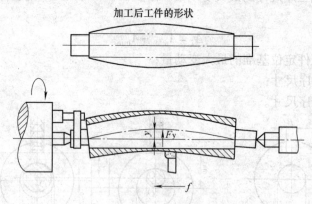

图 1-56   细长轴车削时受力变形

　　1）工艺系统受力变形对加工精度的影响主要有：

　　①切削过程中受力点位置变化引起的加工误差切削过程中，工艺系统的刚度随切削力着力点位置的变化而变化，引起系统变形的差异，使零件产生加工误差。

　　在两顶尖间车削粗而短的光轴时，由于工件刚度较大，在切削力作用下的变形相对机床、夹具和刀具的变形要小得多，故可忽略不计。此时，工艺系统的总变形完全取决于机床床头、尾座（包括顶尖）和刀架（包括刀具）的变形，工件产生的误差为双曲线圆柱度误差。

　　在两顶尖间车削细长轴时，由于工件细长，刚度小，在切削力作用下，其变形大大超过机床夹具和刀具的受力变形。因此，机床、夹具和刀具的受力变形可略去不计，此时，工艺系的变形完全取决于工件的变形，工件产生腰鼓形圆柱度误差。

　　②毛坯加工余量不均，材料硬度变化导致切削力大小变化引起的加工误差——误差复映工件的毛坯外形虽然具有粗略的零件形状，但它在尺寸、形状以及表面层材料硬度均匀性上都有较大的误差。毛坯的这些误差在加工时使切削深度不断发生变化，从而导致切削力的变化，进而引起工艺系统产生相应的变形，使得零件在加工后还保留与毛坯表面类似的形状或

尺寸误差。当然工件表面残留的误差比毛坯表面误差要小得多，这种现象称为"误差复映规律"，所引起的加工误差称为"复映误差"。

2）减小工艺系统受力变形的措施主要有：一是提高工件加工时的刚度；二是提高工件安装时的夹紧刚度；三是提高机床部件的刚度。

（3）工艺系统的热变形　机械加工中，工艺系统在各种热源的作用下产生一定的热变形。工艺系统热源分布的不均匀性及各环节结构、材料的不同，使工艺系统各部分的变形产生差异，从而破坏了刀具与工件的准确位置及运动关系，产生加工误差，尤其对于精密加工，热变形引起的加工误差占总误差的一半以上。因此，在近代精密加工中，控制热变形对加工精度的影响已成为重要的任务和研究课题。

在加工过程中，工艺系统的热源主要有内部热源和外部热源两大类。内部热源来自切削过程，主要包括切削热、摩擦热、派生热源。外部热源主要来自于外部环境，主要包括环境温度和热辐射。这些热源产生的热造成工件、刀具和机床的热变形。

减少工艺系统热变形的措施主要有：①减少工艺系统的热源及其发热量；②加强冷却，提高散热能力；③控制温度变化，均衡温度；④采用补偿措施；⑤改善机床结构，减小其热变形。首先考虑结构的对称性。一方面传动元件（轴承、齿轮等）在箱体内安装应尽量对称，使其传给箱壁的热量均衡，变形相近；另一方面，有些零件（如箱体）应尽量采用热对称结构，以便受热均匀。还应注意合理选材，对精度要求高的零件尽量选用膨胀系数小的材料。

（4）调整误差　零件加工的每一个工序中，为了获得被加工表面的形状、尺寸和位置精度，总得对机床、夹具和刀具进行这样或那样的调整。任何调整工作必然会带来一些原始误差，这种原始误差即调整误差。调整误差与调整方法有关。调整方法主要有：

1）试切法调整。试切法调整，就是对被加工零件进行"试切→测量→调整→再试切"，直至达到所要求的精度。它的调整误差来源为测量误差；微量进给时，机构灵敏度所引起的误差；最小切削深度影响。

2）用定程机构调整。

3）用样件或样板调整。

（5）工件残余应力引起的误差　残余应力是指当外部载荷去掉以后仍存留在工件内部的应力。残余应力是由于金属发生了不均匀的体积变化而产生的。其外界因素来自热加工和冷加工。有残余应力的零件处于一种不稳定状态。一旦其内应力的平衡条件被打破，内应力的分布就会发生变化，从而引起新的变形，影响加工精度。

1）内应力产生的原因主要有：毛坯制造中产生的内应力；冷校正产生的内应力；切削加工产生的内应力。

2）减小或消除内应力的措施。①采用适当的热处理工序。②给工件足够的变形时间。③零件结构要合理，结构要简单，壁厚要均匀。

（6）数控机床产生误差的独特性　数控机床与普通机床的最主要差别有两点：一是数控机床具有"指挥系统"——数控系统；二是数控机床具有执行运动的驱动系统——伺服系统。

在数控机床上所产生的加工误差，与在普通机床上产生的加工误差，其来源有许多共同之处，但也有特殊之处。例如，伺服进给系统的跟踪误差、检测系统中的采样延滞误差等，这些都是普通机床加工时所没有的。所以在数控加工中，除了要控制在普通机床上加工时常出现的那一类误差源以外，还要有效地抑制数控加工时才可能出现的误差源。这些误差源对加工精度的影响及抑制的途径主要有以下几个方面。

1）机床重复定位精度的影响。数控机床的定位精度是指数控机床各坐标轴在数控系统的控制下运动的位置精度，引起定位误差的因素包括数控系统的误差和机械传动的误差。而数控系统的误差则与插补误差、跟踪误差等有关。机床重复定位精度是指重复定位时坐标轴的实际位置和理想位置的符合程度。

2）检测装置的影响。检测反馈装置也称为反馈元件，通常安装在机床工作台或丝杠上，相当于普通机床的刻度盘和人的眼睛，检测反馈装置将工作台位移量转换成电信号，并且反馈给数控装置，如果与指令值比较有误差，则控制工作台向消除误差的方向移动。数控系统按有无检测装置可分为开环、闭环与半闭环系统。开环系统精度取决于步进电动机和丝杠精度，闭环系统精度取决于检测装置精度。检测装置是高性能数控机床的重要组成部分。

3）刀具误差的影响。在加工中心上，由于采用的刀具具有自动交换功能，因而在提高生产率的同时，也带来了刀具交换误差。用同一把刀具加工一批工件时，由于频繁换刀，致使刀柄相对于主轴锥孔产生重复定位误差而降低加工精度。

抑制数控机床产生误差的途径有硬件补偿和软件补偿。过去一般多采用硬件补偿的方法。如加工中心采用螺距误差补偿功能。随着微电子、控制、监测技术的发展，出现了新的软件补偿技术。它的特征是应用数控系统通信的补偿控制单元和相应的软件，以实现误差的补偿，其原理是利用坐标的附加移动来修正误差。

（7）提高加工精度的工艺措施　保证和提高加工精度的方法，大致可概括为以下几种：减小原始误差法、补偿原始误差法、转移原始误差法、均分原始误差法、均化原始误差法和"就地加工"法。

1）减少原始误差。这种方法是生产中应用较广的一种基本方法。它是在查明产生加工误差的主要因素之后，设法消除或减少这些因素。例如，细长轴的车削，现在采用了大走刀反向车削法，基本消除了轴向切削力引起的弯曲变形。若辅之以弹簧顶尖，则可进一步消除热变形引起的热伸长的影响。

2）补偿原始误差。误差补偿法是人为地造出一种新的误差，去抵消原来工艺系统中的原始误差。当原始误差是负值时人为的误差就取正值，反之，取负值，并尽量使两者大小相等；或者利用一种原始误差去抵消另一种原始误差，也是尽量使两者大小相等，方向相反，从而达到减少加工误差，提高加工精度的目的。

3）转移原始误差。误差转移法实质上是转移工艺系统的几何误差、受力变形和热变形等。误差转移法的实例很多。例如，当机床精度达不到零件加工要求时，不是一味提高机床精度，而是从工艺上或夹具上想办法，创造条件，使机床的几何误差转移到不影响加工精度的方面去。如磨削主轴锥孔保证其和轴颈的同轴度，不是靠机床主轴的回转精度来保证，而是靠夹具保证。当机床主轴与工件之间用浮动联接以后，机床主轴的原始误差就被转移掉了。

4）均分原始误差。在加工中，由于毛坯或上道工序误差（以下统称"原始误差"）的存在，往往造成本工序的加工误差，或者由于工件材料性能改变，或者上道工序的工艺改变（如毛坯精化后，把原来的切削加工工序取消），引起原始误差发生较大的变化，这种原始误差的变化，对本工序的影响主要有两种情况：

① 误差复映，引起本工序误差。

② 定位误差扩大，引起本工序误差。

解决这个问题，最好是采用分组调整均分误差的办法。这种办法的实质就是把原始误差按其大小均分为 n 组，每组毛坯误差范围就缩小为原来的 $1/n$，然后按各组分别调整加工。

5）均化原始误差。对配合精度要求很高的轴和孔，常采用研磨工艺。研具本身并不要求具有高精度，但它能在和工件作相对运动过程中对工件进行微量切削，高点逐渐被磨掉（当然，模具也被工件磨去一部分）最终使工件达到很高的精度。这种表面间的摩擦和磨损的过程，就是误差不断减少的过程，这就是误差均化法。它的实质就是利用有密切联系的表面相互比较，相互检查从对比中找出差异，然后进行相互修正或互为基准加工，使工件被加工表面的误差不断缩小和均化。在生产中，许多精密基准件（如平板、直尺、端齿分度盘等）都是利用误差均化法加工出来的。

6）"就地加工"法。在加工和装配中有些精度问题，牵涉零件或部件间的相互关系，相当复杂，如果一味地提高零部件本身精度，有时不仅困难，甚至不可能，若采用就地加工法（也称自身加工修配法）的方法，就可能很方便地解决看起来非常困难的精度问题。就地加工法在机械零件加工中常用来作为保证零件加工精度的有效措施。

（二）机械加工表面质量

机械加工表面质量，是指零件在机械加工后表面层的微观几何形状误差和物理、化学及力学性能。产品的工作性能、可靠性、寿命在很大程度上取决于主要零件的表面质量。机器零件的损坏，在多数情况下都是从表面开始的，这是由于表面是零件材料的边界，常承受工作负荷所引起的最大应力和外界介质的侵蚀，表面上有着引起应力集中而导致破坏的根源，所以这些表面直接与机器零件的使用性能有关。在现代机器中，许多零件是在高速、高压、高温、高负荷下工作的，对零件的表面质量，提出了更高的要求。

1. 机械加工表面质量概念

任何机械加工方法所获得的加工表面都不可能是绝对理想的表面，总存在着表面粗糙度、表面波度等微观几何形状误差。表面层的材料在加工时还会发生物理、力学性能变化，以及在某些情况下发生化学性质的变化。图 1-57a 所示为加工表层沿深度方向的变化情况。在最外层生成氧化膜或其他化合物，并吸收、渗进了气体、液体和固体的粒子，称为吸附层，其厚度一般不超过 $8\mu m$。压缩层即为表面塑性变形区，由切削力造成，厚度约为几十至几百微米，随加工方法的不同而变化。其上部为纤维层，是由被加工材料与刀具之间的摩擦力所造成的。另外，切削热也会使表面层产生各种变化，如同淬火、回火一样使材料产生相变以及晶粒大小的变化等。因此，表面层的物理力学性能不同于基体，产生了如图 1-57b、c 所示的显微硬度和残余应力变化。

机械零件的加工质量，除了加工精度外，还包含表面质量（表面完整性）。了解影响机械加工表面质量的主要工艺因素及其变化规律，对保证产品质量具有重要意义。

机械加工表面质量的含义有两方面的内容。

（1）表面的几何特性 如图 1-58 所示，加工表面的几何形状，总是以"峰""谷"形式交替出现，其偏差又有宏观、微观的差别。

1）表面粗糙度。它是指加工表面的微观几何形状误差，如图 1-58 所示，其波长 L_3 与

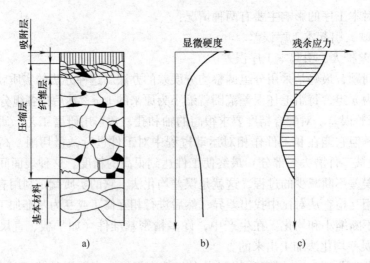

图 1-57 加工表面层沿深度方向的变化情况

a) 加工变质层 b) 变质层显微硬度 c) 变质层残余应力

波高 H_3 的比值一般小于 50，主要由刀具的形状以及切削过程中塑性变形和振动等因素决定。

2）表面波度。它是介于宏观几何形状误差（$L_1/H_1 > 1000$）与微观表面粗糙度（$L_3/H_3 < 50$）之间的周期性几何形状误差。它主要是由机械加工过程中工艺系统低频振动所引起的，如图 1-58 所示，其波长 L_2 与波高 H_2 的比值一般为 50~1000。一般以波高为波度的特征参数，用测量长度上五个最大的波幅的算术平均值 ω 表示，即

$$\omega = (\omega_1 + \omega_2 + \omega_3 + \omega_4 + \omega_5)/5 \qquad (1\text{-}29)$$

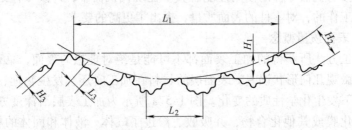

图 1-58 表面几何特性

3）表面纹理方向。它是指表面刀纹的方向，取决于该表面所采用的机械加工方法及其主运动和进给运动的关系。一般对运动副或密封件有纹理方向的要求。

4）伤痕。在加工表面的一些个别位置上出现的缺陷。它们大多是随机分布的，如砂眼、气孔、裂痕和划痕等。

（2）表面层物理、化学和力学性能 由于机械加工中切削力和切削热的综合作用，加工表面层金属的物理、力学和化学性能发生一定的变化，主要表现在以下三个方面：

1）表面层加工硬化（冷作硬化）。

2）表面层金相组织变化及由此引起的表层金属强度、硬度、塑性及耐腐蚀性的变化。

3）表面层产生残余应力或造成原有残余应力的变化。

2. 加工表面质量对零件使用性能的影响

（1）表面质量对零件耐磨性的影响　零件的耐磨性与摩擦副的材料、润滑条件和零件的表面加工质量等因素有关。特别是在前两个条件已确定的前提下，零件的表面加工质量就起着决定性的作用。

零件的磨损可分为三个阶段，如图 1-59 所示。第 I 阶段称初期磨损阶段。由于摩擦副开始工作时，两个零件表面互相接触，一开始只是在两表面波峰接触，实际的接触面积只是名义接触面积的一小部分。当零件受力时，波峰接触部分将产生很大的压强，因此磨损非常显著。经过初期磨损后，实际接触面积增大，磨损变缓，进入磨损的第 II 阶段，即正常磨损阶段。这一阶段零件的耐磨性最好，持续的时间也较长。最后，由于波峰被磨平，表面粗糙度参数值变得非常小，不利于润滑油的储存，且使接触表面之间的分子亲和力增大，甚至发生分子粘合，使摩擦阻力增大，从而进入磨损的第 III 阶段，即急剧磨损阶段。

表面粗糙度对摩擦副的初期磨损影响很大，但也不是表面粗糙度值越小越耐磨。图 1-60 所示为表面粗糙度对初期磨损量影响的实验曲线。从图 1-60 中看到，曲线 1 为表面粗糙度值越小，初期磨损量变化大，不耐磨；曲线 2 为表面粗糙度值越大，初期磨损量变化小，耐磨。在一定工作条件下，摩擦副表面总是存在一个最佳表面粗糙度参数值，最佳表面粗糙度 R_a 值约为 $0.32 \sim 1.25 \mu m$。

表面纹理方向对耐磨性也有影响，这是因为它能影响金属表面的实际接触面积和润滑液的存留情况。轻载时，两表面的纹理方向与相对运动方向一致时，磨损最小；当两表面纹理方向与相对运动方向垂直时，磨损最大。但是在重载情况下，由于压强、分子亲和力和润滑液的储存等因素的变化，其规律与上述有所不同。

表面层的加工硬化，一般能提高耐磨性 $0.5 \sim 1$ 倍。这是因为加工硬化提高了表面层的强度，减少了表面进一步塑性变形和咬焊的可能。但过度的加工硬化会使金属组织疏松，甚至出现疲劳裂纹和产生剥落现象，从而使耐磨性下降。所以零件的表面硬化层必须控制在一定的范围之内。

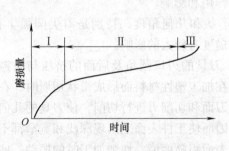

图 1-59　磨损过程的基本规律图

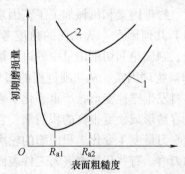

图 1-60　表面粗糙度与初期磨损量

（2）表面质量对零件疲劳强度的影响　零件在交变载荷的作用下，其表面微观不平的凹谷处和表面层的缺陷处容易引起应力集中而产生疲劳裂纹，造成零件的疲劳破坏。试验表明，减小零件表面粗糙度值可以使零件的疲劳强度有所提高。因此，对于一些承受交变载荷的重要零件，如曲轴的曲拐与轴颈交界处，精加工后常进行光整加工，以减小零件的表面粗糙度值，提高其疲劳强度。

加工硬化对零件的疲劳强度影响也很大。表面层的适度硬化可以在零件表面形成一个硬化层，它能阻碍表面层疲劳裂纹的出现，从而使零件疲劳强度提高。但零件表面层硬化程度过大，反而易于产生裂纹，故零件的硬化程度与硬化深度也应控制在一定的范围之内。

表面层的残余应力对零件疲劳强度也有很大影响，当表面层为残余压应力时，能延缓疲劳裂纹的扩展，提高零件的疲劳强度；当表面层为残余拉伸应力时，容易使零件表面产生裂纹而降低其疲劳强度。

（3）表面质量对零件耐腐蚀性的影响 零件的表面粗糙度在一定程度上影响零件的耐蚀性。零件表面越粗糙，越容易积聚腐蚀性物质，凹谷越深，渗透与腐蚀作用越强烈。因此，减小零件表面粗糙度值，可以提高零件的耐腐蚀性能。

零件表面残余压应力使零件表面紧密，腐蚀性物质不易进入，可增强零件的耐腐蚀性，而表面残余拉伸应力则降低零件的耐腐蚀性。

（4）表面质量对配合性质及零件其他性能的影响 相配零件间的配合关系是用过盈量或间隙值来表示的。在间隙配合中，如果零件的配合表面粗糙，则会使配合件很快磨损而增大配合间隙，改变配合性质，降低配合精度；在过盈配合中，如果零件的配合表面粗糙，则装配后配合表面的凸峰被挤平，配合件间的有效过盈量减小，降低配合件间连接强度，影响配合的可靠性。因此对有配合要求的表面，必须限定较小的表面粗糙度值。

零件的表面质量对零件的使用性能还有其他方面的影响。例如，对于液压缸和滑阀，较大的表面粗糙度值会影响密封性；对于工作时滑动的零件，恰当的表面粗糙度值能提高运动的灵活性，减少发热和功率损失；零件表面层的残余应力会使加工好的零件因应力重新分布而变形，从而影响其尺寸和形状精度等。

总之，提高加工表面质量，对保证零件的使用性能、提高零件的使用寿命是很重要的。

3. 加工表面粗糙度及其影响因素

加工表面几何特性包括表面粗糙度、表面波度、表面加工纹理几个方面。表面粗糙度是构成加工表面几何特征的基本单元。用金属切削刀具加工工件表面时，表面粗糙度主要受几何因素、物理因素和机械加工工艺因素三个方面的作用和影响。

（1）几何因素 从几何的角度考虑，刀具的形状和几何角度，特别是刀尖圆弧半径、主偏角、副偏角和切削用量中的进给量等对表面粗糙度有较大的影响。

（2）物理因素 从切削过程的物理实质考虑，刀具的刃口圆角及后面的挤压与摩擦使金属材料发生塑性变形，严重恶化了表面粗糙度。在加工塑性材料而形成带状切屑时，在前刀面上容易形成硬度很高的积屑瘤。它可以代替前刀面和切削刃进行切削，使刀具的几何角度、背吃刀量发生变化。积屑瘤的轮廓很不规则，因而使工件表面上出现深浅和宽窄都不断变化的刀痕。有些积屑瘤嵌入工件表面，更增大了表面粗糙度值。切削加工时的振动，使工件表面粗糙度值增大。

（3）工艺因素 从工艺的角度考虑其对工件表面粗糙度的影响，主要有与切削刀具有关的因素、与工件材质有关的因素和与加工条件有关因素等。

【任务实施】

任务1的实施

机械加工各工序的加工余量和所能达到的精度，具体数值见表1-14中的第二、三列，计算结果见表 1-14 中的第四、五列。

表 1-14 主轴孔工序尺寸及公差的计算

工序名称	工序余量/mm	工序的经济精度	工序公称尺寸/mm	工序尺寸及公差
浮动镗	0.1	H7 ($^{+0.035}_{0}$)	100	$\phi 100^{+0.035}_{0}$ mm, $Ra = 0.8\,\mu m$
精镗	0.5	H9 ($^{+0.087}_{0}$)	$100 - 0.1 = 99.9$	$\phi 99.9^{+0.087}_{0}$ mm, $Ra = 1.6\,\mu m$
半精镗	2.4	H11 ($^{+0.22}_{0}$)	$99.9 - 0.5 = 99.4$	$\phi 99.4^{+0.22}_{0}$ mm, $Ra = 6.3\,\mu m$
粗镗	5	H13 ($^{+0.54}_{0}$)	$99.4 - 2.4 = 97$	$\phi 97^{+0.54}_{0}$ mm, $Ra = 12.5\,\mu m$
毛坯孔	8		$97 - 5 = 92$	$\phi 92$ (± 1.2) mm

任务 2 的实施

$\phi 40$mm 内孔的尺寸公差为 H7，表面粗糙度要求较高，为 $Ra = 1.6\,\mu m$，根据表 1-11 所示的孔加工方案，可选择钻孔→粗镗（扩）→半精镗（精扩）→精镗（铰）方案。

阶梯孔 $\phi 13$mm 和 $\phi 22$mm 没有尺寸公差要求，可按自由尺寸公差 IT11 ～ IT12 处理，表面粗糙度要求不高，为 $Ra = 12.5\,\mu m$，因而可选择钻孔→锪孔方案。

$\phi 38$mm 底孔钻削查切削用量手册，高速钢钻头钻削灰铸铁时的切削速度为 21 ～ 36m/min，进给量为 0.2 ～ 0.3mm/r，取 $v_c = 24$m/min，$f = 0.2$mm/r，根据式（1-1）计算主轴转为 200r/min，根据式（1-2）计算进给速度 $v_f = 40$mm/min。同理可计算其他各工序的切削用量。该零件各孔加工所用刀具与切削用量参数见表 1-15。

表 1-15 刀具与切削用量参数

刀具编号	加工内容	刀具参数	主轴转速 n/r·min^{-1}	进给量 v_f/mm·min^{-1}	背吃刀量 a_p/mm
01	$\phi 38$mm 钻孔	$\phi 38$mm 钻头	200	40	19
02	$\phi 40$H7mm 粗镗	镗孔刀	600	40	0.8
	$\phi 40$H7mm 精镗	镗孔刀	500	30	0.2
03	$2 \times \phi 13$mm 钻孔	$\phi 13$mm 钻头	500	30	6.5
04	$2 \times \phi 22$mm 钻孔	$\phi 22 \times 14$mm 锪钻	350	25	4.5

【思考与练习题】

1. 零件图的尺寸分析包括哪些内容？

2. 在进行零件的结构分析时应考虑哪些因素？

3. 毛坯的种类有哪些？在选择毛坯时应考虑哪些因素？

4. 什么是加工余量？影响加工余量的因素有哪些？

5. 如何安排材料的热处理工序？

6. 什么是尺寸链？尺寸链计算的基本公式有哪些？

7. 如图 1-61 所示，工件成批生产时用端面 B 定位加工表面 A（调整法），以保证尺寸 $10^{0}_{-0.20}$mm，试计算铣削表面 A 时的工序尺寸及公差。

8. 如图 1-62 所示，工件成批生产时用 A 面定位镗孔（A、B、C 面均已加工）。试计算采用调整法加工孔时的工序尺寸及公差。

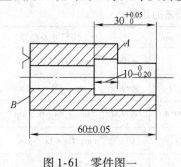

图 1-61 零件图一

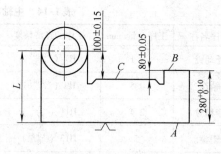

图 1-62 零件图二

9. 分别画图表达外圆表面、内孔表面和平面的加工方案。

10. 零件加工通常划分哪几个阶段？各阶段的主要任务是什么？

11. 切削加工顺序是如何安排的？

12. 什么是加工精度？原始误差与加工误差有什么关系？

13. 简述影响加工精度的因素有哪些。

14. 什么是机械加工表面质量？加工表面质量对零件使用性能有何影响？

项目三　对数控加工工艺文件的认识

【工作任务】

1. 正确绘出机械加工工艺过程卡、机械加工工序卡、数控加工工艺卡、数控刀具卡、数控加工走刀路线图、数控加工工件安装和原点设定卡。

2. 说明上述这些数控加工工艺文件的作用。

【能力目标】

1. 学会正确划分机械加工工序内容。

2. 学会计算生产纲领，正确确定生产类型。

3. 掌握机械加工工艺规程包括的内容和作用。

4. 正确绘制数控加工工艺文件。

【相关知识准备】

一、机械加工工艺规程

（一）生产过程与工艺过程

工艺就是制造产品的方法。采用机械加工的方法，直接改变毛坯的形状、尺寸和表面质量等，使其成为零件的过程称为机械加工工艺过程（以下简称为工艺过程）。

1. 生产过程

工业产品的生产过程，是指由原材料到成品之间的各个相互联系的劳动过程的总和。这些过程包括：

（1）生产技术准备过程　包括产品投产前的市场调查分析、产品研制、技术鉴定等。

（2）生产工艺过程 包括毛坯制造，零件加工，部件和产品装配、调试、涂装和包装等。

（3）辅助生产过程 为使基本生产过程能正常进行所必经的辅助过程，包括工艺装备的设计制造、能源供应、设备维修等。

（4）生产服务过程 包括原材料采购运输、保管、供应及产品包装、销售等。

由上述过程可以看出，机械产品的生产过程是相当复杂的。为了便于组织生产，现代机械工业的发展趋势是组织专业化生产，即一种产品的生产是分散在若干个专业化工厂进行，最后集中由一个工厂制成完整的机械产品。例如，制造机床时，机床上的轴承、电动机、电器、液压元件甚至其他许多零部件都是由专业厂生产的，最后由机床厂完成关键零部件和配套件的生产，并装配成完整的机床。专业化生产有利于零部件的标准化、通用化和产品的系列化，从而能在保证质量的前提下，提高劳动生产率和降低成本。

上述生产过程的内容十分广泛，从产品开发、生产和技术准备到毛坯制造、机械加工和装配，影响的因素和涉及的问题多而复杂。为了使工厂具有较强的应变能力和竞争能力，现代工厂逐步用系统的观点看待生产过程的各个环节及它们之间的关系，即将生产过程看成一个具有输入和输出的生产系统。用系统工程学的原理和方法组织生产和指导生产，能使工厂的生产和管理科学化；能使工厂按照市场动态及时地改进和调节生产，不断更新产品以满足社会的需要；能使生产的产品质量更好、周期更短、成本更低。

由于市场全球化、需求多样化以及新产品开发周期越来越短，随着信息技术的发展，企业间采用动态联盟，实现异地协同设计与制造的生产模式是目前制造业发展的重要趋势。

2. 生产系统

（1）系统的概念 任何事物都是由数个相互作用和相互依赖的部分组成并具有特定功能的有机整体，这个整体就是"系统"。

（2）机械加工工艺系统 机械加工工艺系统由金属切削机床、刀具、夹具和工件四个要素组成，它们彼此关联、互相影响。该系统的整体目的是在特定的生产条件下，在保证机械加工工序质量的前提下，采用合理的工艺过程，降低该工序的加工成本。

（3）机械制造系统 在工艺系统基础上以整个机械加工车间为整体的更高一级的系统。该系统的整体目的就是使该车间能最有效地全面完成全部零件的机械加工任务。

（4）生产系统 以整个机械制造厂为整体，为了获得最高经济效益，一方面把原材料供应、毛坯制造、机械加工、热处理、装配、检验与试车、涂装、包装、运输、保管等因素作为基本物质因素来考虑，另一方面把技术情报、经营管理、劳动力调配、资源和能源利用、环境保护、市场动态、经营政策、社会问题和国际因素等信息作为影响系统效果更重要的要素来考虑。

可见，生产系统是包括制造系统的更高一级的系统。

3. 工艺过程

在生产过程中，那些与有原材料转变为产品直接相关的过程称为工艺过程。它包括毛坯制造、零件加工、热处理、质量检验和机器装配等。为保证工艺过程正常进行所需要的刀具、夹具制造，机床调整维修等则属于辅助过程。在工艺过程中，以机械加工方法按一定顺序逐步地改变毛坯形状、尺寸、相对位置和性能等，直至成为合格零件的那部分过程称为机械加工工艺过程。

技术人员根据产品数量、设备条件和工人素质等情况，确定采用的工艺过程，并将有关内容写成工艺文件，这种文件就称工艺规程。

为了便于工艺规程的编制、执行和生产组织管理，需要把工艺过程划分为不同层次的单元，如工序、安装、工位、工步和走刀等。其中，工序是工艺过程中的基本单元。零件的机械加工工艺过程由若干个工序组成。在一个工序中可能包含有一个或几个安装，每一个安装可能包含一个或几个工位，每一个工位可能包含一个或几个工步，每一个工步可能包括一个或几个走刀。

（1）工序　一个或一组工人，在一个工作地或一台机床上对一个或同时对几个工件连续完成的那一部分工艺过程称为工序。划分工序的依据是工作地点是否变化和工作过程是否连续。例如，在车床上加工一批轴，既可以对每一根轴连续地进行粗加工和精加工，也可以先对整批轴进行粗加工，然后再依次对它们进行精加工。在第一种情形下，加工只包括一个工序；而在第二种情形下，由于加工过程的连续性中断，虽然加工是在同一台机床上进行的，却成为两个工序。工序是组成工艺过程的基本单元，也是生产计划的基本单元。

（2）安装　在机械加工工序中，使工件在机床上或在夹具中占据某一正确位置并被夹紧的过程，称为装夹。有时，工件在机床上需经过多次装夹才能完成一个工序的工作内容。

安装是指工件经过一次装夹后所完成的那部分工序内容。例如，在车床上加工轴，先从一端加工出部分表面，然后掉头再加工另一端，这时的工序内容就包括两个安装。

（3）工位　采用转位（或移位）夹具、回转工作台或在多轴机床上加工时，工件在机床上一次装夹后，要经过若干个位置依次进行加工，工件在机床上所占据的每一个位置上所完成的那一部分工序就称为工位。简单来说，工件相对于机床或刀具每占据一个加工位置所完成的那部分工序内容，称为工位。为了减少因多次装夹而带来的装夹误差和时间损失，常采用各种回转工作台、回转夹具或移动夹具，使工件在一次装夹中，先后处于几个不同的位置进行加工。图 1-63 所示为在一台三工位回转工作台机床上加工轴承盖螺钉孔的示意图。操作者

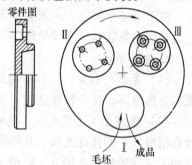

图 1-63　轴承盖螺钉孔的
三工位加工

在上下料工位 I 处装上工件，当该工件依次通过钻孔工位 II、扩孔工位 III 后，即可在一次装夹后把四个阶梯孔在两个位置加工完毕。这样，既减少了装夹次数，又因各工位的加工与装卸是同时进行的，从而节约安装时间使生产率可以大提高。

（4）工步　在加工表面不变，加工工具不变的条件下，所连续完成的那一部分工序内容称为工步，生产中也常称为"进给"。整个工艺过程由若干个工序组成。每一个工序可包括一个工步或几个工步。每一个工步通常包括一个工作行程，也可包括几个工作行程。为了提高生产率，用几把刀具同时加工几个加工表面的工步，称为复合工步，也可以看作一个工步。例如，用组合钻床加工多孔箱体孔。

（5）走刀　加工刀具在加工表面上加工一次所完成的工步部分称为走刀。例如，轴类零件如果要切去的金属层很厚，则需分几次切削，这时每切削一次就称为一次走刀，因此在切削速度和进给量不变的前提下刀具完成一次进给运动称为一次走刀。

图 1-64 是一个带半封闭键槽阶梯轴两种生产类型的工艺过程实例，从中可看出各自的

工序、安装、工位、工步、走刀之间的关系。

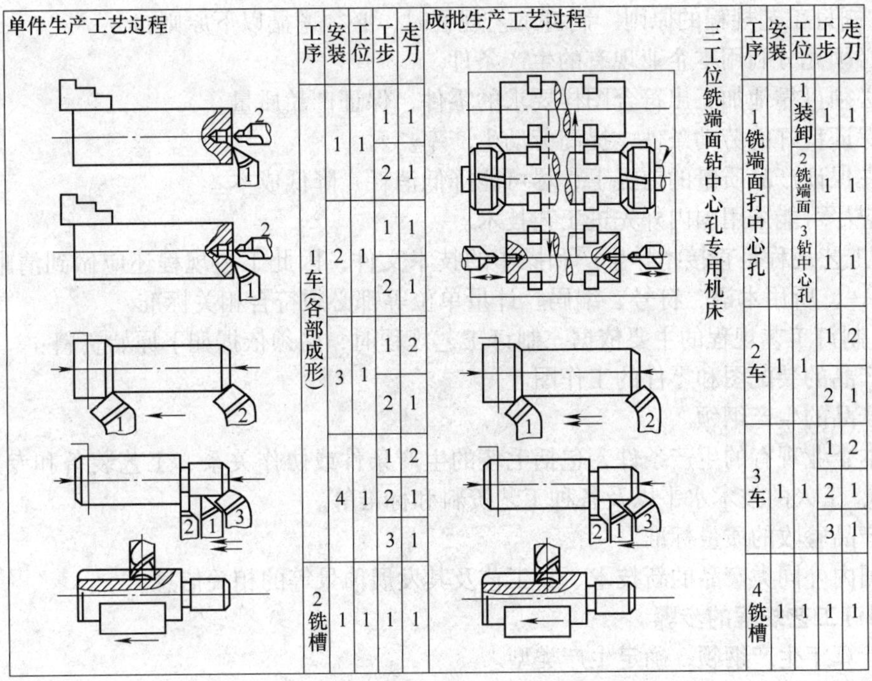

图 1-64　阶梯轴加工工序划分方案比较

（二）机械加工工艺规程

1. 机械加工工艺规程概念

机械加工工艺规程是将产品或零部件的制造工艺过程和操作方法按一定格式固定下来的技术文件。它是在具体生产条件下，本着最合理、最经济的原则编制而成的，经审批后用来指导生产的法规性文件。

机械加工工艺规程包括零件加工工艺流程、加工工序内容、切削用量、采用设备及工艺装备、工时定额等。

2. 机械加工工艺规程的作用

1）工艺规程是生产准备工作的依据　在新产品投入生产以前，必须根据工艺规程进行有关的技术准备和生产准备工作，如原材料及毛坯的供给、工艺装备（刀具、夹具、量具）的设计、制造及采购、机床负荷的调整、作业计划的编排和劳动力的配备等。

2）工艺规程是组织生产的指导性文件　生产的计划和调度、工人的操作、质量能查等都是以工艺规程为依据。按照它进行生产，就有利于稳定生产秩序，保证产品质量，得较高的生产率和较好的经济性。

3）工艺规程是新建和扩建工厂（或车间）时的原始资料　根据生产纲领和工艺期可以确定生产所需的机床和其他设备的种类、规格和数量、车间面积、生产工人的工种、等级及数量、投资预算及辅助部门的安排等。

4）便于积累、交流和推广行之有效的生产经验。已有的工艺规程可供以后制订类似件的工艺规程时的参考，以减少制订工艺规程的时间和工作量，也有利于提高工艺技术水平。

3. 制订工艺规程的原则和依据

（1）制订工艺规程的原则　制订工艺规程时，必须遵循以下原则：

1）必须充分利用本企业现有的生产条件。

2）必须可靠地加工出符合图样要求的零件，保证产品质量。

3）保证良好的劳动条件，提高劳动生产率。

4）在保证产品质量的前提下，尽可能降低消耗、降低成本。

5）应尽可能采用国内外先进工艺技术。

由于工艺规程是直接指导生产和操作的技术文件，因此工艺规程还应做到清晰、正确、完整和统一，所用术语、符号、编码、计量单位等都必须符合相关标准。

（2）制订工艺规程的主要依据　制订工艺规程时，必须依据如下原始资料：

1）产品的装配图和零件的工作图。

2）产品的生产纲领。

3）本企业现有的生产条件，包括毛坯的生产条件或协作关系、工艺装备和专用设备的制造能力、工人的技术水平以及各种工艺资料和标准等。

4）产品验收的质量标准。

5）国内外同类产品的新技术、新工艺及其发展前景等的相关信息。

4. 制订工艺规程的步骤

1）计算年生产纲领，确定生产类型。

2）零件的工艺分析。

3）确定毛坯，包括选择毛坯类型及其制造方法。

4）选择定位基准。

5）拟定工艺路线。

6）确定各工序的加工余量和工序尺寸。

7）确定切削用量和工时定额。

8）确定各工序的设备、刀具、夹具、量具和辅助工具。

9）确定各主要工序的技术要求及检验方法。

10）填写工艺文件。

二、加工工艺文件格式

（一）机械加工工艺文件

将工艺规程的内容填入一定格式的卡片中，即成为生产准备和施工所依据的工艺文件。常见的工艺文件有下列几种。

（1）机械加工工艺过程卡片　这种卡片主要列出了整个零件加工所经过的工艺路线（包括毛坯、机械加工和热处理等），它是制订其他工艺文件的基础，也是生产技术准备、编制作业计划和组织生产的依据。由于它对各个工序的说明不够具体，故适用于生产管理。工艺过程卡片相当于工艺规程的总纲。其格式见表1-16。

（2）机械加工工艺卡片　这种卡片是用于普通机床加工的卡片，它是以工序为单位详细说明整个工艺过程的工艺文件。它的作用是用来指导工人进行生产和帮助车间管理人员和技术人员掌握整个零件的加工过程。广泛用于成批生产的零件和小批生产中的重要零件。工艺卡片的内容包括零件的材料、质量、毛坯性质、各道工序的具体内容及加工要求等。其格式见表1-17。

表 1-16 机械加工工艺过程卡片

厂名	机械加工工艺过程卡片		产品名称		零(部)件名称				共 页		第 页
材料牌号		毛坯种类			每毛坯 可制件数		每台件数		备注		
工序 号	工序 名称	工序内容			车间	工段	设备	工艺装备		工时	
										准终	单件
描图											
描校											
底图号											
装订号									设计 (日期)	审核 (日期)	标准化 (日期)	会签 (日期)
	标记	处数	更改文件号	签字	日期	标记	处数	更改文件号	签字	日期	

表 1-17 机械加工工艺卡片

厂名	机械加工工艺卡片		产品名称		零(部)件名称			共 页		第 页
材料牌号	毛坯种类		毛坯外 形尺寸		每毛坯可 制件数		每台 件数		备注	
工序	装夹	工步	工序内容	同时加工零件数	切削用量				设备名称及编号	工艺装备名称及编号	工时
					背吃刀量 /mm	切削速度 /m·min⁻¹	每分钟转数或往复次数	进给量 /mm·r⁻¹		夹具刀具量具 技术等级	准终 单件

切削用量列含：背吃刀量 /mm、切削速度 /m·min^{-1}、每分钟转数或往复次数、进给量 /mm·r^{-1}

描图										
描校										
底图号										
装订号								设计 (日期)	审核 (日期)	标准化 (日期) 会签 (日期)
标记	处数	更改文件号	签字	日期	标记	处数	更改文件号	签字	日期	

（3）机械加工工序卡片 这种卡片是用来具体指导工人在普通机床上加工时进行操作的一种工艺文件。它是根据工艺卡片每道工序制订的，多用于大批大量生产的零件和成批生

产的装夹方式、刀具、夹具、量具、切削用量和时间定额等。其格式见表1-18。

表 1-18　机械加工工序卡片

厂名	机械加工工序卡片		产品名称		零（部）件名称		共　页	第　页
（工序图）			车间	工序号	工序名称		材料牌号	
			毛坯种类	毛坯外形尺寸	每毛坯可制件数		每台件数	
			设备名称	设备型号	设备编号		同时加工件数	
			夹具编号		夹具名称		切削液	
			工位器具编号		工位器具名称		工序工时	
							准终	单件

	工步号	工步内容	工艺装备	主轴转速 /r·min⁻¹	切削速度 /m·min⁻¹	进给量 /mm·r⁻¹	背吃刀量 /mm	进给次数	工步工时	
									机动	辅助
描图										
描校										
底图号										
装订号								设计（日期）	审核（日期）	标准化（日期）	会签（日期）
	标记	处数	更改文件号	签字	日期	标记	处数	更改文件号	签字	日期

（二）数控加工工艺文件

数控加工工艺文件不仅是进行数控加工和产品验收的依据，也是操作者遵守和执行的规程，同时还为产品零件重复生产积累了必要的工艺资料，完成了技术储备。这些技术文件是对数控加工的具体说明，目的是让操作者更明确加工程序的内容、装夹方式、各个加工部位所选用的刀具及其他技术问题。该文件包括了编程任务书、数控加工工序卡、数控刀具卡片、数控加工程序单等。以下提供了常用文件格式，文件格式可根据企业实际情况自行设计。

（1）数控加工编程任务书　编程任务书阐明了工艺人员对数控加工工序的技术要求、工序说明和数控加工前应保证的加工余量，是编程员与工艺人员协调工作和编制数控程序的重要依据之一，见表1-19。

表 1-19　数控加工编程任务书

工艺处	数控编程任务书	产品零件图号		任务书编号	
		零件名称			
		使用数控设备		共　页　第　页	

主要工序说明及技术要求：

	编程收到日期	月　日	经手人	

编制		审核		编程		审核		批准	

（2）数控加工工序卡　数控加工工序卡与普通加工工序卡很相似，所不同的是工序简图中应注明编程原点与对刀点，要有编程说明及切削参数的选择等，它是操作人员进行数控加工的主要指导性工艺资料。工序卡应按已确定的工步顺序填写，见表 1-20。如果工序加工内容比较简单，也可采用表 1-21 数控加工工艺卡片的形式。

（3）数控刀具卡片　数控加工刀具卡主要反映刀具名称、编号、规格、长度等内容。它是组装刀具、调整刀具的依据。数控加工刀具卡片见表 1-22。

表 1-20　数控加工工序卡片

单位	数控加工工序卡片	产品名称或代号		零件名称	零件图号
工序简图		车间		使用设备	
		工艺序号		程序编号	
		夹具名称		夹具编号	
工步号	工步作业内容	加工面	刀具号	刀补量	主轴转速	进给速度	背吃刀量	备注
编制		审核		批准		年　月　日	共　页	第　页

表 1-21　数控加工工艺卡片

单位名称		产品名称或代号		零件名称		零件图号	
工序号	程序编号	夹具名称		使用设备		车间	
工步号		工步内容	刀具号	刀具规格	主轴转速	进给速度	背吃刀量	备注
编制		审核		批准		年　月　日	共　页	第　页

表 1-22　数控加工刀具卡片

产品名称或代号		零件名称		零件图号	
序号	刀具号	刀具规格名称	数量	加工表面	备注
编制		审核		批准	共　页	第　页

（4）数控加工程序单　数控加工程序单是编程员根据工艺分析情况，按照机床特点的指令代码编制的。它是记录数控加工工艺过程、工艺参数的清单，有助于操作员正确理解加工程序内容。格式见表 1-23。

表 1-23　数控加工程序单

零件号		零件名称		编制		审核	
程序号				日期		日期	
N	G	X（U）	Z（W）	F	S	T	M	CR	备注

（5）数控加工走刀路线图　在数控加工中，常要注意防止刀具在运动过程中与夹具或工件发生碰撞，为此必须设法告诉操作者关于编程中的刀具运动路线（如从哪里下刀、在哪里抬刀、哪里是斜下刀等）。为简化走刀路线图，一般可采用统一约定的符号来表示。不

同的机床可以采用不同的图例与格式，表 1-24 为一种常用格式。

表 1-24　数控加工走刀路线图

数控加工走刀路线图	零件图号		工序号		工步号		程序号	
机床型号		程序段号		加工内容			共 页	第 页

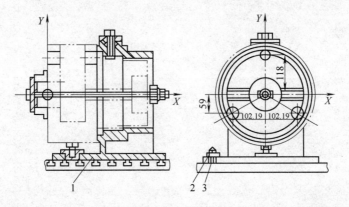

						编程	
						校对	
						审批	

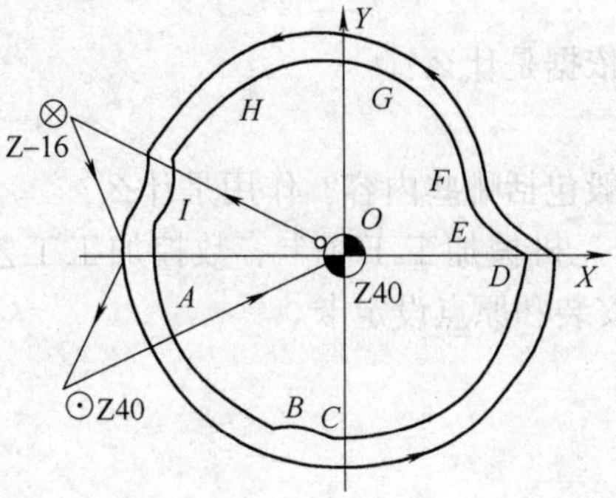

符号	⊙	⊗	◉	o→	→	←	o---	↗
含义	抬刀	下刀	编程原点	起刀点	走刀方向	走刀线相交	爬斜坡	铰孔	行切

（6）数控加工工件安装和原点设定卡（简称装夹图和零件设定卡）　数控加工工件安装和原点设定卡应表示出数控加工原点定位方法和夹紧方法，并应注明加工原点设置位置和坐标方向、使用的夹具名称和编号等，详见表 1-25。

表 1-25　工件安装和原点设定卡

零件名称		数控加工工件安装和原点设定卡	工序号	
零件图号			装夹次数	

				3	T 形槽螺栓
				2	压板
				1	镗铣夹具板
编制	审核	批准	第 页		
			共 页	序号	夹具名称	夹具图号

【任务实施】

机械加工工艺过程卡、机械加工工序卡、数控加工工艺卡、数控刀具卡、数控加工走刀路线图、数控加工工件安装和原点设定卡的绘制请参照表1-16~表1-25。

【思考与练习题】

1. 什么是生产过程和工艺过程？

2. 什么是工序？划分工序的主要依据是什么？

3. 什么是生产纲领和生产类型？

4. 什么是机械加工工艺规程？一般包括哪些内容？作用是什么？

5. 正确绘制机械加工工艺过程卡、机械加工工序卡、数控加工工艺卡、数控刀具卡、数控加工走刀路线图、数控加工工件安装和原点设定卡。

学习情境二　数控刀具的选择

项目一　对数控刀具的认识

【工作任务】

图 2-1 所示大切深强力车刀，刀具材料为 YT15，一般用于中等刚性车床上，加工热轧和锻制的中碳钢。切削用量为背吃刀量 $a_p = 15 \sim 20\text{mm}$，进给量 $f = 0.25 \sim 0.4\text{mm/r}$。试对该刀具的刀具几何参数进行分析。

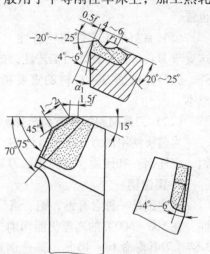

图 2-1　75°大切深强力车刀

【能力目标】

1. 了解刀具材料的基本要求和性能，学会选用刀具材料和牌号。

2. 掌握刀具几何角度的概念，学会刀具的几何参数的合理选择。

3. 了解刀具前刀角和刃区的形状和特点。

4. 学会刀具的前角、后角、主偏角、副偏角、刃倾角的选择。

5. 了解刀具的失效形式、特点及失效的原因。

6. 掌握刀具磨钝标准和刀具寿命的概念，了解影响刀具寿命的因素。

7. 掌握难加工的材料的种类，了解难加工材料的加工方法。

【相关知识准备】

一、刀具材料的概述

在金属切削加工中，刀具切削部分起主要作用，所以刀具材料一般指刀具切削部分材料。刀具材料决定了刀具的切削性能，直接影响加工效率、刀具寿命和加工成本，刀具材料的合理选择是切削加工工艺一项重要内容。

（一）刀具材料的基本要求

金属加工时，刀具受到很大切削压力、摩擦力和冲击力，产生很高的切削温度，刀具在这种高温、高压和剧烈的摩擦环境下工作，刀具材料需满足一些基本要求。

（1）高硬度　刀具是从工件上去除材料，所以刀具材料的硬度必须高于工件材料的硬度。刀具材料最低硬度应在 60HRC 以上。对于碳素工具钢材料，在室温条件下硬度应在 62HRC 以上；高速钢硬度为 63 ~ 70HRC；硬质合金刀具硬度为 89 ~ 93HRC。

（2）高强度与强韧性　刀具材料在切削时受到很大的切削力与冲击力，如车削 45 钢，

在背吃刀量 $a_p = 4\text{mm}$，进给量 $f = 0.5\text{mm/r}$ 的条件下，刀片所承受的切削力达到 4000N，可见，刀具材料必须具有较高的强度和较强的韧性。一般刀具材料的韧性用冲击韧度 α_k 表示，反映刀具材料抗脆性和崩刃能力。

（3）较强的耐磨性和耐热性　刀具耐磨性是刀具抵抗磨损能力。一般刀具硬度越高，耐磨性越好。刀具金相组织中硬质点（如碳化物、氮化物等）越多，颗粒越小，分布越均匀，则刀具耐磨性越好。刀具材料耐热性是衡量刀具切削性能的主要标志，通常用高温下保持高硬度的性能来衡量，也称热硬性。刀具材料高温硬度越高，则耐热性越好，在高温抗塑性变形能力、抗磨损能力越强。

（4）优良导热性　刀具导热性好，表示切削产生的热量容易传导出去，降低了刀具切削部分温度，减少刀具磨损。另外，刀具材料导热性好，其抗耐热冲击和抗热裂纹性能也强。

（5）良好的工艺性与经济性　刀具不但要有良好的切削性能，本身还应该易于制造，这要求刀具材料有较好的工艺性，如锻造、热处理、焊接、磨削、高温塑性变形等功能。此外，经济性也是刀具材料的重要指标之一，选择刀具时，要考虑经济效果，以降低生产成本。

（二）刀具材料的种类和选择

当前所使用的刀具材料有许多，不过应用最多的还是工具钢（碳素工具钢、合金工具钢、高速钢）和硬质合金类普通刀具材料，以下对这些普通刀具材料分别介绍。

1. 高速钢

高速钢是一种含有钨、钼、铬、钒等合金元素较多的工具钢。高速钢具有良好的热稳定性，在 500 ~ 600℃ 的高温仍能切削，与碳素工具钢、合金工具钢相比较，切削速度提高 1 ~ 3 倍，刀具寿命 10 ~ 40 倍。高速钢具有较高强度和韧性，如抗弯强度为一般硬质合金的 2 ~ 3 倍，陶瓷的 5 ~ 6 倍，且具有一定的硬度（63 ~ 70HRC）和耐磨性。

（1）普通高速钢　普通高速钢分为两种，钨系高速钢和钨钼系高速钢。

1）钨系高速钢。这类钢的典型钢种为 W18Cr4V（简称 W18），它是应用最普遍的一种高速钢。这种钢磨削性能和综合性能好，通用性强。常温硬度 63 ~ 66 HRC，600℃高温硬度 48.5 HRC 左右。不过此钢的缺点是碳化物分布常不均匀，强度与韧性不够强，热塑性差，不宜制造成大截面刀具。

2）钨钼钢。钨钼钢是将一部分钨用钼代替所制成的钢。典型钢种为 W6Mo5Cr4V2（简称 M2）。此种钢的优点是减小了碳化物数量及分布的不均匀性，和 W18 钢相比 M2 抗弯强度提高 17%，抗冲击韧度提高 40% 以上，而且大截面刀具也具有同样的强度与韧性，它的性能也较好。此钢的缺点是高温切削性能和 W18 相比稍差。我国生产的另一种钨钼系钢为 W9Mo5Cr4V2（简称 W9），它的抗弯强度和冲击韧性都高于 M2，而且热塑性、刀具寿命、磨削加工性和热处理时脱碳倾向性都比 M2 有所提高。

（2）高性能高速钢　此钢是在普通高速钢中增加碳、钒含量并添加钴、铝等合金元素而形成的新钢种。此类钢的优点是具有较强的耐热性，在 630 ~ 650℃ 高温下，仍可保持 60HRC 的高硬度，而且刀具寿命是普通高速钢的 1.5 ~ 3 倍。它适合加工奥氏体不锈钢、高温合金、钛合金、超高强度钢等难加工材料。此类钢的缺点是强度与韧性较普通高速钢低，高钒高速钢磨削加工性差。典型的钢种有高碳高速钢 9W6Mo5Cr4V2、高钒高速钢 W6Mo5Cr4V3、钴高速钢 W6Mo5Cr4V2Co5 及超硬高速钢 W2Mo9Cr4VCo8、W6Mo5Cr4V2Al 等。

（3）粉末冶金高速钢　粉末冶金高速钢是用高压氩气或纯氮气雾化熔化的高速钢钢液，得到细小的高速钢粉末，然后经热压制成刀具毛坯。

粉末冶金钢有以下优点：无碳化物偏析，提高钢的强度、韧性和硬度，硬度值达 69 ~ 70HRC；保证材料各向同性，减小热处理内应力和变形；磨削加工性好，磨削效率比熔炼高速钢提高 2 ~ 3 倍；耐磨性好。

此类钢适于制造切削难加工材料的刀具和大尺寸刀具（如滚刀和插齿刀），精密刀具和磨加工量大的复杂刀具。几种常用高速钢的牌号及主要性能见表 2-1。

表 2-1　高速钢的牌号及主要性能表

类型	高速钢牌号		常温硬度	抗弯强度	冲击韧度	600℃下的
	中国牌号	习惯名称	HRC	/MPa	/kJ·mm^{-2}	硬度/HRC
普通高速钢	W18Cr4V	T1	62 ~ 65	3430	290	50.5
	W6Mo5Cr4V2	M2	63 ~ 66	3500 ~ 4000	300 ~ 400	47 ~ 48
高性能高速钢	W6Mo5Cr4V3	M3	65 ~ 67	3200	250	51.7
	W7Mo4Cr4V2Co5	M41	66 ~ 68	2500 ~ 3000	230 ~ 350	54
	W6Mo5Cr4V2Al	501 钢	66 ~ 69	3000 ~ 4100	230 ~ 350	55 ~ 56
	110W1.5Mo9.5Cr4VCo8	M42	67 ~ 69	2650 ~ 3730	230 ~ 290	55.2
	W10Mo4Cr4VAl	5F6 钢	68 ~ 69	3010	200	54.2

2. 硬质合金

硬质合金由难熔金属碳化物（如 TiC、WC、NbC 等）和金属粘结剂（如 Co、Ni 等）经粉末冶金方法制成。

（1）硬质合金的性能特点　硬质合金中高熔点、高硬度碳化物含量高，因此硬质合金常温硬度很高，达到 78 ~ 82 HRC，热熔性好，热硬性可达 800 ~ 1000℃以上，切削速度比高速钢提高 4 ~ 7 倍。

硬质合金缺点是脆性大，抗弯强度和抗冲击韧性不强。抗弯强度只有高速钢的 1/3 ~ 1/2，冲击韧性只有高速钢的 1/35 ~ 1/4。

硬质合金力学性能主要由组成硬质合金碳化物的种类、数量、粉末颗粒的粗细和粘结剂的含量决定。碳化物的硬度和熔点越高，硬质合金的热硬性也越好。粘结剂含量大，则强度与韧性好。碳化物粉末越细，而粘结剂含量一定，则硬度高。

（2）普通硬质合金的种类、牌号及适用范围　国产普通硬质合金按其化学成分的不同，可分为四类。

1）钨钴类（WC + Co），合金代号为 YG，对应于国标 K 类。此合金钴含量越高，韧性越好，适于粗加工，钴含量低，适于精加工。

2）钨钛钴类（WC + TiC + Co），合金代号为 YT，对应于国标 P 类。此类合金有较高的硬度和耐热性，主要用于加工切屑呈带状的钢件等塑性材料。合金中 TiC 含量高，则耐磨性和耐热性提高，但强度降低。因此粗加工一般选择 TiC 含量少的牌号，精加工选择 TiC 含量多的牌号。

3）钨钛钽（铌）钴类（WC + TiC + TaC（Nb）+ Co），合金代号为 YW，对应于国标

M 类。此类硬质合金不但适用于加工冷硬铸铁、非铁金属及合金半精加工，也能用于高锰钢、淬火钢、合金钢及耐热合金钢的半精加工和精加工。

4）碳化钛基类（WC + TiC + Ni + Mo）。合金代号 YN，对应于国标 P01 类。一般用于精加工和半精加工，对于大、长零件且加工精度较高的零件尤其适合，但不适于有冲击载荷的粗加工和低速切削。

（3）超细晶粒硬质合金　超细晶粒硬质合金多用于 YG 类合金，它的硬度和耐磨性得到较大提高，抗弯强度和冲击韧度也得到提高，已接近高速钢。超细晶粒硬质合金适合做小尺寸铣刀、钻头等，并可用于加工高硬度难加工材料。几种常用硬质合金的牌号及主要性能见表 2-2。

表 2-2　硬质合金的牌号及主要性能表

牌号	牌号	密度/g·cm⁻³	硬度/HRA	抗弯强度/MPa	使用性能或推荐用途
YG3	K05	15.20~15.40	91.5	140	铸铁、非铁金属及其合金的精加工、半精加工，要求无冲击
YG3X	K05	15.20~15.40	92.0	130	细晶粒，铸铁、非铁金属及其合金的精加工、半精加工
YG6	K20	14.85~15.05	90.5	186	铸铁、非铁金属及其合金的半精加工、粗加工
YG6X	K10	14.85~15.05	91.7	180	细晶粒，铸铁、非铁金属及其合金的半精加工、粗加工
YG8	K30	14.60~14.85	90.0	206	铸铁、非铁金属及其合金粗加工，可用于断续切削
YT5	P30	11.50~13.20	90.0	175	碳素钢、合金钢的粗加工，可用于断续切削
YT14	P20	11.20~11.80	91.0	155	碳素钢、合金钢的半精加工、粗加工，可用于断续切削时的精加工
YT15	P10	11.10~11.60	91.5	150	碳素钢、合金钢的半精加工、粗加工，可用于断续切削时的精加工
YT30	P01	9.30~9.70	92.5	127	碳素钢、合金钢的精加工
YW1	M10	12.85~13.40	92.0	138	高温合金、不锈钢等难加工材料的精加工、半精加工
YW2	M20	12.65~13.35	91.0	168	高温合金、不锈钢等难加工材料的半精加工、粗加工

（4）涂层硬质合金　涂层硬质合金是在韧性较好的硬质合金基体上或高速钢刀具基体上，涂覆一层耐磨性较高的难熔金属化合物而制成。

常用的涂层材料有 TiC、TiN、Al_2O_3 等。TiC 的硬度比 TiN 高，抗磨损性能好。不过 TiN 与金属亲和力小，在空气中抗氧化能力强。因此，对于摩擦剧烈的刀具，宜采用 TiC 涂层，而在容易产生粘结条件下，宜采用 TiN 涂层刀具。

涂层可以采用单涂层和复合涂层，如 $TiC-TiN$、$TiC-Al_2O_3$、$TiC-TiN-Al_2O_3$ 等。涂层厚度一般在 $5\sim8\mu m$，它具有比基体高得多的硬度，表层硬度可达 $2500\sim4200HV$。

涂层刀具具有高的抗氧化性能和抗粘结性能，因此具有较高的耐磨性。涂层摩擦系数较低，可降低切削时的切削力和切削温度，提高刀具寿命，高速钢基体涂层刀具寿命可提高 $2\sim10$ 倍，硬质合金基体刀具提高 $1\sim3$ 倍。加工材料硬度愈高，涂层刀具效果愈好。

涂层刀具主要用于车削、铣削等加工，由于成本较高，还不能完全取代未涂层刀具的使用。硬质合金涂层刀具在涂覆后强度和韧性都有所降低，不适合受力大和冲击大的粗加工，也不适合高硬材料的加工。涂层刀具经过钝化处理，切削刃锋利程度减小，不适合进给量很小的精密切削。

3. 陶瓷

陶瓷刀具材料的主要由硬度和熔点都很高的 Al_2O_3、Si_3N_4 等氧化物、氮化物组成，另外还有少量的金属碳化物、氧化物等添加剂，通过粉末冶金工艺方法制粉，再压制烧结而成。常用的陶瓷刀具有两种：Al_2O_3 基陶瓷和 Si_3N_4 基陶瓷。

陶瓷刀具优点是有很高的硬度和耐磨性，硬度达 $91\sim95HRA$，耐磨性是硬质合金的 5 倍；刀具寿命比硬质合金高；具有很好的热硬性，当切削温度 760℃ 时，具有 87HRA（相当于 66HRC）硬度，温度达 1200℃ 时，仍能保持 80HRA 的硬度；摩擦系数低，切削力比硬质合金小，用该类刀具加工时能提高表面质量。

陶瓷刀具缺点是强度和韧性差，热导率低。陶瓷最大缺点是脆性大，抗冲击性能很差。此类刀具一般用于高速精细加工硬材料。

4. 立方氮化硼

立方氮化硼（简称 CBN）是以氮化硼为原料在高温高压下合成。

CBN 刀具的主要优点是硬度高，硬度仅次于金刚石，热稳定性好，较高的导热性和较小的摩擦系数。缺点是强度和韧性较差，抗弯强度仅为陶瓷刀具的 $1/5\sim1/2$。

CBN 刀具适用于加工高硬度淬火钢、冷硬铸铁和高温合金材料。它不宜加工塑性大的钢件和镍基合金，也不适合加工铝合金和铜合金，通常采用负前角的高速切削。

5. 金刚石

金刚石是碳的同素异构体，具有极高的硬度。现用的金刚石刀具有三类：天然金刚石刀具、人造聚晶金刚石刀具和复合聚晶金刚石刀具。

金刚石刀具具有如下优点：极高的硬度和耐磨性，人造金刚石硬度达 10000HV，耐磨性是硬质合金的 $60\sim80$ 倍；切削刃锋利，能实现超精密微量加工和镜面加工；很好的导热性。

金刚石刀具缺点是耐热性差，强度低，脆性大，对振动很敏感。

此类刀具主要用于高速条件下精细加工非铁金属及其合金和非金属材料。

二、刀具的几何角度

刀具几何角度是确定刀具切削部分几何形状的重要参数，它的变化直接影响金属加工的质量。

（一）刀具切削部分的组成

如图 2-2 所示，刀具切削部分主要由以下几个部分组成：

前刀面 A_γ——切屑沿其流出的表面。

主后刀面 A_α——与过渡表面相对的面。

副后刀面 A'_α——与已加工表面相对的面。

主切削刃——前刀面与主后刀面相交形成的切削刃。

副切削刃——前刀面与副后刀面相交形成的切削刃。

刀具的几何角度是在一定的平面参考系中确定的，一般有正交平面参考系、法平面参考系和假定工作平面参考系。如图 2-3 所示，采用的是正交平面参考系，各参考面如下：

基面 P_r——过切削刃选定点平行或垂直刀具安装面（或轴线）的平面。

切削平面 P_s——过切削刃选定点与切削刃相切并垂直于基面的平面。

正交平面 P_o——过切削刃选定点同时垂直于切削平面和基面的平面。

对于法平面参考系，则由 P_r、P_s、P_n 三平面组成，其中：

法平面 P_n——过切削刃选定点并垂直于切削刃的平面。

对于假定工作平面参考系，则由 P_r、P_f、P_p 三平面组成，其中：

假定工作平面 P_f——过切削刃选定点平行于假定进给运动方向并垂直于基面的平面。

背平面 P_p——过切削刃选定点和假定工作平面与基面都垂直的平面。

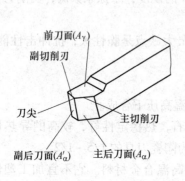 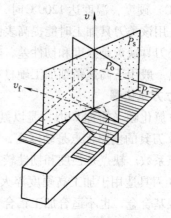

图 2-2　车刀的切削部分　　　　图 2-3　正交平面参考系

（二）刀具的切削部分的几何角度

这里所讲刀具几何角度是在正交平面参考系确定，是刀具工作图上标注的角度，亦称标注角度。如图 2-4 所示，车刀的各标注角度如下：

前角 γ_o——在主切削刃选定点的正交平面 P_o 内，前刀面与基面之间的夹角。

后角 α_o——在正交平面 P_o 内，主后刀面与切削平面之间的夹角。

主偏角 κ_r——主切削刃在基面上的投影与进给方向的夹角。

刃倾角 λ_s——在切削平面 P_s 内，主切削刃与基面 P_r 的夹角。

以上四角中，前角 γ_o 与后角 α_o 分别是确定前刀面与后刀面方位的角度，而主偏角 κ_r 与刃倾角 λ_s 是确定主切削刃方位的角度。和以上四个角度相对应，又可定义确定副后刀面和副切削刃的四角为副前角 γ'_o、副后角 α'_o、副偏角 κ'_r、副倾角 λ'_s。

铣刀的刀具标注几何角度有自己的特点。图 2-5 显示了圆柱形铣刀的标注几何角度。

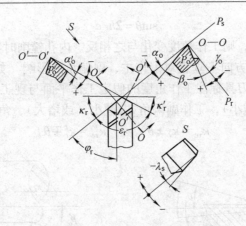

图 2-4　车削刀具几何角度

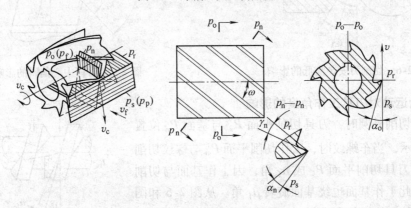

图 2-5　圆柱形铣刀的标注几何角度

从图 2-5 中可以看出,圆柱形铣刀基面 P_r 为过切削刃选定点和刀具轴线的平面,即与主切削速度垂直的平面。切削平面 P_s 同样为过该切削刃选定点与切削刃相切并与基面垂直平面。

(三) 刀具的工作角度

1. 刀具的工作角度概念

刀具在工作状态下的切削角度称为刀具的工作角度。刀具的工作角度是在刀具工作参考系下确定的。如工作正交参考系下的参考平面为

工作基面 P_{re}——过切削刃选定点与合成切削速度 v_e 垂直的平面。

工作切削平面 P_{se}——过切削刃选定点与切削刃相切并垂直于工作基面的平面。

工作正交平面 P_{oe}——过切削刃选定点并与工作基面和工作正交面都垂直的平面。

与标注角度类似,在其他参考系下也定义了相应的参考平面,如法平面参考系下的 P_{re}、P_{se}、P_{ne};工作平面参考系下的 P_{re}、P_{fe}、P_{pe}。同样也定义了与标注角度相对应的工作角度,γ_{oe}、α_{oe}、κ_{re}、λ_{se}、γ_{fe}、α_{fe} 等。

2. 刀具安装位置对刀具工作角度的影响

(1) 切削刃安装高低对工作前、后角的影响　如图 2-6 所示,当切削点高于工件中心时,此时工作基面与工作切削面与正常位置相应的平面成 θ 角,由图 2-6 可以看出,此时工作前角增大 θ 角,而工作后角减小 θ 角。

$$\sin\theta = 2h/d$$

如刀尖低于工件中心，则工作角度变化与之相反。内孔镗削时与加工外表面情况相反。

（2）导杆中心与进给方向不垂直对工作主、副偏角的影响　如图 2-7 所示，当刀杆中心与正常位置偏 θ 角时，刀具标注工作角度的假定工作平面与现工作平面 P_{fe} 成 θ 角，因而工作主偏角 κ_{re} 增大（或减小），工作副偏角 κ'_{ye} 减小（或增大），角度变化值为 θ 角，即

$$\kappa_{re} = \kappa_r \pm \theta \qquad \kappa'_{re} = \kappa'_r \mp \theta$$

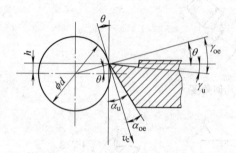
图 2-6　切削刃安装高低的影响

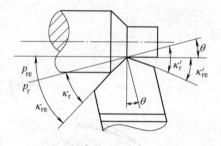
图 2-7　刀杆中心偏斜的影响

3. 进给运动对刀具工作角度的影响

当正常切削外圆时，刀具切削平面 P_s 与基面 P_r 位置如图 2-8 所示，当车螺纹时，工作切削平面 P_{se} 与螺纹切削点相切，与刀具切削平面 P_s 成 μ_f 角，因工作基面与切削面垂直，因此工作基面也绕基面旋转 μ_f 角。从图 2-6 和图 2-8 可以看到，在正交平面内，刀具的工作角度为

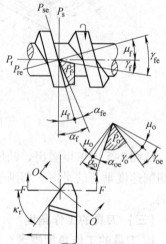

$$\gamma_{oe} = \gamma_o + \mu_o \qquad \alpha_{oe} = \alpha_o - \mu_o$$

$$\tan\mu_f = f/\pi d_w$$

$$\tan\mu_o = \tan\mu_f \sin\kappa_r = f\sin\kappa_r/\pi d_w$$

式中　f——纵向进给量，对单线螺纹 f 为螺距；

d_w——工件直径，即螺纹大径。

由上式右螺纹的车削可看出，刀具工作前角增大，工作后角减小；若车左螺纹，则与之相反。同时，可知当进给量 f 较小时，纵向进给对刀具工作角度的影响可忽略，因此在一般的外圆车削中，因进给量小，常不考虑其对工作角度的影响。

图 2-8　进给运动对刀具角度影响

（四）刀具几何参数的合理选择

所谓刀具几何参数的合理选择是指在保证加工质量的前提下，选择能提高切削效率，降低生产成本，获得最高刀具寿命的刀具几何参数。

刀具几何参数包括刀具几何角度（如前角、后角、主偏角等）、刀面形式（如平面前刀面、倒棱前刀面等）和切削刃形状（直线形、圆弧形）等。

选择刀具考虑的因素很多，主要有工件材料、刀具材料、切削用量、工艺系统刚性等工艺条件以及机床功率等。以下所述是在一定切削条件下的基本选择方法，要选择好刀具几何参数，必须在生产实践中不断摸索、总结、提炼才能掌握。

1. 前角和前刀面形状的选择

（1）前角 γ_o 的选择　刀具前角 γ_o 是一个重要的刀具几何参数。在选择刀具前角时，首先应保证切削刃锋利，同时也要兼顾切削刃的强度与寿命。但两者又是一对矛盾，需要根据生产现场的条件，考虑各种因素，以达到一平衡点。

刀具前角增大，切削刃变锋利，可以减小切削变形，减小切屑流出刀前面的摩擦阻力，从而减小切削力和切削功率，切削时产生的热量也减小，提高刀具寿命。但如果楔角过小，切削刃的强度会降低。而且，刀具前角增大，刀头散热体积减小，又将使切削温度升高，刀具寿命降低。刀具前角的合理选择，主要由刀具材料和工件材料的种类与性质决定。

1）刀具材料。由于刀具前角增大，将降低切削刃强度，因此在选择刀具前角时，应考虑刀具材料的性质。刀具材料的不同，其强度和韧性也不同，强度和韧性大的刀具材料可以选择大的前角，而脆性大的刀具甚至取负的前角。如高速钢前角可比硬质合金刀具大 $5° \sim 10°$；陶瓷刀具，前角常取负值，其值一般在 $-15° \sim 0°$ 之间。如图 2-9 所示的不同刀具材料韧性的变化。

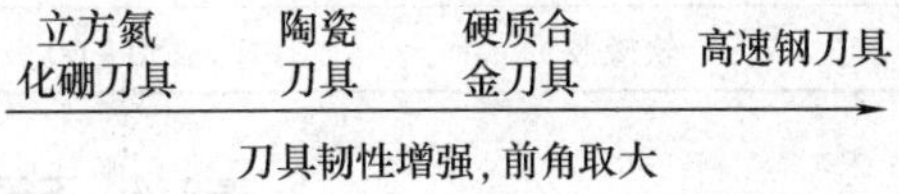

2）工件材料。工件材料的性质也是前角选择考虑的因素之一。加工钢件等弹塑性材料时，切屑沿前刀面流出时和前刀面接触长度长，压力与摩擦较大，为减小变形和摩擦，一般采用选择大

立方氮化硼刀具	陶瓷刀具	硬质合金刀具	高速钢刀具

刀具韧性增强，前角取大

图 2-9　不同刀具材料的韧性变化

的前角。如加工铝合金取 $\gamma_o = 25° \sim 35°$，加工低碳钢取 $\gamma_o = 20° \sim 25°$，正火高碳钢取 $\gamma_o = 10° \sim 15°$，当加工高强度钢时，为增强切削刃，前角取负值。

加工脆性材料时，切屑为碎状，切屑与前刀面接触短，切削力主要集中在切削刃附近，受冲击时易产生崩刃，因此刀具前角相对弹塑性材料取得小些或取负值，以提高切削刃的强度。如加工灰铸铁，取较小的正前角。加工淬火钢或冷硬铸铁等高硬度的难加工材料时，宜取负前角。一般用正前角的硬质合金刀具加工淬火钢时，刚开始切削就会发生崩刃。

3）加工条件。刀具前角选择与加工条件也有关系。粗加工时，因加工余量大，切削力大，一般取较小的前角；精加工时，宜取较大的前角，以减小工件变形与表面粗糙度值；带有冲击性的断续切削比连续切削前角取得小。机床工艺系统好，功率大，可以取较大的前角。但用数控机床加工时，为使切削性能稳定，宜取较小的前角。

4）其他刀具参数。前角的选择还与刀具其他参数和刀面形状有关，特别是与刃倾角有关。例如，负倒棱（图 2-10b，角度为 γ_{o1}）的刀具可以取较大的前角。大前角的刀具常与负刃倾角相匹配以保证切削刃的强度与抗冲击能力。一些先进的刀具就是针对某种加工条件改进而设计的。

总之，前角选择的原则是在满足刀具寿命的前提下，尽量选取较大前角。

刀具的合理前角参考值见表 2-3 和表 2-4。

（2）前刀面形状、刃区形状及其参数的选择

1）前刀面形状。前刀面形状的合理选择，对防止刀具崩刃、提高刀具寿命和切削效率、降低生产成本都有重要意义。图 2-10 所示为几种前刀面形状及刃区剖面形式。

① 正前角锋刃平面型（图 2-10a），其特点是刃口较锋利，但强度差，γ_o 不能太大，不易折屑，主要用于高速钢刀具、精加工铸铁、青铜等脆性材料。

表2-3   硬质合金刀具合理前角参考值

工件材料		合理前角/(°)	工件材料		合理前角/(°)
碳钢 σ_b/GPa	≤0.445	20 ~ 25	不锈钢	奥氏体	15 ~ 30
	≤0.558	15 ~ 20		马氏体	15 ~ -5
	≤0.784	12 ~ 15	淬硬钢	≥40HRC	-5 ~ -10
	≤0.98	5 ~ 10		≥50HRC	-10 ~ -15
40Cr	正火	13 ~ 18	高强度钢		8 ~ -10
	调质	10 ~ 15	钛及钛合金		5 ~ 15
灰铸铁	≤220HBW	10 ~ 15	变形高温合金		5 ~ 15
	>200HBW	5 ~ 10	铸造高温合金		0 ~ 10
铜	纯铜	25 ~ 35	高锰钢		8 ~ -5
	黄铜	15 ~ 35	铬锰钢		-2 ~ -5
	青铜（脆黄铜）	5 ~ 15			
铝及铝合金		25 ~ 35			
软橡胶		50 ~ 60			

表2-4   不同刀具材料加工钢时的前角

σ_b/GPa 刀具材料	高速钢	硬质合金	陶瓷
≤0.784	25°	12° ~ 15°	10°
>0.784	20°	10°	5°

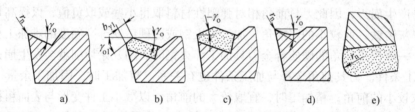

图2-10   前刀面形状及刃区剖面形式

a) 正前角锋刃平面型   b) 带倒棱的正前角平面型   c) 负前角平面型   d) 曲面型   e) 钝圆切削刃型

    ② 带倒棱的正前角平面型（图2-10b），其特点是切削刃强度及抗冲击能力强，同样条件下可以采用较大的前角，提高了刀具寿命，主要用于硬质合金刀具和陶瓷刀具，加工铸铁等脆性材料。

    ③ 负前角平面型（图2-10c），其特点是切削刃强度较好，但切削刃较钝，切削变形大，主要用于硬脆刀具材料，可加工高强度高硬度材料，如淬火钢。图2-10c所示类型负前角后部加有正前角，有利于切屑流出，许多刀具并无此角，只有负角。

    ④ 曲面型（图2-10d），其特点是有利于排屑、卷屑和断屑，而且前角较大，切削变形小，所受切削力也较小。在钻头、铣刀、拉刀等刀具上都有曲面前面。

    ⑤ 钝圆切削刃型（图2-10e），其特点是切削刃强度和抗冲击能力增加，具有一定的消振作用，适用于陶瓷等脆性材料。

2) 刃区形状。以上可以看出，为了提高刀具性能，一些前刀面与倒棱和刃部形状相结合。倒棱是提高切削刃强度的有效措施。由图 2-10 看出，倒棱是沿切削刃研磨出很窄的负前角棱面。当倒棱选择合理时，棱面将形成滞留金属三角区。切屑仍沿正前角面流出，切削力增大不明显，而切削刃加强并受到三角区滞留金属的保护，同时散热条件改善，刀具寿命明显提高。特别对于硬质合金和陶瓷等脆性刀具，粗加工时，效果更显著，可提高刀具寿命 1～5 倍。另外，倒棱也使切削力的方向发生变化，在一定程度上改善刀片的受力状况，减小对切削刃产生的弯曲应力分量，从而提高刀具寿命。

倒棱参数的最佳值与进给量有密切关系。通常取 $b_{\gamma 1} = 0.2 \sim 1mm$ 或 $b_{\gamma 1} = (0.3 \sim 0.8)f$。粗加工时取大值，精加工时取小值。加工低碳钢、灰铸铁、不锈钢时，$b_{\gamma 1} \leqslant 0.5f$，$\gamma_{o1} = -10° \sim -5°$。加工硬皮的锻件或铸钢件，机床刚度与功率允许的情况下，倒棱负角可减小到 $-30°$，高速钢倒棱前角 $\gamma_{o1} = 0° \sim 5°$，硬质合金刀具 $\gamma_{o1} = -10° \sim -5°$。冲击比较大，负倒棱宽度可取 $b_{\gamma 1} = (1.5 \sim 2)f$。

对于进给量很小（$f \leqslant 0.2mm/r$）的精加工刀具，为使切削刃锋利和减小刀刃钝圆半径，一般不磨倒棱。加工铸铁、铜合金等脆性材料的刀具，一般也不磨倒棱。

钝圆切削刃是在负倒棱的基础上进一步修磨而成，或直接钝化处理成。切削刃钝圆半径比锋刃增大了一定的值，在切削刃强度方面获得与负倒棱一样的效果，但比负倒棱更有利于消除刃区微小裂纹，使刀具获得较高寿命。而且刃部钝圆对加工表面有一定的整轧和消振作用，有利于提高加工表面质量。

钝圆半径 r_n 有小型（$r_n = 0.025 \sim 0.05mm$）、中型（$r_n = 0.05 \sim 0.1mm$）和大型（$r_n = 0.1 \sim 0.15mm$）三种。需要根据刀具材料、工件材料和切削条件三方面选择。

刀具材料强度和韧性影响钝圆半径选择。高速钢刀具一般采用正前角锋刃或小型切削刃，陶瓷刀片一般要求负倒棱且带大型钝圆切削刃。WC 基硬质合金刀具一般采用中型钝圆切削刃。TiC 基硬质合金刀具在中型与大型之间。

工件材料的性质也影响钝圆半径的选择。易切削金属的加工，一般采用锋刃或小型钝圆半径；切削灰铸铁和球墨铸铁等材质分布不均而容易产生冲击的加工材料，通常采用中型钝圆半径刀具加工；切削高硬度合金材料，一般采用中型或大型钝圆半径刀具加工。

2. 后角及后面形状的选择

（1）后角 α_o 的选择　从前面的切削变形规律已知到，在第三变形区，加工表面在后刀面有一个被挤压然后又弹性回复的过程，使刀具与加工表面产生摩擦，刀具后角越小，则与加工表面接触的挤压和摩擦面越长，摩擦越大。因此，后角 α_o 的主要作用是减小刀具后刀面与加工表面的摩擦，另外当前角固定时，后角的增大与减小能增大和减小切削刃的锋利程度，改变切削刃的散热，从而影响刀具寿命。后角 α_o 的选择主要考虑因素是切削厚度和切削条件。

1) 切削厚度。试验表明，合理的后角值与切削厚度有密切关系。当切削厚度 h_D（和进给量 f）较小时，切削刃要求锋利，因而后角 α_o 应取大些。如高速钢立铣刀，每齿进给量很小，后角取到 $16°$。车刀后角的变化范围比前角小，粗车时，切削厚度 h_D 较大，为保证切削刃强度，取较小后角，$\alpha_o = 4° \sim 8°$；精车时，为保证加工表面质量，$\alpha_o = 8° \sim 12°$。车刀合理后角在 $f \leqslant 0.25mm/r$ 时，可选 $\alpha_o = 10° \sim 12°$；在 $f > 0.25mm/r$ 时，$\alpha_o = 5° \sim 8°$。

2) 工件材料。工件材料强度或硬度较高时，为加强切削刃，一般采用较小后角。对于塑性较大材料，已加工表面易产生加工硬化时，后刀面摩擦对刀具磨损和加工表面质量影响较大时，一般取较大后角。如加工高温合金时，$\alpha_o = 10° \sim 15°$。

选择后角的原则是在不产生摩擦的条件下，应适当减小后角。

（2）后角形状的选择　为减少刃磨后面的工作量，提高刃磨质量，在硬质合金刀具和陶瓷刀具上通常把后角做成双重后角，如图 2-11a 所示。沿主切削刃和副切削刃磨出的窄棱面被称为刃带。对定尺寸刀具磨出刃带的作用是为制造刃磨刀具时有利于控制和保持尺寸精度，同时在切削时提高切削的平稳性和减小振动。一般刃带宽在 $b_{a1} = 0.1 \sim 0.3$mm 范围，超过一定值将增大摩擦，降低表面加工质量。如当工艺系统刚性较差，容易出现振动时，可以在车刀后面磨出 $b_{a1} = 0.1 \sim 0.3$mm，$\alpha_o = -5° \sim -10°$ 的消振棱，如图 2-11b 所示。

3. 主偏角和副偏角的选择

（1）主偏角的选择　主偏角的选择对刀具寿命影响很大。因为根据切削层参数内容可知，在背吃刀量 a_p 与进给量 f 不变时，主偏角 κ_r 减小将使切削厚度 h_D 减小，切削宽度 b_D 增加，参加切削的切削刃长度也相应增加切削宽度 b_D，切削刃单位长度上的受力减小，散热条件也得到改善。而

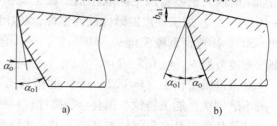

图 2-11　后面形状
a）双重后角　b）负后角刃带消振

且，主偏角 κ_r 减小时，刀尖角增大，刀尖强度提高，刀尖散热体积增大。所以，主偏角 κ_r 减小，能提高刀具寿命。但主偏角的减小也会产生不良影响。因为根据切削力分析可以得知，主偏角 κ_r 减小，将使背向力 F_p 增大，从而使切削时产生的挠度增大，降低加工精度。同时背向力的增大将引起振动，因此对刀具寿命和加工精度产生不利影响。

由上述分析可知，主偏角 κ_r 的增大或减小对切削加工既有有利的一面，也有不利的一面，在选择时应综合考虑。其主要选择原则有以下几点：

1）工艺系统刚性较好时（工件长径比 $l_w/d_w < 6$），主偏角 κ_r 可以取小值。如当在刚度好的机床上加工冷硬铸铁等高硬度、高强度材料时，为减轻切削刃负荷，增加刀尖强度，提高刀具寿命，一般取比较小的值，$\kappa_r = 10° \sim 30°$。

2）工艺系统刚性较差时（工件长径比 $l_w/d_w = 6 \sim 12$），或带有冲击性的切削，主偏角 κ_r 可以取大值，一般 $\kappa_r = 60° \sim 75°$，甚至主偏角 κ_r 可以大于 90°，以避免加工时振动。硬质合金刀具车刀的主偏角多为 60° ~ 75°。

3）根据工件加工要求选择。当车阶梯轴时，$\kappa_r = 90°$；同一把刀具加工外圆、端面和倒角时，$\kappa_r = 45°$。

（2）副偏角 κ_r' 的选择　副偏角 κ_r' 的大小将对刀具寿命和加工表面粗糙度产生影响。副偏角的减小，将可降低残留物面积的高度，提高理论表面粗糙度值，同时刀尖强度增大，散热面积增大，提高刀具寿命。但副偏角太小，又会使刀具副后刀面与工件的摩擦，使刀具寿命降低，另外引起加工中振动。因此，副偏角的选择也需综合各种因素。

1）工艺系统刚性好时，加工高强度、高硬度材料，一般 $\kappa_r' = 5° \sim 10°$；加工外圆及端面，能中间切入，$\kappa_r' = 45°$。

2）工艺系统刚度较差时，粗加工、强力切削时，$\kappa_r' = 10° \sim 15°$；车台阶轴、细长轴、薄壁件，$\kappa_r' = 5° \sim 10°$。

3）切断切槽时，$\kappa_r' = 1° \sim 2°$。

副偏角的选择原则是在不影响摩擦和振动的条件下，应选取较小的副偏角。

4. 刀尖形状的选择

主切削刃与负切削刃连接的地方称为刀尖。该处是刀具强度和散热条件都很差的地方。切削过程中，刀尖切削温度较高，非常容易磨损，因此增强刀尖，可以提高刀具寿命。刀尖对已加工表面粗糙度有很大影响。

通过前面讲述的主偏角与副偏角的选择可知，主偏角 κ_r 和副偏角 κ'_r 的减小，都可以增强刀尖强度，但同时也增大了背向力 F_p，使得工件变形增大并引起振动。但如在主、副切削刃之间磨出倒角刀尖。则既可增大刀尖角，又不会使背向力 F_p 增加多少，如图 2-12a 所示。

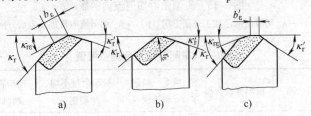

图 2-12　刀具的过渡刃
a）倒角刃　b）圆弧刃　c）修光刃

倒角刀尖的偏角一般取 $\kappa_{r\varepsilon} = \kappa_r/2$，$b_\varepsilon = (0.2 \sim 0.25)a_p$。刀尖也可修成圆弧状，如图 2-12b 所示。对于硬质合金车刀和陶瓷车刀，一般 $r_\varepsilon = 0.5 \sim 1.5$mm，对高速钢刀具，$r_\varepsilon = 1 \sim 3$mm。增大 r_ε，刀具的磨损和破损都可减小，不过，此时背向力 F_p 也会增大，容易引起振动。考虑到脆性大的刀具对振动敏感因素，一般硬质合金刀具和陶瓷刀具的刀尖圆弧半径 r_ε 值较小；精加工 r_ε 选取比粗加工小。精加工时，还可修磨出 $\kappa_{r\varepsilon} = 0°$，宽度 $b'_\varepsilon = (1.2 \sim 1.5)f$ 与进给方向平行的修光刃，切除掉残留面积，如图 2-13c 所示。这种修光刃能在进给量较大时，还能获得较高的表面加工质量。如用阶梯面铣刀精铣平面时，采用 1～2 个带修光刃的刀齿，既简化刀齿调整，又提高加工效率和加工表面质量。

5. 刃倾角的选择

刃倾角 λ_s 是在主切削平面 P_s 内，主切削刃与基面 P_r 的夹角。因此，主切削刃的变化，能控制切屑的流向。当 λ_s 为负值时，切屑将流向已加工表面，并形成长螺卷屑，容易损害加工表面。但切屑流向机床尾座，不会对操作者产生大的影响，如图 2-13a 所示。如当 λ_s 为正值，切屑将流向机床主轴箱，影响操作者工作，并容易缠绕机床的转动部件，影响机床的正常运行，如图 2-13b 所示。但精车时，为避免切屑擦伤工件表面，λ_s 可采用正值。另外，刃倾角 λ_s 的变化能影响刀尖的强度和抗冲击性能。当 λ_s 取负值时，刀尖在切削刃最低点，切削刃切入工件时，切入点在切削刃或前刀面，保护刀尖免受冲击，增强刀尖强度。所以，一般大前角刀具通常选用负的刃倾角，既可以增强刀尖强度，又避免刀尖切入时产生的冲击。

车削刃倾角主要根据刀尖强度和流屑方向来选择，其合理参考值见表 2-5。

以上各种刀具参数的选择原则只是单独针对该参数而言，必须注意的是，刀具各个几何角度之间是互相联系互相影响的。在生产过程中，应根据加工条件和加工要求，综合考虑各种因素，合理选择刀具几何参数。如在加工硬度较高的工件材料时，为增加切削刃强度，一般取较小后角，但加工淬硬钢等特硬材料时，常采用负前角，但楔角较大，如适当增加后角，则既有利于切削刃切入工件，又提高刀具寿命。

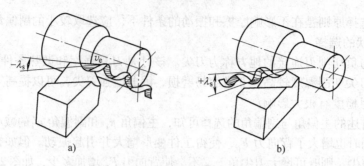

图 2-13　刃倾角对切屑流向的影响

a)　$-\lambda_s$ 切屑流向已加工表面方向　b)　$+\lambda_s$ 切屑流向待加工表面方向

表 2-5　车削刃倾角合理参考值

适用范围	精车细长轴	精车非铁金属	粗车一般钢和铸铁	粗车余量不均、淬硬钢等	冲击较大的断续车削	大刃倾角薄切屑
λ_s值	0°~5°	5°~10°	0°~-5°	-5°~-10°	-5°~-15°	45°~75°

三、刀具的失效形式及寿命

在金属切削过程中，刀具总会发生磨损，刀具的磨损与刀具材料，工件材料性质以及切削条件都有关系，通过掌握刀具磨损的原因及发展规律，能懂得如何选择刀具材料和切削条件，保证加工质量。

（一）刀具的失效形式

（1）前刀面磨损　前刀面磨损的特点是在前刀面上离切削刃小段距离有一月牙洼，随着磨损的加剧，月牙洼逐渐加深，洼宽变化并不是很大。但当洼宽发展到棱边较窄时，会发生崩刃。磨损程度用洼深 KT 表示。这种磨损一般不多。

（2）后刀面磨损　后刀面磨损的特点是在刀具后刀面上出现与加工表面基本平行的磨损带。如图 2-14 所示，它分为 C、B、N 三个区：C 区是刀尖区，由于散热差，强度低，磨损严重，最大值为 VC；B 区处于磨损带中间，磨损均匀，最大磨损量为 VB_{max}；N 区处于切削刃与待加工表面的相交处，磨损严重，磨损量以 VN 表示，此区域的磨损也称为边界磨损，加工铸件、锻件等表面粗糙的工件时，这个区域容易磨损。

（3）破损　刀具破损比例较高，硬质合金刀具的失效形式有 50%~60% 是破损。特别是用脆性大的刀具连续切削或加工高硬度材料时，破损较严重。它又分为以下几种形式：

1）崩刃，其特点是在切削刃产生小的缺口，尺寸与进给量相当。硬质合金刀具连续切削时容易产生。

2）剥落，其特点是前后刀面上平行于切削刃剥落一层碎片，常与切削刃一起剥落。陶瓷刀具端铣常发生剥落，另外硬质合金刀具连续切削也发生剥落。

3）裂纹，其特点是垂直或倾斜于切削刃有热裂纹。由于长时间连续切削，刀具疲劳而引起。

4）塑性破损，其特点是切削刃发生塌陷。它是由于切削时高温高压作用引起的。

（二）刀具的失效原因

（1）硬质点磨损　因为工件材料中含有一些碳化物、氮化物、积屑瘤残留物等硬质点

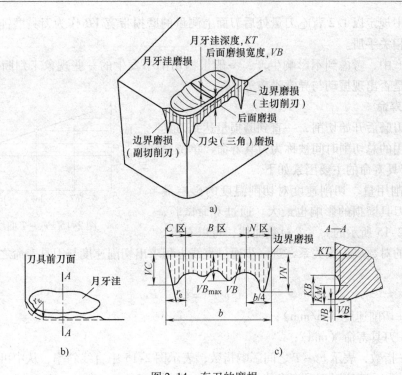

图 2-14　车刀的磨损

a）刀具的磨损形态　b）月牙洼的位置　c）磨损的测量位置

杂质，在金属加工过程中，会将刀具表面划伤，造成机械磨损。低速刀具磨损的主要原因是硬质点磨损。

（2）粘结磨损　加工过程中，切屑与刀具接触面在一定的温度与压力下，产生塑性变形而发生冷焊现象后，刀具表面粘结点被切屑带走而发生的磨损。一般，具有较大的抗剪和抗拉强度的刀具抗粘结磨损能力强，如高速钢刀具具有较强的抗粘结磨损能力。

（3）扩散磨损　由于切削时高温作用，刀具与工件材料中的合金元素相互扩散，而造成刀具磨损。硬质合金刀具和金刚石刀具切削钢件温度较高时，常发生扩散磨损。金刚石刀具不宜加工钢铁材料。一般在刀具表层涂覆 TiC、TiN、Al_2O_3 等，能有效提高抗扩散磨损能力。

（4）氧化磨损　硬质合金刀具切削温度达到 700°~800°时，刀具中一些 C、Co、TiC 等被空气氧化，在刀具表层形成一层硬度较低的氧化膜，当氧化膜磨损掉后在刀具表面形成氧化磨损。

（5）相变磨损　在切削的高温下，刀具金相组织发生改变，引起硬度降低造成的磨损。

总的来说，刀具磨损可能是其中的一种或几种。对一定的刀具和工件材料，起主导作用的是切削温度。在低温区，一般以硬质点磨损为主；在高温区以粘结磨损、扩散磨损、氧化磨损等为主。

（三）刀具磨钝标准及寿命

1. 刀具磨钝标准

刀具磨损到一定程度，将不能使用，这个限度称为磨钝标准。

一般以刀具表面的磨损量作为衡量刀具磨钝标准。因为刀具后刀面的磨损容易测量，所以国际标准中规定以 1/2 背吃刀量处后刀面上测量的磨损带宽 *VB* 作为刀具磨钝标准。具体标准可参考相关手册。

实际生产中，考虑到不影响生产，一般根据切削中发生的一些现象来判断刀具是否磨钝。例如，是否出现振动与异常噪声等。

2. 刀具寿命

从刀具刃磨后开始切削，一直到磨损量达到刀具磨钝标准所用的总切削时间被称为刀具寿命，单位为 min。影响刀具寿命的主要因素如下。

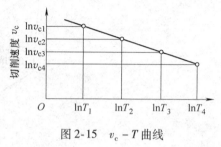

图 2-15　v_c - T 曲线

（1）切削用量　切削速度对切削温度的影响最大，因而对刀具磨损的影响也最大。通过寿命试验，可以作出图 2-15 所示的 v_c - T 对数曲线，可以看出，速度与寿命的对数成正比关系，进一步通过直线方程求出切削速度与刀具寿命之间有如下数学关系

$$v_c T^m = C_o \tag{2-1}$$

式中　v_c——切削速度（m/min）；

　　　T——刀具寿命（min）；

　　　m——指数，表示 v_c - T 之间影响指数；表示图 2-15 中直线斜率，从中可看出，m 越大，速度对刀具寿命影响也越大。高速钢刀具，一般 $m = 0.1 \sim 0.125$；硬质合金刀具 $m = 0.2 \sim 0.3$；陶瓷刀具 $m = 0.4$；

　　　C_o——与刀具、工件材料和切削条件有关的系数。

增加进给量 f 与背吃刀量 a_p，刀具寿命都将下降。由前节已知，进给量增大对温升的影响比背吃刀量大，因而进给量的增加对刀具寿命影响相对大些。

（2）刀具几何参数　增大前角 γ_o，切削力减小，切削温度降低，刀具寿命提高。不过前角太大，刀具强度变低，散热变差，刀具寿命反而下降。减小主偏角 κ_r 与增大刀尖圆弧半径 r_ε，能增加刀具强度，降低切削温度，从而提高刀具寿命。

（3）工件材料　工件材料的硬度、强度和韧性越高，刀具在切削过程中的产生的温度也越高，刀具寿命也越低。

（4）刀具材料　一般情况下，刀具材料热硬性越高，则刀具寿命就越高。刀具寿命的高低在很大程度上取决于刀具材料的合理选择。如加工合金钢，在切削条件相同时，陶瓷刀具寿命比硬质合金刀具高。采用涂层刀具材料和使用新型刀具材料，能有效提高刀具寿命。

四、难加工材料的切削加工性及加工方法

随着科学技术的发展，对机械零件及产品的性能的要求也越来越高，对所使用的材料要求也越来越高，现在出现了许多难加工材料，如耐磨钢、高强度钢、不锈钢、高温合金等，以下对难加工材料进行介绍。

1. 高锰钢

钢中锰的质量分数为 11% ~ 14% 时，称为高锰钢。常用有高碳高锰耐磨钢和中碳高锰无磁钢。高锰钢很难切削。

高锰钢切削加工性差的主要原因时加工硬化性能高和导热性差。高锰钢在切削加工过程中，因塑性变形使材料中奥氏体组织变为细晶粒马氏体组织，硬度提高一倍，而热导率约为

45 钢的 1/4，因此切削温度很高。此外，高锰钢韧性高，约为 45 钢 8 倍，切屑也不易折断，使加工更加困难。

在加工高锰钢时，为减小加工硬化，应使切削刃锋利。为增强切削刃和改善散热条件，一般车削选用前角 $\gamma_o = -5° \sim 5°$，负倒棱 $b_{\gamma1} = 0.2 \sim 0.8mm$，$\gamma_{o1} = -5° \sim -15°$，后角值较大，通常 $\alpha_o = -5° \sim -10°$，主偏角 $\kappa_r = 45°$。切削时速度不宜太高，一般 $v = 20 \sim 40m/min$。因为加工硬化严重，进给量和背吃刀量不宜小，以免切削刃在硬化层切削。进给量大于 0.16mm/r，一般 $f = 0.2 \sim 0.8mm/r$；背吃刀量粗车 $a_p = 3 \sim 6mm$，半精车 $a_p = 1 \sim 3mm$。为提高切削效率，可采用加热切削法。

2. 高强度钢

高强度钢的室温强度高，抗拉强度在 1.177GPa 以上。低合金和中合金高强度钢，在淬火及回火后能得到硬度为 $40 \sim 50HRC$ 的高硬度和高强度。高强度钢的高硬组织在切削时，切削刃切削应力大，切削温度高，刀具磨损比较严重，难切削，但在退火状态下，高强度钢比较容易切削。

高强度钢切削时，应注意以下几点。

1）在刀具材料的选用上，如采用硬质合金，应选用强度大，耐热冲击的牌号刀具；采用高速钢刀具时，应选用高温硬度高的高钒高钴高速钢；为减小崩刃，选用碳化物细小均匀的钼系高速钢。

2）为防止崩刃，增强切削刃，前角应取小值或负值，切削刃表面粗糙度值小，切削刃尖角用圆弧代替，圆弧半径 $r_\varepsilon > 0.8mm$。

3）切削时，切削速度要低，约普通结构钢的 $1/8 \sim 1/2$，进给量不宜过小。

4）采用硬质合金刀具时，不宜采用水溶性切削液，以免切削刃承受较大的热冲击。

5）粗车时，一般在退火状态下进行，前角选用较小的数值，倒棱前角 $\gamma_{o1} = -5° \sim -10°$，如 $f < 0.06mm/r$ 时，$\gamma_{o1} = -5° \sim 3°$。后角应选大些，$\alpha_o = 10°$。

3. 不锈钢

不锈钢按材料组织可分为多种形式，其中奥氏体不锈钢（如 1Cr18Ni9Ti）和马氏体不锈钢（2Cr13，3Cr13）应用较多。

奥氏体不锈钢组织塑性大，容易产生加工硬化，而且刀热性也差，约为 45 钢的 1/3，因此奥氏体不锈钢较难切削；马氏体不锈钢淬火后硬度和强度都较高，切削也比较困难。未调质的马氏体不锈钢，虽然能在较高的速度下切削，但表面粗糙度较差。

切削不锈钢时应注意以下几点。

1）刀具材料应选用强度高，导热性好的硬质合金。

2）切削刀具一般选用较大前角，较小的主偏角，以利于切削。

3）刀具前刀面和后面应仔细研磨，保证具有较小的表面粗糙度。此外选用较高和较低的切削速度，以免产生粘结现象。

4）不锈钢切屑不容易折断，应采用各种断屑、排屑措施。

5）不锈钢导热性能低，容易产生热变形，精加工时尺寸精度易受影响。

6）车削不锈钢，在刀具参数的选择上，一般前角 $\gamma_o = 25° \sim 30°$，对于强度和硬度较大的不锈钢，可取 $\gamma_o = 20° \sim 25°$；粗车时，后角 $\alpha_o = 6° \sim 10°$，精车 $\alpha_o = 10° \sim 12°$；粗车时 $b_{\gamma1} = 0.1 \sim 0.3mm$，精车时倒棱 $b_{\gamma1} = 0.05 \sim 0.2mm$；刀具材料一般选用细晶粒的 YG 硬质合

金。不锈钢的车削用量见表2-6。

表2-6   不锈钢的车削用量

工件材料	车外圆及镗孔					
	$v_c/\text{m} \cdot \text{min}^{-1}$		$f/\text{mm} \cdot \text{r}^{-1}$		a_p/mm	
	工件直径/mm		粗加工	精加工	粗加工	精加工
	≤20	≥20				
奥氏体不锈钢（1Cr18Ni9Ti 等）	40~60	60~110	0.2~0.8	0.07~0.3	2~4	0.2~0.5
马氏体不锈钢（2Cr13 等，≤250HBW）	50~70	70~120	0.2~0.8	0.07~0.3	2~4	0.2~0.5
马氏体不锈钢（2Cr13 等，>250HBW）	30~50	50~90	0.2~0.8	0.07~0.3	2~4	0.2~0.5
析出硬化不锈钢	25~40	40~70	0.2~0.8	0.07~0.3	2~4	0.2~0.5

4. 硬质合金

许多模具采用硬质合金制造。加工硬质合金材料时，除可以采用磨削加工外，还采用表层为人造金刚石，基体为硬质合金的复合金刚石刀具（PCD）加工。YG 类的硬质合金车削加工时，如选用切削速度 $v_c = 20\text{m/min}$，进给量 $f = 0.02\text{mm/r}$，背吃刀量 $a_p = 0.05\text{mm}$，加工表面粗糙度可达 $Ra = 0.2\mu\text{m}$；为提高刀具强度，一般刀具前角 $\gamma_o = -15°$。在切削液的选用上，一般选用含煤油的混合切削油，以提高浸润性和减小摩擦。

【任务实施】

如图 2-1 所示：

1）取较大前角，$\gamma_o = 20° \sim 25°$，能减小切削变形，减小切削力和切削温度。主切削刃采用负倒棱，$b_{r1} = 0.5f$，$\gamma_{o1} = -20° \sim -25°$，提高切削刃强度，改善散热条件。

2）后角值较小，$a_o = 4° \sim 6°$，而且磨制成双重后角，主要是为提高刀具强度，提高刀具的刃磨效率和允许刃磨次数。

3）主偏角较大，$\kappa_r = 70°$，副偏角也较大，$\kappa'_r = 15°$，以降低切削力 F_c 和背向力 F_p，避免产生振动。

4）刀尖形状采用倒角刀尖加修光刃，倒角 $\kappa_{re} = 45°$，$b_\varepsilon = 1 \sim 2\text{mm}$，修光刃 $b'_\varepsilon = 1.5f$，主要是提高刀尖强度，增大散热体积。修光刃目的是修光加工表面残留面积，提高加工表面的质量。

5）刃倾角取负值，$\lambda_s = -4° \sim -6°$，提高刀具强度，避免刀尖受冲击。

【思考与练习题】

1. 刀具材料的基本要求有哪些？

2. 刀具材料有哪些？它们牌号如何规定的？各种材料的性能是什么？

3. 画图说明刀具的几何角度。

4. 刀具的安装位置对刀具工作角度有何影响？

5. 什么是刀具的合理几何参数？选择时应考虑哪些因素？

6. 刀具前面角和刃区的形状有哪些？各有什么特点？

7. 说明 γ_o 和 α_o 的作用是什么及如何选择。

8. 说明 κ_r 和 κ_r' 的作用是什么及如何选择。

9. 刀具的失效形式有哪些？每种失效形式的特点是什么？失效产生的原因是什么？

10. 什么是刀具磨钝标准和刀具的寿命？影响刀具寿命的因素有哪些？

11. 难加工的材料有哪些？如何加工难加工的材料？

项目二　数控车削刀具的选用

【工作任务】

正确指明图 2-16 所示的刀具的名称，并指出其中标注的 1、2、3、4 的名称？如果该刀片的型号为 TNUM160308ER，试说明其含义？如果车刀型号为 PTGNR2020—16Q，说明其含义？选择可转位刀片时应考虑哪些因素？

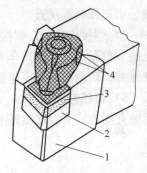

图 2-16　数控车削刀具

【能力目标】

1. 掌握数控车削刀具的类型。

2. 了解机夹可转位车刀的组成、种类有哪些及其特点。

3. 学会解释机夹可转位车刀和刀片代号的含义。

4. 学会选择机夹可转位车刀。

【相关知识准备】

一、数控车削刀具

（一）数控车削刀具的分类

（1）根据加工用途分类　车床主要用于回转表面的加工，如圆柱面、圆锥面、圆弧面、螺纹、切槽等切削加工。因此，数控车床用刀具可分为外圆车刀、内孔车刀、螺纹车刀、切槽刀等。

（2）根据刀尖形状分类　数控车刀按刀尖的形状一般分成三类，即尖形车刀、圆弧形车刀和成形车刀，如图 2-17 所示。

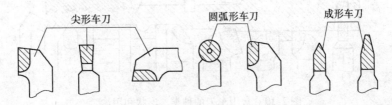

图 2-17　数控车床刀具的刀尖形状

1）尖形车刀。以直线形切削刃为特征的车刀一般称为尖形车刀。这类车刀的刀尖（刀位点）由直线形的主副切削刃相交而成，常用的尖形车刀有端面车刀、切断刀、90°内外圆车刀等。尖形车刀主要用于车削内外轮廓、直线沟槽等直线形表面。

2）圆弧形车刀。构成圆弧形车刀的主切削刃形状为一段圆度误差或线轮廓度误差很小的圆弧。车刀圆弧刃上的每一点都是刀具的切削点，因此，车刀的刀位点不在圆弧刃上，而在该圆弧刃的圆心上。圆弧形车刀主要用于加工有光滑连接的成形表面及精度、表面质量要求高的表面，如精度要求高的内外圆弧面及尺寸精度要求高的内外圆锥面等。由尖形车刀自然或经修磨而成的圆弧刃车刀也属于这一类。

3）成形车刀。成形车刀俗称样板车刀，其加工零件的轮廓形状完全由车刀的切削刃形状和尺寸决定。常用的成形车刀有小半径圆弧车刀、非矩形车槽刀、螺纹车刀等。

（3）根据车刀结构分类

1）整体式车刀。整体式车刀（图2-18a）主要指整体式高速钢车刀。通常用于小型车刀、螺纹车刀和形状复杂的成形车刀。具有抗弯强度高、冲击韧性好、制造简单和刃磨方便、刃口锋利等优点。

2）焊接式车刀。焊接式车刀（图2-18b）是将硬质合金刀片用焊接的方法固定在刀杆上的一种车刀。焊接式车刀经刃磨刀结构简单，制造方便，刚性较好，但抗弯强度低、冲击韧性差，切削刃不如高速钢车刀锋利，不易制作复杂刀具。

3）机械夹固式车刀。机械夹固式车刀（图2-18c）是将标准的硬质合金可换刀片通过机械夹固方式安装在刀杆上的一种车刀，是当前数控车床上使用最广泛的一种车刀。

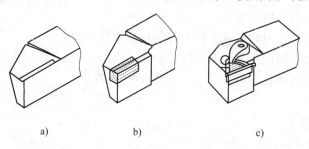

a)　　　　　　b)　　　　　　c)

图2-18　按车刀结构分类的数控车刀

a）整体式车刀　b）焊接式车刀　c）机械夹固式车刀

（二）常用车刀的种类、形状和用途

图2-19所示为常用车刀的种类、形状和用途。

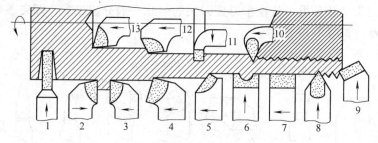

图2-19　常用车刀的种类、形状和用途

1—切断刀　2—90°左偏刀　3—90°右偏刀　4—弯头车刀　5—直头车刀　6—成形车刀　7—宽刃精车刀
8—外螺纹车刀　9—端面车刀　10—内螺纹车刀　11—内槽车刀　12—通孔车刀　13—不通孔车刀

二、机夹可转位车刀

数控车床所采用的可转位车刀，其几何参数是通过刀片结构形状和刀体上刀片槽座的方位安装组合形成的，与通用车床相比一般无本质的区别，其基本结构、功能特点是相同的。但数控车床的加工工序是自动完成的，因此对可转位车刀的要求又有别于通用车床所使用的刀具，具体要求和特点见表 2-7。

表 2-7　可转位车刀特点

要求	特　点	目　的
精度高	采用 M 级或更高精度等级的刀片 多采用精密级的刀杆 用带微调装置的刀杆在机外预调好	保证刀片重复定位精度，方便坐标设定，保证刀尖位置精度
可靠性高	采用断屑可靠性高的断屑槽形或有断屑台和断屑器的车刀 采用结构可靠的车刀，采用复合式夹紧结构和夹紧可靠的其他结构	断屑稳定，不能有紊乱和带状切屑；适应刀架快速移动和换位以及整个自动切削过程中夹紧不得有松动的要求
换刀迅速	采用车削工具系统 采用快换小刀夹	迅速更换不同形式的切削部件，完成多种切削加工，提高生产效率
刀片材料	刀片较多采用涂层刀片	满足生产节拍要求，提高加工效率
刀杆截形	刀杆较多采用正方形刀杆，但因刀架系统结构差异大，有的需采用专用刀杆	刀杆与刀架系统匹配

（一）机夹可转位车刀的种类

可转位车刀按其用途可分为外圆车刀、仿形车刀、端面车刀、内圆车刀、切槽车刀、切断车刀和螺纹车刀等，见表 2-8。

表 2-8　可转位车刀的种类

类　型	主偏角	适用机床
外圆车刀	90°、50°、60°、75°、45°	普通车床和数控车床
仿形车刀	93°、107.5°	仿形车床和数控车床
端面车刀	90°、45°、75°	普通车床和数控车床
内圆车刀	45°、60°、75°、90°、91°、93°、95°、107.5°	普通车床和数控车床
切断车刀		普通车床和数控车床
螺纹车刀		普通车床和数控车床
切槽车刀		普通车床和数控车床

（二）机夹可转位车刀的结构形式

（1）杠杆式　其结构如图 2-20 所示，由杠杆、螺钉、刀垫、刀垫销、刀片组成。这种方式依靠螺钉旋紧压靠杠杆，由杠杆的力压紧刀片达到夹固的目的。其特点适合各种正、负前角的刀片，有效的前角范围为 −6°～+18°；切屑可无阻碍地流过，切削热不影响螺孔和杠杆；两面槽壁给刀片有力的支承，并确保转位精度。

（2）楔块式　其结构如图 2-21 所示，由紧固螺钉、刀垫、销、楔块、刀片组成。这种方式依靠销与楔块的挤压力将刀片紧固。其特点适合各种负前角刀片，有效前角的变化范围为 −6°～+18°。两面无槽壁，便于仿形切削或倒转操作时留有间隙。

（3）楔块夹紧式　其结构如图 2-22 所示，由紧固螺钉、刀垫、销、压紧楔块、刀片组成。这种方式依靠销与楔块的压下力将刀片夹紧。其特点同楔块式，但切屑流畅不如楔块式。此外还有螺栓上压式、压孔式、上压式等形式。

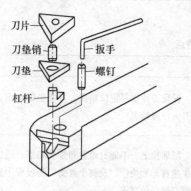

图 2-20　杠杆式

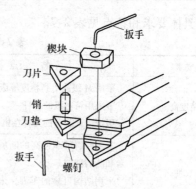

图 2-21　楔块式

（三）机夹可转位车刀和刀片的型号

为了减少换刀时间和方便对刀，便于实现机械加工的标准化，数控车削加工时，应尽量采用机夹可转位车刀。机夹可转位车刀主要由刀片、刀垫、刀柄及杠杆、螺钉等元件组成。图 2-23 所示刀片上压制出断屑槽，周边经过精磨，刃口磨钝后可方便地转位换刃，不需重磨。

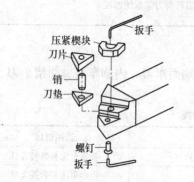

图 2-22　楔块夹紧式

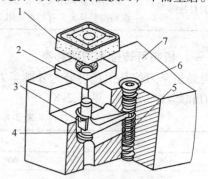

图 2-23　机夹可转位车刀的组成
1—刀片　2—刀垫　3—卡簧　4—杠杆
5—弹簧　6—螺钉　7—刀柄

1. 机夹可转位刀片

从刀具的材料应用方面看，数控机床用刀具材料主要是各类硬质合金。从刀具的结构应用方面看，数控机床主要采用机夹可转位刀片的刀具。切削刀具用的可转位刀片型号由代表一给定意义的字母和数字代号按一定顺序位置排列组成，共有九个代号表征刀片的尺寸和其他特性，各号位代号表示规则（GB/T 2076—2007）见附录 A。

2. 机夹可转位车刀及刀夹

可转位车刀及刀夹型号用一组给定意义的字母数字表示。型号共有 10 个号位，前 9 个号位必须使用，第 10 个号位必要时才使用。可转位车刀及刀夹型号表示规则（GB/T 5343.1—2007）见附录 B。

（四）机夹可转位刀片的选择

根据被加工零件的材料、表面粗糙度要求和加工余量等条件来决定刀片的类型。这里主要介绍车削加工中刀片的选择方法，其他切削加工的刀片也可参考。

1. 刀片选择应考虑的因素

选择刀片或刀具应考虑的因素是多方面的。随着机床种类、型号的不同，生产经验和习惯的不同以及其他各种因素而得到的效果是不相同的，归纳起来应考虑的要素有以下几点。

1）被加工工件材料的类别，如非铁金属（铜、铝、钛及其合金）、钢铁材料（碳钢、低合金钢、工具钢、不锈钢、耐热钢等）、复合材料、塑料类等。

2）被加工工件材料性能的状况，包括硬度、韧性、组织状态（铸、锻、轧、粉末冶金）等。

3）切削工艺的类别（车、钻、铣、镗，粗加工、精加工、超精加工，内孔、外圆），切屑流动状态，刀具变位时间间隔等。

4）被加工工件的几何形状（影响到连续切削或间断切削、刀具的切入或退出角度）、零件精度（尺寸公差、几何公差、表面粗糙度）和加工余量等因素。

5）刀片（刀具）能承受的切削用量（背吃刀量、进给量、切削速度）。

6）生产现场的条件（操作间断时间、振动、电力波动或突然中断）。

7）被加工工件的生产批量，影响到刀片（刀具）的经济寿命。

2. 刀片的选择

（1）刀片材料选择　车刀刀片的材料主要有高速钢、硬质合金、涂层硬质合金、陶瓷、立方氮化硼和金刚石。其中应用最多的是硬质合金和涂层硬质合金刀片。选择刀片材料，主要依据被加工工件的材料、被加工表面的精度要求、切削载荷的大小以及切削过程中有无冲击和振动等。

（2）刀片尺寸选择　刀片尺寸的大小取决于必要的有效切削刃长度 L，有效切削刃长度与背吃刀量 a_p 和主偏角 κ_r 有关，如图 2-24 所示。使用时可查阅有关刀具手册选取。

（3）刀片形状选择　刀片形状主要依据被加工工件的表面形状、切削方法、刀具寿命和刀片的转位次数等因素来选择。通常的刀尖角度影响加工性能，如图 2-25 所示。图 2-26 所示为被加工表面及适用的刀片形状。具体使用时可查阅有关刀具手册选取。

图 2-24　有效切削刃长度与背吃刀量 a_p
　　　　和主偏角 κ_r 的关系　　　　　　　图 2-25　刀尖角度与加工性能关系

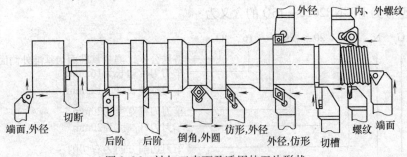

图 2-26　被加工表面及适用的刀片形状

（4）刀片的刀尖半径选择　刀尖圆弧半径的大小直接影响刀尖的强度及被加工零件的表面粗糙度。刀尖圆弧半径大，表面粗糙度值增大，切削力增大且易产生振动，切削性能变坏，但切削刃强度增加，刀具前后刀面磨损减少。通常在切深较小的精加工、细长轴加工、机床刚度较差情况下，选用刀尖圆弧较小些；而在需要切削刃强度高、工件直径大的粗加工中，选用刀尖圆弧大些。国家标准 GB/T 2077—1987 规定刀尖圆弧半径的尺寸系列为 0.2mm、0.4mm、0.8mm、1.2mm、1.6mm、2.0mm、2.4mm、3.2mm。图 2-27a、b 分别表示刀尖圆弧半径与表面粗糙度、刀具寿命的关系。刀尖圆弧半径一般适宜选取进给量的 2 ~ 3 倍。

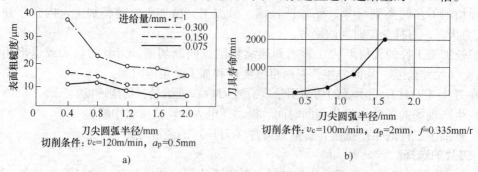

a)　　　　　　　　　　　　　　　　　　　b)

图 2-27　刀尖圆弧半径与表面粗糙度、刀具寿命关系

【任务实施】

如图 2-16 所示，该车刀为机夹可转位车刀，1 为刀杆，2 为刀垫，3 为刀片，4 为夹固元件。

刀片的型号为 TNUM160308ER 的含义为

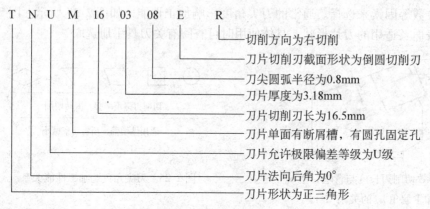

车刀的型号为 PTGNR2020—16Q 的含义为

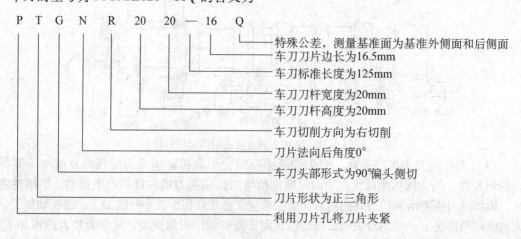

选择可转位刀片时应考虑的因素请参考教材内容，答案略。

【思考与练习题】

1. 数控车削刀具有哪些类型？
2. 机夹可转位车刀的组成一般都有哪些？它的种类有哪些？其特点是什么？
3. 机夹可转位刀具的刀片结构形式有哪些？
4. 机夹可转位车刀的刀片型号如何规定的？
5. 机夹可转位车刀的型号如何规定的？
6. 选择机夹可转位车刀应考虑哪些因素？

项目三　数控铣削刀具的选用

【工作任务】

说明如图 2-28a、b、c 所示刀具的类型及用途，并说明面铣刀和立铣刀如何选择的。

【能力目标】

1. 了解数控铣刀的基本要求。
2. 掌握数控铣刀的种类及用途。
3. 学会选择面铣刀和立铣刀。

【相关知识准备】

一、数控铣削刀具

（一）数控铣削刀具的基本要求

（1）铣刀刚性要好　一是为提高生产效率而采用大切削用量的需要；二是为适应数控铣床加工过程中不便调整切削用量的特点。例如，当工件各处的加工余量相差悬殊时，若用通用铣床，一般采取分层铣削方法加以解决，而数控铣削就必须按程序规定的走刀

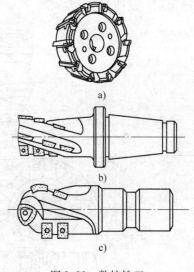

图 2-28　数控铣刀

路线前进，遇到余量大时无法像通用铣床那样"随机应变"，除非在编程时能够预先考虑到，否则铣刀必须返回原点，用改变切削面高度或加大刀具半径补偿值的方法从头开始加工，多走几刀。但这样势必造成余量少的地方经常走空刀，降低了生产效率，若刀具刚性较好就不必这么办。再者，在通用铣床上加工时，若遇到刚性不强的刀具，也比较容易从振动、手感等方面及时发现并及时调整切削用量加以弥补，而数控铣削时则很难办到。在数控铣削中，因铣刀刚性较差而断刀并造成工件损伤的事例是常有的，所以解决数控铣刀的刚性问题是至关重要的。

（2）铣刀的寿命要长　当一把铣刀加工的内容很多时，若刀具寿命短而磨损较快，就会影响工件的表面质量与加工精度，而且会增加换刀引起的调刀与对刀次数，也会使工作表面留下因对刀误差而形成的接刀台阶，降低了工件的表面质量。

除上述两点之外，铣刀切削刃的几何角度参数的选择及排屑性能等也非常重要，切屑粘刀形成积屑瘤在数控铣削要尽力避免。总之，根据被加工工件材料的热处理状态、切削性能及加工余量，选择刚性好、寿命长的铣刀，是充分发挥数控铣床的生产效率和获得满意的加工质量的前提。

（二）数控铣削刀具的种类

铣刀种类很多，下面介绍在数控机床上常用的几种铣刀。

（1）（端）面铣刀　面铣刀的圆周表面和端面上都有切削刃，端部切削刃为副切削刃。由于面铣刀的直径一般较大，为 $\phi450 \sim \phi500mm$，故常制成套式镶齿结构，即将刀齿和刀体分开，刀齿为高速钢或硬质合金，刀体采用 40Cr 制作，可长期使用。高速钢面铣刀按国家标准规定，直径 $\phi80 \sim \phi250mm$，螺旋角 $\beta = 100°$，刀齿数 $z = 10 \sim 26$。

硬质合金面铣刀与高速钢铣刀相比，铣削速度较高，加工效率高，加工表面质量也较好，并可加工带有硬皮和淬硬层的工件，故得到广泛应用。硬质合金面铣刀按刀片和刀齿的安装方式不同，可分为整体焊接式、机夹一焊接式和可转位式三种（图 2-29）。由于可转位铣刀在提高产品质量、加工效率，降低成本，操作使用方便等方面都具有明显的优越性，目前已得到广泛应用。

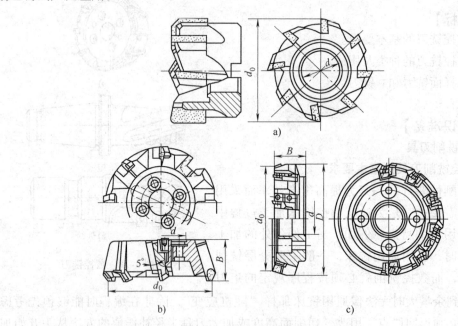

图 2-29　硬质合金面铣刀
a）整体焊接式　b）机夹一焊接式　c）可转位式

面铣刀主要以端齿为主加工各种平面。主偏角为 90° 的面铣刀还能同时加工出与平面垂直的直角面，但这个面的高度受到刀片长度的限制。

面铣刀齿数对铣削生产率和加工质量有直接影响，齿数越多，同时工作齿数也多，生产率高，铣削过程平稳，加工质量好。可转位面铣刀的齿数根据直径不同可分为粗齿、细齿、密齿三种（表 2-9）。粗齿铣刀主要用于粗加工；细齿铣刀用于平稳条件下的铣削加工，密齿铣刀的每齿进给量较小，主要用于薄壁铸铁件加工。

表 2-9　可转位面铣刀直径与齿数的关系

齿数＼直径/mm	50	63	98	100	125	160	200	250	315	400	500
粗齿	4				6	8	10	12	16	20	26
细齿				6	8	10	12	16	20	26	34
密齿					12	24	32	40	52	52	64

（2）立铣刀　立铣刀是数控铣床上用得最多的一种刀具，主要有高速钢立铣刀和硬质合金立铣刀两种类型，其结构如图 2-30 所示。立铣刀的圆柱表面和端面上都有切削刃，它们可同时进行切削，也可单独进行切削，主要用于加工凸轮、台阶面、凹槽和箱口面。立铣刀圆柱表面的切削刃为主切削刃，端面上的切削刃为副切削刃。主切削刃一般为螺旋齿，这样可以增加切削平稳性，提高加工精度。由于普通立铣刀端面中心处无切削刃，所以立铣刀不能作大切削深度的轴向进给，端面刃主要用来加工与侧面相垂直的底平面。

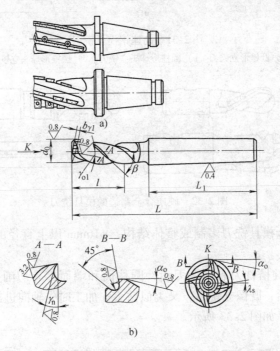

图 2-30　立铣刀

a）硬质合金立铣刀　b）高速钢立铣刀

为了能加工较深的沟槽，并保证有足够的备磨量，立铣刀的轴向长度一般较长。为了改善切屑卷曲情况，增大容屑空间，防止切屑堵塞，刀齿数比较少，容屑槽圆弧半径则较大。

一般粗齿立铣刀齿数 $z = 3 \sim 4$，细齿立铣刀齿数 $z = 5 \sim 8$，套式结构 $z = 10 \sim 20$。容屑槽圆弧半径 $r = 2 \sim 5mm$。

直径较小的立铣刀，一般制成带柄形式 $\phi2 \sim \phi71mm$ 的立铣刀制成直柄；$\phi6 \sim \phi63mm$ 的立铣刀制成莫氏锥柄；$\phi25 \sim \phi80mm$ 的立铣刀制成 7:24 的锥柄，锥柄顶端有螺孔用来拉紧刀具。但是由于数控机床要求铣刀能快速自动装卸，故立铣刀柄部形式也有很大不同，一般是由专业厂家按照一定的规范设计制造成统一形式、统一尺寸的刀柄。直径大于 $\phi40 \sim$ $\phi160mm$ 的立铣刀可制成套式结构。

（3）模具铣刀　模具铣刀由立铣刀发展而成，可分为圆锥形立铣刀、圆柱形球头立铣刀和圆锥形球头立铣刀三种，其柄部有直柄、削平型直柄和莫氏锥柄。它的结构特点是球头或端面上布满了切削刃，圆周刃与球头刃圆弧连接，可以作径向和轴向进给。铣刀工作部分用高速钢或硬质合金制造。图 2-31 所示为高速钢制造的模具铣刀，图 2-32 所示为用硬质合金制造的模具铣刀。

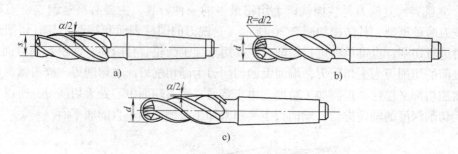

图 2-31　高速钢模具铣刀

a）圆锥形立铣刀　b）圆柱形球头立铣刀　c）圆锥形球头立铣刀

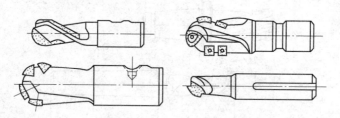

图 2-32　硬质合金制造的模具铣刀

小规格的硬质合金模具铣刀多制成整体结构，$\phi16mm$ 以上直径的，可制成焊接结构或机夹可转位刀片结构。

（4）键槽铣刀　键槽铣刀有两个刀齿，圆柱面和端面都有切削刃，端面刃延至中心，可以短距离的轴向进给，既像立铣刀，又类似钻头。加工时先轴向进给达到槽深，然后沿键槽方向铣出键槽全长，如图 2-33 所示。

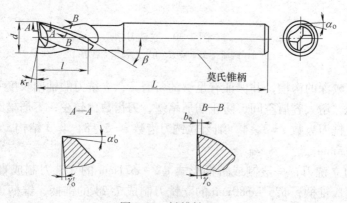

图 2-33　键槽铣刀

按标准规定，直柄键槽铣刀直径 $d = \phi2 \sim \phi22\mathrm{mm}$，锥柄键槽铣刀直径 $d = \phi14 \sim \phi50\mathrm{mm}$。键槽铣刀直径的极限偏差有 e8 和 d8 两种。

（5）鼓形铣刀　图 2-34 所示是一种典型的鼓形铣刀，它的切削刃分布在半径为 R 的圆弧面上，端面无切削刃。加工时控制刀具上下位置，相应改变切削刃的切削部位，可以在工件上切出从负到正的不同斜角。R 越小，鼓形铣刀能加工的斜角范围越广，但获得的表面质量也越差。这种刀具的缺点是刃磨困难，切削条件差，而且不适于加工有底的轮廓表面。

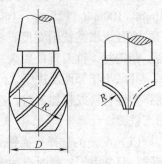

图 2-34　鼓形铣刀

（6）成形铣刀　图 2-35 是常见的几种成形铣刀，一般都是为特定的工件结构或加工内容专门设计制造的，如角度面、凹槽、特形孔或特形台等。

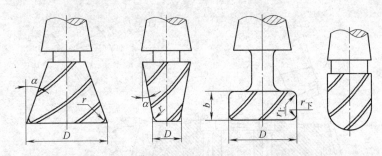

图 2-35　成形铣刀

除了上述几种典型的铣刀类型外，数控铣刀的结构还在不断发展和更新中，例如，图 2-36 所示铣刀（俗称牛鼻铣刀）的刚度、刀具寿命和切削性能都较好。数控铣床也可使用各种通用铣刀。但因不少数控铣床的主轴内有特殊的拉刀位置，或因主轴内锥孔有别，使用通用铣刀须配制过渡套和拉钉。

二、数控铣刀的选择

数控铣刀的选择主要是铣刀结构类型的选择和铣刀参数的确定。

（一）铣刀类型的选择

铣刀类型应与工件表面形状与尺寸相适应，加工较大的平面应选择面铣刀；加工凹槽、较小的台阶面及平面轮廓应选择立铣刀；加工空间曲面、模具型腔或凸模成形表面等多选用模具铣刀；加工封闭的键槽选择键槽铣刀；加工变斜角零件的变斜角面应选用鼓形铣刀；加工各种直的或圆弧形的凹槽、斜角面、特殊孔等应选用成形铣刀。

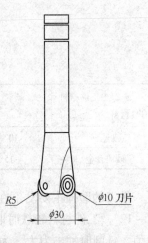

图 2-36　牛鼻铣刀

（二）铣刀参数的选择

数控铣床上使用最多的是可转位面铣刀和立铣刀，因此，这里重点介绍面铣刀和立铣刀参数的选择。

1. 面铣刀主要参数的选择

标准可转位面铣刀直径系列为 16mm、20mm、25mm、32mm、40mm、50mm、63mm、80mm、100mm、125mm、160mm、200mm、250mm、315mm、400mm、500mm、630mm。铣刀的直径应根据铣削宽度、深度选择，一般铣前深度、宽度越大、越深，铣刀直径也应越大。精铣时，铣刀直径要大些，尽量包容工件整个加工面宽度，以提高加工精度和生产效率，并减小相邻两次进给之间的接刀痕。铣刀齿数应根据工件材料和加工要求选择，一般铣削弹塑性材料或粗加工时，选用粗齿铣刀；铣削脆性材料或半精加工、精加工时，选用中、细齿铣刀。

（1）前角的选择　面铣刀几何角度的标注如图 2-37 所示。前角的选择原则与车刀基本相同，只是由于铣削时有冲击，故前角数值一般比车刀略小，尤其是硬质合金面铣刀，前角数值一般减小得更多些。铣削强度和硬度都高的材料时可选用负前角。前角的数值主要根据工件材料和刀具材料来选择，其具体数值可参考表 2-10。

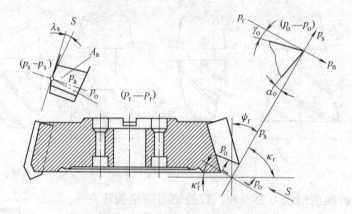

图 2-37　面铣刀几何角度的标注

表 2-10　面铣刀前角选择参考表

工件材料 刀具材料	钢	铸铁	黄铜、青铜	铝合金
高速钢	$10°\sim20°$	$5°\sim15°$	$10°$	$25°\sim30°$
硬质合金	$-15°\sim15°$	$-5°\sim5°$	$4°\sim6°$	$15°$

铣刀的磨损主要发生在后刀面上，因此适当加大后角，可减少铣刀磨损。常取 $\alpha_o = 5°\sim12°$，工件材料较软时取大值，工件材料硬时取小值；粗齿铣刀取小值，细齿铣刀时取大值。铣削时冲击力大，为了保护刀尖，硬质合金面铣刀的刃倾角常取 $\lambda_s = -5°\sim-15°$，只有在铣削低强度材料时，取 $\lambda_s = 5°$。

铣刀的角度有前角、后角、主偏角、副偏角、刃倾角等。为满足不同的加工需要，有多种角度组合形式。各种角度中最主要的是主偏角和前角（制造厂的产品样本中对刀具的主偏角和前角一般都有明确说明）。

（2）主偏角 κ_r 的选择　主偏角为切削刃与切削平面的夹角，如图 2-37 所示。铣刀的主偏角有 90°、88°、75°、70°、60°、45°等几种。

主偏角对径向切削力和切削深度影响很大。径向切削力的大小直接影响切削功率和刀具的抗振性能。铣刀的主偏角越小，其径向切削力越小，抗振性也越好，但切削深度也随之减小。

1）90°主偏角，在铣削带凸肩的平面时选用，一般不用于单纯的平面加工。该类刀具通用性好（即可加工台阶面，又可加工平面），在单件、小批量加工中选用。由于该类刀具的径向切削力等于切削力，进给抗力大，易振动，因而要求机床具有较大功率和足够的刚性。在加工带凸肩的平面时，也可选用88°主偏角的铣刀，较之90°主偏角铣刀，其切削性能有一定改善。

2）60°~75°主偏角，适用于平面铣削的粗加工。由于径向切削力明显减小（特别是60°时），其抗振性有较大改善，切削平稳、轻快，在平面加工中应优先选用。75°主偏角铣刀为通用型刀具，适用范围较广；60°主偏角铣刀主要用于镗铣床、加工中心上的粗铣和半精铣加工。

3）45°主偏角，此类铣刀的径向切削力大幅度减小，约等于轴向切削力，切削载荷分布在较长的切削刃上，具有很好的抗振性，适用于镗铣床主轴悬伸较长的加工场合。用该类刀具加工平面时，刀片破损率低，寿命长；在加工铸铁件时，工件边缘不易产生崩刃。

2. 立铣刀主要参数的选择

立铣刀主切削刀的前角在法剖面内测量，后角在端剖面内测量，前、后角的标注如图2-30b所示。前、后角都为正值，分别根据工件材料和铣刀直径选取，其具体数值可分别参考表2-11和表2-12。

表 2-11	立铣刀前角	
材料材料		前角
钢	$\sigma_b < 0.589GPa$	20°
	$\sigma_b < 0.589 \sim 0.981GPa$	15°
	$\sigma_b < 0.981GPa$	10°
铸铁	≤150HBW	15°
	>150HBW	10°

表 2-12	立铣刀后角
铣刀直径 d_0/mm	后角
≤10	25°
10~20	20°
>20	16°

为了使端面切削刃有足够的强度，在端面切削刃前刀面上一般磨有棱边，其宽度 b_{r1} 为0.4~1.2mm，前角为60°。

（三）铣刀直径的选择

铣刀直径的选用视产品及生产批量的不同差异较大，刀具直径的选用主要取决于设备的规格和工件的加工尺寸。

（1）平面铣刀 选择平面铣刀直径时主要需考虑刀具所需功率应在机床功率范围之内，也可将机床主轴直径作为选取的依据。平面铣刀直径可按 $D = 1.5d$（d 为主轴直径）选取。在批量生产时，也可按工件切削宽度的1.6倍选择刀具直径。

（2）立铣刀 立铣刀直径的选择主要应考虑工件加工尺寸的要求，并保证刀具所需功率在机床额定功率范围以内。若是小直径立铣刀，则应主要考虑机床的最高转数能否达到刀具的最低切削速度（60m/min）。

立铣刀的有关尺寸参数如图2-38所示，推荐按下述经验数据选取。

1）刀具半径 R 应小于内轮廓面的最小曲率半径 $R_{\min}$，一般取 $R = (0.8 \sim 0.9) R_{\min}$。

2）零件的加工高度 $H \leqslant (1/4 \sim 1/6) R$，以保证刀具有足够的刚度。

3）对不通孔（深槽），选取 $Z = H + (5 \sim 10)$ mm（Z 为刀具切削部分长度，H 为零件高度）。

4）加工外形及通槽时，选取 $Z = H + r + (5 \sim 10)$ mm（r 为端刃圆角半径）。

5）加工肋时，刀具直径为 $D = (5 \sim 10) b$（b 为肋的厚）。

6）粗加工内轮廓面时，立铣刀最大直径 $D_{\max}$ 可按下式计算（图 2-39）。

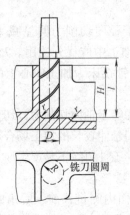

图 2-38　立铣刀的尺寸选择

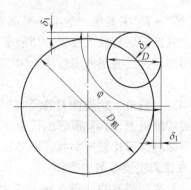

图 2-39　立铣刀的尺寸选择

$$D_{\max} = \frac{2(\delta \sin \varphi/2 - \delta_1)}{1 - \sin \varphi/2} + D$$

式中　D——轮廓的最小凹圆角半径；

　　　δ——圆角邻边夹角等分线上的精加工余量；

　　　δ_1——精加工余量；

　　　φ——圆角两邻边的最小夹角。

（四）铣刀最大背吃刀量的选择

不同系列的可转位面铣刀有不同的最大背吃刀量。最大背吃刀量越大的刀具所用刀片的尺寸越大，价格也越高，因此从节约费用、降低成本的角度考虑，选择刀具时一般应按加工的最大余量和刀具的最大背吃刀量选择合适的规格。当然，还需要考虑机床的额定功率和刚性应能满足刀具使用最大背吃刀量时的需要。

（五）刀片牌号的选择

合理选择刀片硬质合金牌号的主要依据是被加工材料的性能和硬质合金的性能。一般选用铣刀时，可按刀具制造厂提供加工的材料及加工条件来配备相应牌号的硬质合金刀片。

由于各厂生产的同类用途硬质合金的成分及性能各不相同，硬质合金牌号的表示方法也不同，为方便用户，国际标准化组织规定，切削加工用硬质合金按其排屑类型和被加工材料分为三大类：P 类、M 类和 K 类；根据被加工材料及适用的加工条件，每大类中又分为若干组，用两位阿拉伯数字表示，每类中数字越大，其耐磨性越低、韧性越高。

上述三类牌号的选择原则见表 2-13。

表 2-13　**P、M、K 类合金切削用量的选择**

P 类	P01	P05	P10	P15	P20	P25	P30	P40	P50
M 类	M10	M20	M30	M40					
K 类	K01	K10	K20	K30	K40				
进给量						→			
背吃刀量						→			
切削速度				←					

各厂生产的硬质合金虽然有各自编制的牌号，但都有对应国际标准的分类号，选用十分方便。

【任务实施】

如图 2-28a、b、c 所示，图 2-28a 为面铣刀，图 2-28b 为立铣刀，图 2-28c 为模具铣刀。

面铣刀的用途是主要用于面积较大的平面铣削和较平坦的立体轮廓的多坐标加工。

立铣刀主要用于加工凸轮、台阶面、凹槽和箱口面等平面类零件。

模具铣刀主要用于加工空间曲面、模具型腔、凸模成形表面等零件。

如何选择面铣刀和立铣刀请参照教材内容，具体答案略。

【思考与练习题】

1. 数控铣刀的基本要求有哪些？
2. 简答数控铣刀的种类和用途。
3. 面铣刀是如何选择的？
4. 立铣刀是如何选择的？

项目四　加工中心刀具的选用

【工作任务】

说明图 2-40 所示加工中心刀具的各部分名称，并说明拉钉、刀柄、加工中心常用的刀具的类型有哪些？我国使用的数控工具系统有哪几类？每类的特点是什么？

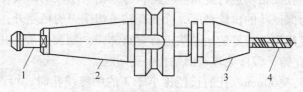

图 2-40　加工中心刀具

【能力目标】

1. 了解加工中心常用刀具类型的特点。
2. 掌握加工中心刀具刀柄的结构及柄部型式的代号含义，并能正确选用刀具。

3. 了解数控工具系统的种类及特点。

4. 学会加工中心刀具尺寸确定方法。

5. 学会日内瓦式刀库和链式刀库的换刀过程。

【相关知识准备】

为满足生产率和加工需求，加工中心的主轴转速较普通机床的主轴转速提高 2～5 倍，某些特殊用途的加工中心其主轴转速高达每分钟数万转，因此数控加工中心刀具的强度、刚度与寿命至关重要。在选择刀具材料时，一般应尽可能选用硬质合金或超硬刀具材料。目前，涂层刀具广泛应用于加工中心，陶瓷刀具、立方氮化硼和金刚石刀具也开始在加工中心上使用。正确选择刀具是决定零件加工质量的重要因素，加工中心更强调选用高效高速刀具，以充分发挥机床高效率的性能，降低加工成本，提高加工质量。

一、加工中心常用刀具

由于数控加工中心能完成的加工方法较多，所以其刀具种类也很多。其中各种铣刀在前面已讲述，这里只介绍孔加工刀具。对于加工中心刀具的要求应注意以下几个方面：采用尽可能短的结构长度，或尽可能短的夹持部分，来提高刀具刚性，因为在加工中心上加工时无辅助装置支承刀具，切削刀具本身应具有较高的刚性；同一把刀多次装入主轴锥孔时，切削刃位置应保持不变；切削刃相对于主轴的一个固定点的轴向和径向位置应能准确调整，即刀具必须能够以快速简单的方法准确地预调到一个固定的几何尺寸。

1. 钻孔刀具

钻孔刀具类型较多，主要有普通麻花钻、可转位浅孔钻及扁钻、深孔钻等。加工中心上的钻孔刀具主要是麻花钻。按刀具材料不同，麻花钻分为高速钢钻头和硬质合金钻头两种。按柄部分类有直柄（圆柱柄）和莫氏锥柄两种。直柄一般用于 $\phi0.1～\phi20mm$ 的小直径钻头；锥柄一般用于 $\phi8～\phi80mm$ 的大直径钻头；中等尺寸麻花钻的柄部，两种形式均有采用。硬质合金麻花钻有整体式、镶片式和无横刃式三种，直径较大时还可采用机夹可转位式结构。按长度分类有基本型和加长型。为了提高钻头刚性，应尽量使用较短的钻头，但麻花钻的工作部分应大于孔深，以便排屑和输送切削液。

麻花钻的组成如图 2-41 所示，主要由工作部分和柄部组成。工作部分包括切削部分和导向部分。切削部分担负主要的切削工作；导向部分起导向、修光、排屑和输送切削液的作用，也是钻头重磨的储备部分。

在加工中心上钻孔无钻模进行定位和导向，考虑钻头刚性的因素，一般钻孔深度应小于孔径的 5 倍左右。为保证孔的位置精度，除提高钻头切削刃的精度外，在钻孔前最好先用中心钻钻一中心孔，或用刚性较好的短钻头进行划窝加工。划窝一般采用 $\phi8～\phi15mm$ 的钻头（图 2-42），以解决在铸、锻件毛坯表面钻孔引正问题。

钻削直径在 $\phi20～\phi60mm$、孔的长径比小于 3 的中等浅孔时，可选用如图 2-43 所示的可转位浅孔钻，其结构是在带排屑槽及内冷却通道钻头的头部装有一组刀片（多为凸多边形、菱形或四边形），多采用深孔刀片，通过刀片中心孔压紧刀片。靠近钻心的刀片用韧性较好的材料，靠近钻头大径的刀片选用较为耐磨的材料。这种钻头具有切削效率高、加工质量好的特点，最适用于箱体零件的钻孔加工。为了提高刀具的使用寿命，可以在刀片上涂镀碳化钛涂层。使用这种钻头钻箱体孔，比普通麻花钻提高效率 4～6 倍。

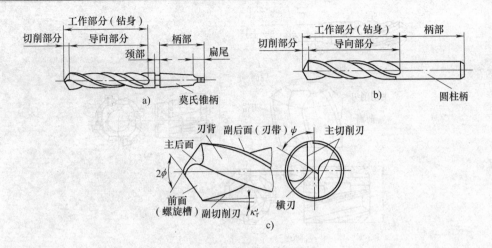

图 2-41 麻花钻的组成

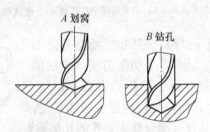

图 2-42 划窝和钻孔加工

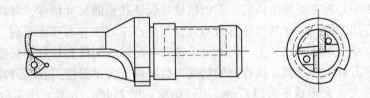

图 2-43 可转位浅孔钻

对长径比 >5 而 <100 的深孔，因其加工中散热差，排屑困难，钻杆刚性差，易使刀具损坏和引起孔的轴线偏斜，影响加工精度和生产率，故应选用深孔刀具加工。常用深孔钻有多刃内排屑深孔钻（喷吸钻、加工大直径深孔）和单刃外排屑深孔钻（加工小直径深孔）。

2. 扩孔刀具

加工中心上扩孔大多采用扩孔钻，也采用立铣刀或镗刀扩孔。扩孔钻可用来扩大孔径，提高孔的加工精度，也可以用孔的最终加工或铰孔、磨孔预加工。扩孔钻形状与麻花钻相似，但齿数较多，一般有 3~4 条主切削刃，通常无横刃。按切削部分材料来分有高速钢和硬质合金两种。高速钢扩孔钻有整体直柄（用于加工较小的孔）、整体锥柄（用于加工中等直径的孔，图 2-44a）和套式（用于加工直径较大的孔，图 2-44b、c）三种。

硬质合金扩孔钻也有直柄、锥柄和套式等形式。对于扩孔直径在 $\phi20 \sim \phi60$ mm 之间的孔，常采用机夹可转位式扩孔钻，如图 2-45 所示。它的两个可转位刀片的外刃位于同一外圆直径上，并且可微量（±0.1mm）调整，以控制扩孔直径。

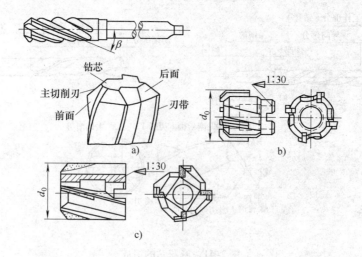

图 2-44　扩孔钻
a）锥柄式高速钢扩孔钻　b）套式高速钢扩孔钻　c）套式硬质合金扩孔钻

扩孔钻由于结构和加工上的特点，其加工质量及效率优于麻花钻。扩孔钻的加工余量小，主切削刃短，容屑槽浅，因而刀体的强度和刚度好。由于扩孔钻中心不切削，无麻花钻的横刃，加之刀齿多，所以导向性好，切削平稳，加工精度比钻孔高 2～3 级，并且可部分修正钻孔的几何偏差。

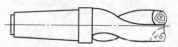

图 2-45　机夹可转位式扩孔钻

3. 镗孔刀具

镗孔是加工中心的主要加工内容，它能精确地保证孔系的尺寸精度，并纠正上道工序的误差。加工中心用的镗刀，就其切削部分而言，与外圆车刀没有本质的区别，但在加工中心上进行镗孔通常是采用悬臂式加工，因此要求镗刀有足够的刚性和较好的精度。为适应不同的切削条件，镗刀有多种类型。按镗刀的切削刃数量可分为单刃镗刀和双刃镗刀。

（1）单刃镗刀　大多数单刃镗刀制成可调结构。图 2-46a、b 和 c 所示分别为用于镗削通孔、阶梯孔和不通孔的单刃镗刀，螺钉 1 用于调整尺寸，螺钉 2 起锁紧作用。

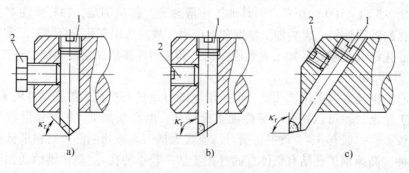

图 2-46　单刃镗刀
a）通孔镗刀　b）阶梯孔镗刀　c）不通孔镗刀
1、2—螺钉

单刃镗刀刚性差，切削时易引起振动，所以镗刀的主偏角选得较大，以减小背向力。上述结构通过调整镗刀来保证加工尺寸，调整麻烦，效率低，只用于单件小批生产。但单刃镗刀结构简单，适应性较广，粗、精加工都适用，因而应用广泛。

（2）双刃镗刀　简单的双刃镗刀就是镗刀的两端有一对对称的切削刃同时参与切削，其优点是可以消除背向力对镗杆的影响，对刀杆刚度要求低，不易振动，可以用较大的切削用量，所以切削效率高。图 2-47 所示为近年来广泛使用的双刃机夹镗刀，其刀片更换方便，不需重磨，易于调整，对称切削镗孔的精度较高。同时，与单刃镗刀相比，每转进给量可提高一倍左右，生产率高。

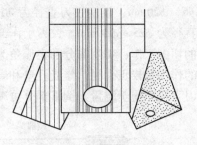

图 2-47　双刃机夹镗刀

大直径的镗孔加工可选用如图 2-48 所示的可调双刃镗刀，其可更换的镗刀头部可作大范围的调整，且调整方便，最大镗孔直径可达 $\phi1000\mathrm{mm}$。

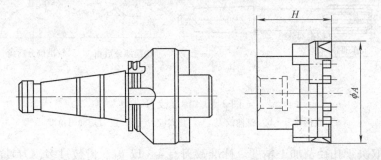

图 2-48　可调双刃镗刀

（3）微调镗刀　加工中心常用图 2-49 所示的精镗微调镗刀进行孔的精加工。这种镗刀的径向尺寸可以在一定范围内调整，其精度可达 0.01mm。调整尺寸时，先松开拉紧螺钉 6，然后转动带刻度盘的调整螺母 3，待刀头调至所需尺寸再拧紧螺钉 6。此种镗刀的结构比较简单，精度较高，通用性强，刚性好。

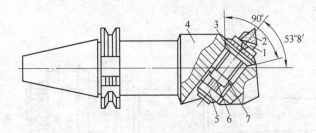

图 2-49　精镗微调镗刀
1—刀体　2—刀片　3—调整螺母　4—刀杆　5—螺母　6—拉紧螺钉　7—导向键

4. 铰孔刀具

铰孔是用铰刀对已经粗加工的孔进行精加工，也可以用于磨孔或研孔前的预加工。铰孔只能提高孔的尺寸精度、形状精度和减小表面粗糙度值，而不能提高孔的位置精度，因此，对于精度要求高的孔，在铰削前应先进行减少和消除位置误差的预加工，才能保证铰孔质量。

在加工中心上铰孔时，多采用通用的标准铰刀。此外，还有机夹硬质合金刀片的单刃铰刀和浮动铰刀。通用标准铰刀如图 2-50 所示，有直柄、锥柄和套式三种。直柄铰刀直径为 $\phi6 \sim \phi20mm$，锥柄铰刀直径为 $\phi10 \sim \phi32mm$，小孔直柄铰刀直径为 $\phi1 \sim \phi6\ mm$，套式铰刀直径为 $\phi25 \sim \phi80mm$。铰刀工作部分包括切削部分与校准部分。切削部分为锥形，承担主要的切削工作；切削部分的主偏角为 $5° \sim 15°$，前角一般为 $0°$，后角一般为 $5° \sim 8°$。校准部分的作用是校正孔径、修光孔壁和导向。校准部分包括圆柱部分和倒锥部分。圆柱部分保证铰刀直径和便于测量，倒锥部分可减少铰刀与孔壁的摩擦和减少孔径扩大量。

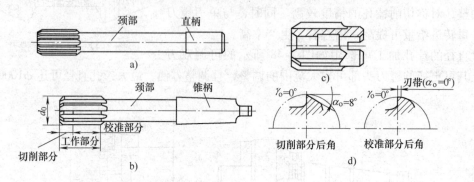

图 2-50　标准铰刀

a）直柄铰刀　b）锥柄铰刀　c）套式铰刀　d）铰刀切削刃角度

铰刀齿数取决于孔径及加工精度。标准铰刀有 $4 \sim 12$ 齿。齿数过多，刀具的制造刃磨较困难，在刀具直径一定时，刀齿的强度会降低，容屑空间小，容易造成切屑堵塞和划伤孔壁甚至崩刃。齿数过少，则铰削时的稳定性差，刀齿的切削负荷增大，且容易产生几何形状误差。

图 2-51 所示为加工中心采用的专门设计的浮动铰刀。这种铰刀不仅能保证在换刀和进刀过程中刀具的稳定性，而且又能通过自由浮动而准确地定心，因此其加工精度稳定。浮动铰刀的寿命比高速钢高 $8 \sim 10$ 倍，且具有直径调整的连续性，它是加工中心所采用的一种比较理想的铰刀。

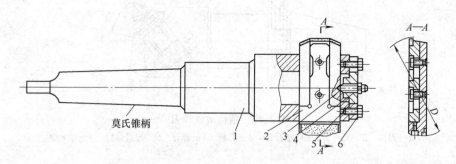

图 2-51　浮动铰刀

1—刀杆　2—可调式浮动铰刀体　3—圆锥端螺钉　4—螺母　5—定位块　6—螺钉

5. 丝锥

丝锥是数控机床加工内螺纹的一种常用刀具，其基本结构是一个轴向开槽的外螺纹，如

图 2-52 所示。螺纹部分可分为切削锥部分和校准部分。切削锥磨出锥角，以便逐渐切去全部余量；校准部分有完整齿型，起修光、校准和导向作用。柄部的方尾（尾部）通过夹头或标准锥柄与机床联接。

　　数控机床有时还使用一种称为成组丝锥的刀具，其工作部分相当于 2 ~ 3 把丝锥串联，依次分别承担着粗、精加工，适用于高强度、高硬度材料或大尺寸、高精度的螺纹加工。

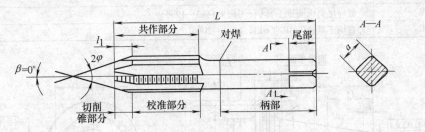

图 2-52　丝锥的结构

6. 孔加工复合刀具

　　复合刀具也称组合刀具，它是由两把以上的同类型或不同类型的刀具组合在一个刀体上使用的一种刀具。它使用刀具少、生产率高，能保证各加工表面的相互位置精度，但复合刀具制造较复杂，成本较高。常用的复合刀具有同类工艺复合刀具和不同类工艺复合刀具。同类工艺复合刀具主要由不同加工尺寸的同类刀具串接在一起，每把刀分别完成不同的加工余量或精度，例如，"铰→铰→铰"组合铰刀和"镗→镗→镗"组合镗刀等。不同类工艺复合刀具种类较多，应用也较为广泛。图 2-53 所示为三种常见的不同类工艺复合刀具。

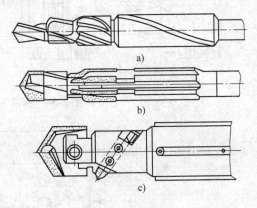

图 2-53　复合刀具
a) 钻→扩→铰　b) 钻→铰→铰　c) 钻→镗

二、加工中心刀具系统

　　加工中心和数控铣床上使用的刀具由刃具和刀柄两部分组成。刃具包括铣刀、钻头、扩孔钻、镗刀、铰刀和丝锥等。刀柄是机床主轴与刀具之间的连接工具，应满足机床主轴的自动松开和夹紧定位，准确安装各种切削刃具，适应机械手的夹持和搬运、储存和识别刀库中各种刀具的要求。

（一）刀柄的结构

　　刀柄的结构现已系列化、标准化，其标准有很多种，见表 2-14。加工中心和数控铣床上一般采用 7:24 圆锥刀柄（JT 或 ST），并采用相应形式的拉钉拉紧。这类刀柄不能自锁，换刀比较方便，与直柄相比具有较高的定心精度与刚度。我国规定的刀柄结构（GB/T 10944.1—2006 和 GB/T 10944.2—2006）与国际标准（ISO 7388—1—1983 和 ISO 7388—2—1983）规定的结构几乎一致，如图 2-54 所示。相应的拉钉结构（GB/T 10945—2006）有 A 型和 B 型两种型式。A 型拉钉用于不带钢球的拉紧装置，其结构如图 2-55 所示。B 型拉钉用于带钢球的拉紧装置，其结构如图 2-56 所示。

表 2-14　工具柄部型式代号

代号	工具柄部型式
JT	自动换刀用 7:24 圆锥工具柄　GB/T 10944.1~2—2006
BT	自动换刀用 7:24 圆锥 BT 型工具柄　JIS B6339
ST	手动换刀用 7:24 圆锥工具柄　GB/T 3837—2001
MT	带扁尾莫氏圆锥工具柄　GB/T 1443—1996
MW	带扁尾莫氏圆锥工具柄　GB/T 1443—1996
ZB	直柄工具柄　GB/T 6131.1~4—2006

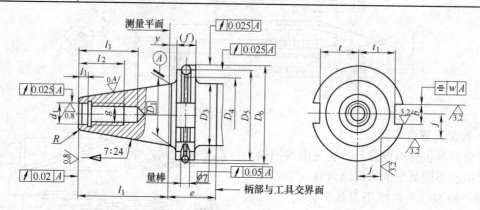

图 2-54　标准 7:24 圆锥刀柄结构

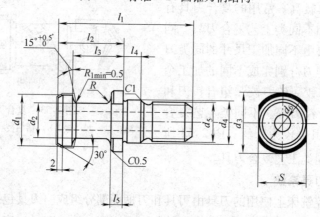

图 2-55　A 型拉钉结构

（二）数控工具系统及其选用

由于在加工中心和数控铣床上要适应多种形式零件不同部位的加工，故刀具装夹部分的结构、形式、尺寸也是多种多样的。把通用性较强的几种装夹工具（例如，装夹铣刀、镗刀、铰刀、钻头和丝锥等）系列化、标准化就发展成为不同结构的镗铣类工具系统。数控工具系统一般分为整体式结构和模块式结构两大类。

1. 整体式工具系统

整体式工具系统把工具柄部和装夹刀具的工作部分做成一体。不同品种和规格的工作部分都必须带有与机床主轴相连接的柄部。其优点是结构简单，使用方便、可靠，更换迅速等。缺点是所用的刀柄规格品种和数量较多。图 2-57 为 TSG 工具系统图，表 2-15 为 TSG 工具系统用途代号的含义。

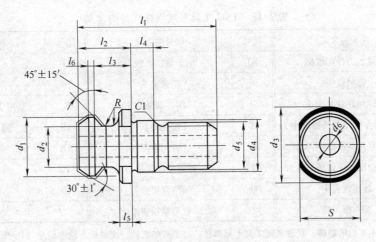

图 2-56 B 型拉钉结构

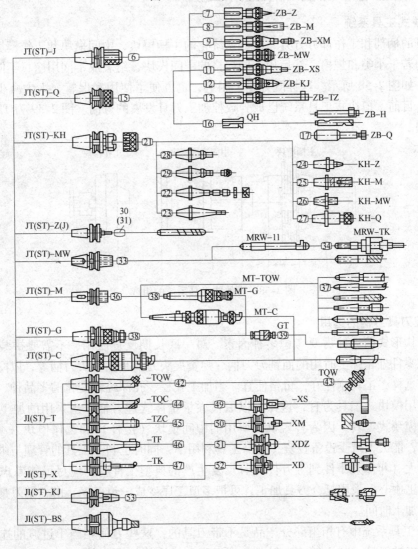

图 2-57 TSG 工具系统图

表 2-15   TSG 工具系统用途代号的含义

代号	代号的含义	代号	代号的含义	代号	代号的含义
J	装接长刀杆用锥柄	KJ	用于装扩、铰刀	TF	浮动镗刀
Q	弹簧夹头	BS	倍速夹头	TK	可调镗刀头
KH	7:24 锥柄快换夹头	H	倒锪端面刀	X	用于装铣削刀具
Z（J）	用于装钻夹头（莫氏锥度注 J）	T	镗孔刀具	XS	装三面刃铣刀
MW	装无扁尾莫氏锥柄刀具	TZ	直角镗刀	XM	装面铣刀
M	装有扁尾莫氏锥柄刀具	TQW	倾斜型微调镗刀	XDZ	装直角端铣刀
G	攻螺纹夹头	TQC	倾斜型粗镗刀	XD	装端铣刀
C	切内槽刀具	TZC	直角型粗镗刀		

注：用数字表示工具的规格，其含义随工具不同而异；对于有些工具，该数字为轮廓尺寸（D—L）；对另一些工具，
    该数字表示应用范围；还有表示其他参数值的，如锥度号等。

2. 模块式工具系统

把工具的柄部和工作部分分开，制成系统化的主柄模块、中间模块和工作模块，每类模块中又分为若干小类和规格，然后用不同规格的中间模块，组装成不同用途、不同规格的模块式工具，如图 2-58 所示。这样既方便了制造，也方便了使用和保管，大大减少了用户的工具储备。目前，模块式工具系统已成为数控加工刀具发展的方向。图 2-59 为 TMG 工具系统的示意图。

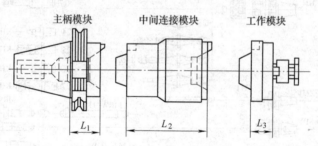

图 2-58   模块式工具系统的组成

3. 数控刀具刀柄的选用

刀柄结构形式的选择需要考虑多种因素。对一些长期反复使用、不需要拼装的简单刀柄，如加工零件外轮廓上时用的面铣刀刀柄、弹簧夹头刀柄及钻夹头刀柄等，以配备整体式刀柄为宜。这样，工具刚性好，价格便宜。当加工孔径、孔深经常变化的多品种、小批量零件时，以选用模块式工具为宜，这样可以取代大量整体式镗刀柄。当采用的加工中心较多时，应选用模块式工具，因为各台机床所用的中间模块（接杆）和工作模块（装刀模块）都可以通用，能大大减少设备投资，提高工具利用率，同时也利于工具的管理与维护。加工一些产量较大（年产几千件到上万件）且反复生产的典型工件时，应尽可能考虑选用复合刀具。在加工中心上采用复合刀具加工，可把多道工序变成一道工序，由一把刀具完成，大大减少了机加工时间。

在 TSG 工具系统中有相当部分产品是不带刀具的，这些刀柄相当于过渡的连接杆，必须再配置相应的刀具（如立铣刀、钻头、镗刀头和丝锥等）和附件（如钻夹头、弹簧卡头

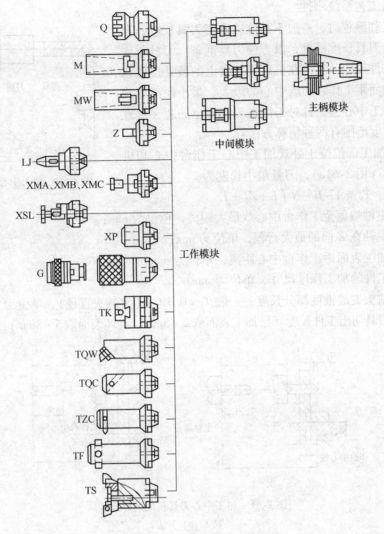

图 2-59 TMG 工具系统的示意图

和丝锥夹头等）。

刀柄数量应根据要加工零件的规格、数量、复杂程度以及机床的负荷等配置，一般是所需刀柄的 2～3 倍。

刀柄的柄部应与机床相配。加工中心的主轴孔多为不自锁的 7:24 锥度。在选择刀柄时，要求工具的柄部应与机床主轴孔的规格（40 号、45 号或 50 号）相一致；工具柄部的抓拿部位要能适应机械手的形态位置要求；拉钉的形状、尺寸要与机床主轴的拉紧机构相匹配。

4. 刀具尺寸的确定

刀具尺寸包括直径尺寸和长度尺寸。孔加工刀具的直径尺寸根据被加工孔直径确定，特别是定尺寸刀具（如钻头、铰刀）的直径完全取决于被加工孔直径。面加工用铣刀直径在前面的章节中已确定，这里不再赘述。

在加工中心上，刀具长度一般是指主轴端面至刀尖的距离，包括刀柄和刃具两部分，如图 2-60 所示。刀具长度的确定原则是：在满足各个部位加工要求的前提下，尽量减小刀具长度，以提高工艺系统刚性。

　　制订工艺和编程时，一般不必准确确定刀具长度，只需初步估算出刀具长度范围，以方便刀具准备。刀具长度范围可根据工件尺寸、工件在机床工作台上的装夹位置以及机床主轴端面距工作台面或中心的最大、最小距离等确定。在卧式加工中心上，针对工件在工作台上的装夹位置不同，刀具长度范围有两种估算方法。

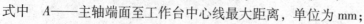

图 2-60　加工中心刀具长度

　　方法 1：加工部位位于卧式加工中心工作台中心和机床主轴之间时（图 2-61a），刀具最小长度为

$$T_L = A - B - N + L + Z_0 + T_t \qquad (2-2)$$

式中　A——主轴端面至工作台中心线最大距离，单位为 mm；

　　　B——主轴在 Z 向的最大行程，单位为 mm；

　　　N——加工表面距工作台中心距离，单位为 mm；

　　　L——工件的加工深度尺寸，单位为 mm；

　　　T_t——钻头尖端锥度部分长度，一般 $T_t = 0.3d$（d 为钻头直径），单位为 mm；

　　　Z_0——刀具切出工件长度（已加工表面取 2～5mm，毛坯表面取 5～8mm），单位为 mm。

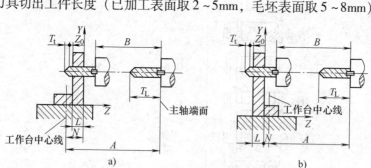

图 2-61　加工中心刀具长度的确定
a）方法 1　b）方法 2

　　刀具的长度范围为

$$T_L > A - B - N + L + Z_0 + T_t \qquad (2-3)$$
$$T_L < A - N \qquad (2-4)$$

　　方法 2：加工部位位于卧式加工中心工作台中心和机床主轴两者之外时（图 2-61b），刀具最小长度为

$$T_L = A - B + N + L + Z_0 + T_t \qquad (2-5)$$

　　刀具长度范围为

$$T_L > A - B + N + L + Z_0 + T_t \qquad (2-6)$$
$$T_L < A + N \qquad (2-7)$$

　　满足式（2-3）和式（2-6）可避免机床负 Z 向超程，满足式（2-4）和式（2-7）可避免机床正 Z 向超程。

　　在确定刀具长度时，还应考虑工件上其他凸出部分及夹具、螺钉对刀具运动轨迹的干涉。主轴端面至工作台中心的最大、最小距离由机床样本提供。

三、刀库及自动换刀

加工中心的刀库形式很多，结构各异，常见的为日内瓦式刀库（俗称斗笠式刀库，如图 2-62 所示）和链式刀库（图 2-63）。

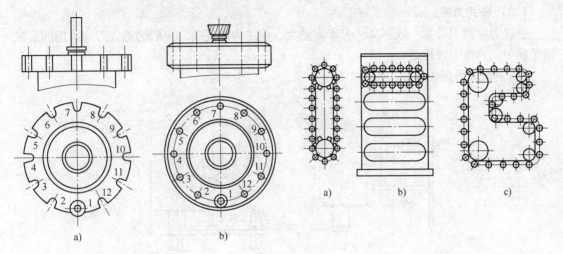

图 2-62　日内瓦式刀库　　　　　　　　　　图 2-63　链式刀库

a）径向取刀形式　b）轴向取刀形式

（一）日内瓦式刀库

日内瓦式刀库结构简单、紧凑、应用较多，但其换刀时间比链式刀库长。它存放刀具数量一般不超过 32 把。一般的日内瓦式刀库换刀过程是：

1）主轴头回到换刀点，如图 2-64a 所示。

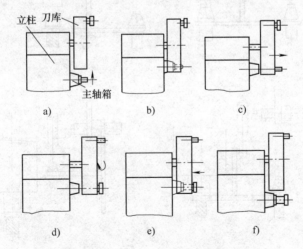

图 2-64　日内瓦式刀库换刀过程示意图

2）刀库水平移动到换刀点，此时主轴头上的刀柄及刀具被放回到刀库的对应位置，如图 2-64b 所示。

3）主轴头升高（或刀库下降），刀柄及刀具留在刀库中，如图 2-64c 所示。

4）刀库回转，下一把刀柄及刀具对准主轴头的位置，如图 2-64d 所示。

5）主轴头下降（或刀库上升），刀柄及刀具被主轴抓取，如图 2-64e 所示。

6）刀库水平移动离开换刀点，换刀动作完成，如图 2-64f 所示。

（二）链式刀库

链式刀库换刀可靠、效率高，刀库容量大，但结构较复杂。一般的链式刀库采用的是机械手换刀，其换刀过程是：

1）主轴头回到换刀点，如图 2-65a 所示。

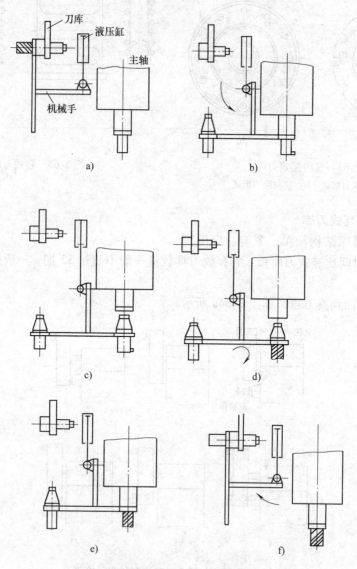

图 2-65　机械手换刀过程示意图

2）机械手抓取刀库中的刀柄及刀具和主轴头上的刀柄及刀具，如图 2-65b 所示。

3）从主轴头上取下的刀柄及刀具对准刀库中的放置位置，如图 2-65c 所示。

4）使从刀库中的抓取的刀柄及刀具对准主轴头，如图 2-65d 所示。

5）将从刀库中的抓取的刀柄及刀具放入主轴头，如图 2-65e 所示。

6）从主轴头上取下的刀柄及刀具放入刀库中的相应位置，机械手回位，换刀动作完成，如图 2-65f 所示。

【任务实施】

如图 2-40 所示，加工中心刀具 1 为拉钉，2 为锥柄，3 为夹头，4 为刀具。

常见的拉钉有标准 A 型和标准 B 型。

加工中心上常用的刀柄一般采用 7:24 圆锥刀柄，这类刀柄不能自锁，换刀比较方便，与直柄相比具有较高的定心精度与刚度。在选择刀柄时，要求工具的柄部应与机床主轴孔的规格（40 号、45 号或 50 号）相一致；工具柄部的抓拿部位要能适应机械手的形态位置要求；拉钉的形状、尺寸要与机床主轴的拉紧机构相匹配。

加工中心常有的刀具有铣刀、麻花钻、扩孔钻、镗刀、铰刀、丝锥等。我国采用整体式和模块式两类工具系统。整体式工具系统是把工具柄部和装夹刀具的工作部分做成一体。不同品种和规格的工作部分都必须带有与机床主轴相连接的柄部。其优点是结构简单，使用方便、可靠，更换迅速等。缺点是所用的刀柄规格品种和数量较多。模块式工具系统是把工具的柄部和工作部分分开，制成系统化的主柄模块、中间模块和工作模块，每类模块中又分为若干小类和规格，然后用不同规格的中间模块，组装成不同用途、不同规格的模块式工具。这样既方便了制造，也方便了使用和保管，大大减少了用户的工具储备，对加工中心较多的企业有很好的实用价值。

【思考与练习题】

1. 加工中心常用的刀具有哪些？简述各种刀具的类型。

2. 加工中心刀具刀柄的结构有哪些？其柄部型式的代号含义是什么？

3. 数控工具系统有哪几类？它们的特点是什么？

4. 加工中心刀具尺寸如何确定的？

5. 常见刀库的形式有哪些？简述日内瓦式刀库和链式刀库的换刀过程。

学习情境三 典型零件在数控机床上的装夹

项目一 对数控机床及其加工对象的认识

【工作任务】

说明图 3-1 所示机床的名称及其所加工的内容。

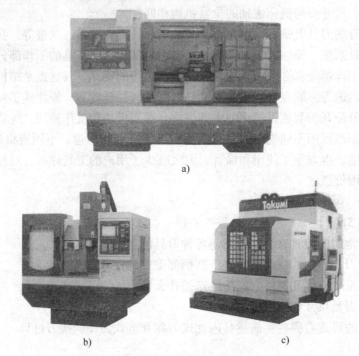

a)

b)   c)

图 3-1 数控机床

【能力目标】

1. 了解数控车床的分类，掌握数控车床的主要加工对象和学会选择加工内容。
2. 了解数控铣床的分类，掌握数控铣床的主要加工对象和学会选择加工内容。
3. 了解加工中心的分类，掌握加工中心的主要加工对象和学会选择加工内容。

【相关知识准备】

一、数控车削机床

（一）数控车床的分类

1. 按主轴的配置形式分

（1）卧式数控车床 卧式数控车床的主轴轴线处于水平设置。卧式数控车床又可分为数控水平导轨卧式车床和数控倾斜导轨卧式车床。倾斜导轨结构可以使数控车床具有更大的刚度，并易于排除切屑，如图3-2所示。

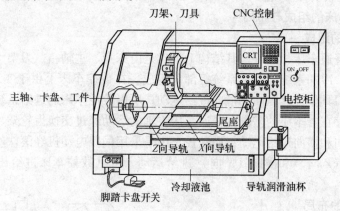

图 3-2　卧式数控车床

（2）立式数控车床　立式数控车床的主轴轴线垂直于水平面。主要用于加工径向尺寸大、轴向尺寸相对较小的大型复杂零件，其工件与刀具的相对运动方向如图3-3所示。

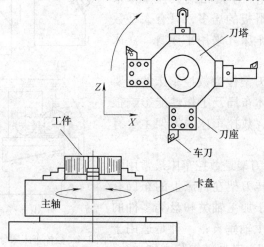

图 3-3　立式数控车床工件与刀具的相对运动方向

2. 按数控系统控制的轴数分类

（1）两轴控制的数控车床　机床上只有一个回转刀架，可实现两坐标轴联动。

（2）四轴控制的数控车床　机床上有两个回转刀架，可实现四坐标轴联动。

（3）多轴控制的数控车床　机床上除了控制 X、Z 两个坐标外，还可控制其他坐标轴实现多轴控制，如具有 C 轴控制功能。车削加工中心或柔性制造单元，都具有多轴控制功能。

3. 按数控系统的功能分类

（1）经济型数控车床　一般采用步进电动机驱动开环伺服系统，具有 CRT 显示、程序存储、程序编辑等功能，加工精度较低，功能较简单。

（2）全功能型数控车床　较高档次的数控车床，具有刀尖圆弧半径自动补偿功能、恒线速、倒角、固定循环、螺纹切削、图形显示、用户宏程序等功能。加工能力强，适于加工精度高、形状复杂、循环周期长、品种多变的单件或中小批量零件的加工。

（3）精密型数控车床　采用闭环控制，不但具有全功能型数控车床的全部功能，而且机械系统的动态响应较快，在数控车床基础上增加其他附加坐标轴，适于精密和超精密加工。

（二）数控车床的组成与布局

1. 数控车床的组成

数控车床与普通车床相比较，其结构上仍然是由床身、主轴箱、刀架、进给系统、传动系统、液压系统、冷却系统、润滑系统等部分组成。在数控车床上由于实现了计算机控制，伺服电动机驱动刀具作连续纵向和横向进给运动，所以数控车床的进给系统与普通车床的进给系统在结构上存在着本质的差别。普通车床主轴的运动经过交换齿轮架、进给箱、溜板箱传到刀架实现纵向和横向进给运动；而数控车床是采用伺服电动机经滚珠丝杠，传到滑板和刀架，实现纵向（Z向）和横向（X向）进给运动。可见数控车床进给传动系统的结构大为简化。

2. 数控车床的布局

（1）床身和导轨的布局　数控车床床身和导轨与水平面的相对位置如图 3-4 所示，它有五种布局形式。一般来说，中、小规格的数控车床采用斜床身和卧式床身斜滑板的居多，只有大型数控车床或小型精密数控车床才采用平床身，立床身采用的较少。

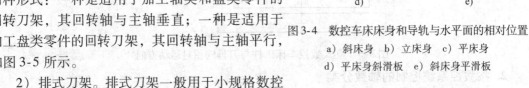

（2）刀架的布局　刀架作为数控车床的重要部件之一，它对机床整体布局及工作性能影响很大。按换刀方式的不同，数控车床的刀架主要有回转刀架和排式刀架。

1）回转刀架。回转刀架是数控车床最常用的一种典型刀架系统。回转刀架在机床上的布局有两种形式：一种是适用于加工轴类和盘类零件的回转刀架，其回转轴与主轴垂直；一种是适用于加工盘类零件的回转刀架，其回转轴与主轴平行，如图 3-5 所示。

图 3-4　数控车床床身和导轨与水平面的相对位置
a）斜床身　b）立床身　c）平床身
d）平床身斜滑板　e）斜床身平滑板

2）排式刀架。排式刀架一般用于小规格数控车床，以加工棒料或盘类零件为主。刀具的典型布置形式如图 3-6 所示。

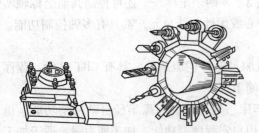

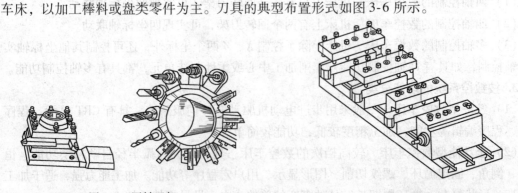

图 3-5　回转刀架　　　　　　　图 3-6　排式刀架

（三）数控车削的加工对象

数控车削是数控加工中用的最多的加工方法之一，具有下面特点。

（1）轮廓形状特别复杂的回转体零件加工 车床数控装置都具有直线和圆弧插补功能，还有部分车床数控装置有某些非圆曲线的插补功能，所以能车削任意平面曲线轮廓所组成的回转体零件，包括通过拟合计算处理后的、不能用方程描述的列表曲线类零件。

图 3-7 所示为壳体零件封闭内腔的成形面（"口小肚大"），在卧式车床上较难加工，而在数控车床上则很容易加工出来。

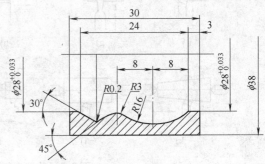

（2）高精度零件的加工 零件的精度要求主要指尺寸、形状、位置、表面精度要求，其中表面精度主要指表面粗糙度。例如，尺寸精度高（达 0.001mm 或更小）的零件；圆柱度要求高的圆柱体零件；素线直线度、圆度和倾斜度均要求高的圆锥体零件；线轮廓要求高的零件（其轮廓形状精度可超过用数控线切割加工的样板精度）；在特种精密数控车床上，还可以加工出几何轮

图 3-7 成形内腔壳体零件示例

廓精度极高（达 0.0001mm）、表面粗糙度 Ra 值极小（达 0.02μm）的超精零件，以及通过恒线速切削功能，加工表面质量要求高的各种变径表面类零件等。

（3）特殊的螺旋零件 这些螺旋零件是指特大螺距（或导程）、变（增/减）螺距、等螺距与变螺距或圆柱与圆锥螺旋面之间作平滑过渡的螺旋零件，以及高精度的模数螺旋零件（如圆柱、圆弧蜗杆）和端面（盘形）螺旋零件等。

（4）淬硬工件的加工 在大型模具加工中，有不少尺寸大而形状复杂的零件。这些零件热处理后的变形量较大，磨削加工有困难，而在数控车床上可以用陶瓷车刀对淬硬后的零件进行车削加工，以车代磨，提高加工效率。

（5）高效率加工 为了进一步提高车削加工效率，通过增加车床的控制坐标轴，就能在一台数控车床上同时加工出两个多工序的相同或不同的零件。

（四）数控车削加工的主要内容

数控车床主要用于轴类或盘类零件的内、外圆柱面，任意角度的内、外圆锥面，复杂回转内、外曲面和圆柱、圆锥螺纹等的切削加工，并能进行切槽、钻孔、扩孔、铰孔及镗孔等切削加工，如图 3-8 所示。

二、数控铣削机床

（一）数控铣床的分类

数控铣床的种类很多，常用的分类方法有以下三种。

1. 按主轴的布置形式分类

（1）立式数控铣床 立式数控铣床的主轴轴线垂直于水平面，如图 3-9 所示，它是铣床中数量最多的一种，应用范围也最广。立式数控铣床中又以三坐标（X、Y、Z）联动的数控铣床居多，其各坐标的控制方式有以下几种。

1）工作台纵向、横向及上下向移动，主轴不动。这种数控铣床与普通立式升降台铣床相似，一般小型立式数控铣床采用这种方式。

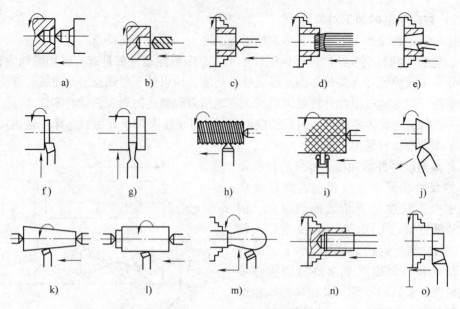

图 3-8 数控车削加工的主要内容

a) 钻中心孔 b) 钻孔 c) 车内孔 d) 铰孔 e) 车内锥孔 f) 车端面 g) 切断
h) 车外螺纹 i) 滚花 j) 车短外圆锥 k) 车长外圆锥 l) 车外圆 m) 车成形面 n) 攻螺纹 o) 车台阶

2）工作台纵向、横向移动，主轴上下移动。这种方式一般运用在中型立式数控铣床中。

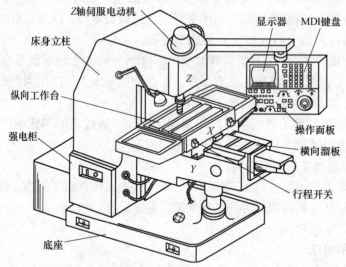

图 3-9 立式数控铣床

（2）卧式数控铣床 卧式数控铣床的主轴轴线平行于水平面，如图 3-10 所示。为了扩大其功能和加工范围，通常采用增加数控转盘或万能数控转盘来实现四轴或五轴加工。一次装夹后可完成除安装面以外的其余四个面的各种工序加工，尤其是万能数控转盘可以把工件上各种不同角度的加工面摆成水平面来加工，可以省去许多专用夹具或专用角度成形铣刀。

（3）立卧两用数控铣床 如图 3-11 所示，也称万能式数控铣床，主轴可以旋转 90°或工作台带着工件旋转 90°，一次装夹后可以完成对工件五个表面的加工，即除了工件与转盘贴面的定位面外，其他表面都可以在一次安装中进行加工。其使用范围更广，功能更全，选择加工对象的余地更大。给用户带来了很多方便，特别是当生产批量小，品种较多，又需要立、卧两种方式加工时，用户只需要一台这样的机床就行了。

图 3-10　卧式数控铣床

（4）龙门式数控铣床　对于大型的数控铣床，一般采用对称的双立柱结构，保证机床的整体刚性和强度，即数控龙门铣床，它有工作台移动和龙门架移动两种形式，如图 3-12 所示。龙门式数控铣床适用于加工飞机整体结构件零件、大型箱体零件和大型模具等。

图 3-11　立卧两用数控铣床

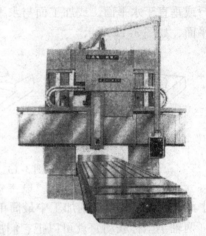

图 3-12　龙门式数控铣床

2. 按数控系统控制的坐标轴数量分类

（1）两轴半坐标联动数控铣床　数控机床只能进行 X、Y、Z 三个坐标中的任意两个坐标联动加工。

（2）三坐标联动数控铣床　数控机床能进行 X、Y、Z 三个坐标轴联动加工。

（3）四坐标联动数控铣床　数控机床能进行 X、Y、Z 三个坐标轴和绕其中一个轴作数控摆角联动加工。

（4）五坐标联动数控铣床　数控机床能进行 X、Y、Z 三个坐标轴和绕其中两个轴作数控摆角联动加工。

3. 按数控系统的功能分类

（1）经济型数控铣床　经济型数控铣床一般是在普通立式铣床或卧式铣床的基础上改造而来的，采用经济型数控系统，成本低，机床功能较少，主轴转速和进给速度不高，主要用于精度要求不高的简单平面或曲面零件加工。

（2）全功能数控铣床　全功能数控铣床一般采用半闭环或闭环控制，控制系统功能较强，数控系统功能丰富，一般可实现四坐标或以上的联动，加工适应性强，应用最为广泛。

（3）高速铣削数控铣床　一般把主轴转速为 8000 ~ 40000r/min 的数控铣床称为高速铣削数控铣床，其进给速度可达 10 ~ 30m/min。这种数控铣床采用全新的机床结构，功能强大的数控系统，并配以加工性能优越的刀具系统，可对大面积的曲面进行高效率、高质量的加工。高速铣削是数控加工的一个发展方向，其技术正日趋成熟，并逐渐得到广泛应用，但机床价格昂贵，使用成本较高。

（二）数控铣削的加工对象

数控铣床的加工内容与加工中心的加工内容有许多相似之处，都可以对工件进行铣削、钻削、扩削、铰削、锪削、镗削以及攻螺纹等加工，但从实际应用效果看，数控铣床更多地用于复杂曲面的加工，而加工中心更多地用于有多工序内容零件的加工。适合数控铣床加工的零件主要有以下几种。

（1）平面曲线轮廓类零件 平面曲线轮廓类零件是指有内、外复杂曲线轮廓的零件，特别是由数学表达式等给出其轮廓为非圆曲线或列表曲线的零件。平面曲线轮廓零件的加工面平行或垂直于水平面，或加工面与水平面的夹角为一定值，各个加工面是平面，或可以展开为平面，如图 3-13 所示。

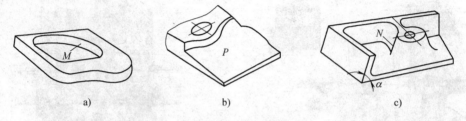

图 3-13 平面曲线轮廓类零件

a）带平面轮廓的平面零件 b）带斜平面的平面零件 c）带正圆台和斜肋的平面零件

平面类零件是数控铣削加工中最简单的一类零件，一般只需用三坐标数控铣床的两坐标联动（两轴半坐标联动）就可以把它们加工出来。

（2）曲面类（立体类）零件 曲面类零件一般指具有三维空间曲面的零件，曲面通常由数学模型设计出，因此往往要借助于计算机来编程，其加工面不能展开为平面。加工时，铣刀与加工面始终为点接触，一般用球头铣刀采用两轴半或三轴联动的三坐标数控铣床加工。当曲面较复杂、通道较狭窄、会伤及相邻表面及需刀具摆动时，要采用四坐标或五坐标数控铣床加工，如模具类零件、叶片类零件、螺旋桨类零件等。

（3）变斜角类零件 加工面与水平面的夹角呈连续变化的零件称为变斜角类零件。这类零件的特点是加工面不能展开为平面，但在加工中，铣刀圆周与加工面接触的瞬间为一条直线。图 3-14 所示为飞机上的一种变斜角梁缘条，该零件在第 2 肋至第 5 肋的斜角从 3°10′ 均匀变化为 2°32′，从第 5 肋至第 9 肋再均匀变化为 1°20′，从第 9 肋至第 12 肋又均匀变化至 0°。变斜角类零件一般采用四轴或五轴联动的数控铣床加工，也可以在三轴数控铣床上通过两轴联动用鼓形铣刀分层近似加工，但精度稍差。

（4）其他在普通铣床上难加工的零件

1）形状复杂，尺寸繁多，划线与检测均较困难，在普通铣床上加工又难以观察和控制的零件。

2）高精度零件。尺寸精度、形位精度和

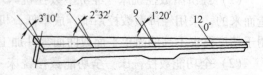

图 3-14 变斜角类零件

表面粗糙度等要求较高的零件。如发动机缸体上的多组尺寸精度要求高，且有较高相对尺寸、位置要求的孔或型面。

3）一致性要求好的零件。在批量生产中，由于数控铣床本身的定位精度和重复定位精度都较高，能够避免在普通铣床加工中，因人为因素而造成的多种误差。故数控铣床容易保证成批零件的一致性，使其加工精度得到提高，质量更加稳定。同时，因数控铣床加工的自动化程度高，还可大大减轻操作者的体力劳动强度，显著提高其生产率。

虽然数控铣床加工范围广泛，但是因受数控铣床自身特点的制约，某些零件仍不适合在数控铣床上加工。如简单的粗加工面，加工余量不太充分或很不均匀的毛坯零件，以及生产批量特别大，而精度要求又不高的零件等。

（三）数控铣削加工的主要内容

数控铣削是一种应用非常广泛的数控切削加工方法，除平面轮廓和立体轮廓的零件，如凸轮、模具、叶片、螺旋桨等都可采用数控铣削加工，也可进行钻、扩、铰孔、攻螺纹、镗孔等加工。其铣削加工的基本内容如图 3-15 所示。

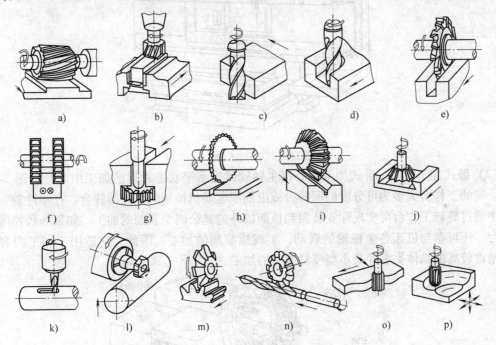

图 3-15　铣削加工的基本内容

a)、b)、c) 铣平面　d)、e) 铣沟槽　f) 铣台阶　g) 铣 T 形槽　h) 切断　i)、j) 铣角度槽
k) 铣平键槽　l) 铣半圆键槽　m) 铣齿形　n) 铣螺旋槽　o) 铣曲面　p) 铣立体曲面

三、加工中心

加工中心（Machining Center，MC）是指配备有刀库和自动换刀装置，在一次装夹下可实现多工序（甚至全部工序）加工的数控机床。目前主要有镗铣类加工中心和车削类加工中心两大类。通常所说的加工中心是指镗铣类加工中心。

（一）加工中心的分类

1. 按加工中心的结构方式分类

（1）立式加工中心　立式加工中心指主轴轴线为垂直状态设置的加工中心，如图 3-16 所示。其结构形式多为固定立柱式，工作台为长方形，无分度回转功能，具有三个直线运动坐标，并可在工作台上安装一个水平轴的数控回转台用以加工螺旋线类零件。立式加工中心主要适合加工盘、套、板类零件。立式加工中心的结构简单、占地面积小、价格低廉、装夹方便、便于操作、易于观察加工情况、调试程序容易，故应用广泛。但是，受立柱高度及换刀装置的限制，不能加工太高的零件，在加工型腔或下凹的型面时，切屑不易排出，严重时会损坏刀具。

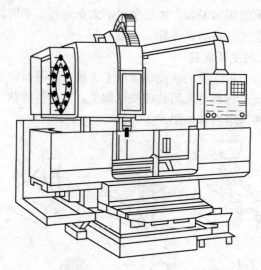

图 3-16　立式加工中心

（2）卧式加工中心　卧式加工中心指主轴轴线为水平状态设置的加工中心，如图 3-17所示。它的工作台大多为可分度的回转台或由伺服电动机控制的数控回转台，在零件的一次装夹中通过旋转工作台可实现除安装面和顶面以外的其余四个表面的加工。如果为数控回转工作台，还可参与机床各坐标轴的联动，实现螺旋线的加工。因此，它适用于加工内容较多、精度较高的箱体类零件及小型模具型腔的加工。

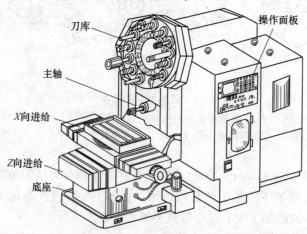

图 3-17　卧式加工中心

卧式加工中心有多种形式，如固定立柱式或固定工作台式。固定立柱式的卧式加工中心的立柱是固定不动的，主轴箱沿立柱作上下运动，而工作台可在水平面内作前后、左右两个方向的移动；固定工作台式的卧式加工中心，安装工件的工作台是固定不动的（不作直线运动），沿坐标轴三个方向的直线运动由主轴箱和立柱的移动来实现。与立式加工中心相比，卧式加工中心的结构复杂、占地面积大、重量大、刀库容量大、价格也较高。

（3）龙门式加工中心　龙门式加工中心如图 3-18 所示，其形状与龙门式数控铣床相似，主轴多为垂直设置，带有自动换刀装置，还带有可更换的主轴头附件，数控装置的软件功能也较齐全，能够一机多用。龙门式布局具有结构刚性好，容易实现热对称性设计，尤其适用于加工大型或形状复杂的零件，如航空航天工业及大型汽轮机上某些零件的加工。

（4）万能加工中心　万能加工中心如图 3-19 所示。它具有立式和卧式加工中心的功能，工件在一次装夹后能完成除安装面外的其他侧面和顶面等五个面的加工，也称为五面加工中心。常见的五面加工中心有两种形式，一种是主轴可以旋转 90°，既可以像立式加工中心那样工作，也可以像卧式加工中心那样工作；另一种是主轴不改变方向，而工作台可以带着工件旋转 90°，完成对工件五个表面的加工。

万能加工中心适用于复杂外形、复杂曲线的小型零件加工。例如，加工螺旋桨叶片及各种复杂模具。但是由于五面加工中心存在着结构复杂、造价高、占地面积大等缺点，所以它的使用和生产远不如其他类型的加工中心。

图 3-18　龙门式加工中心

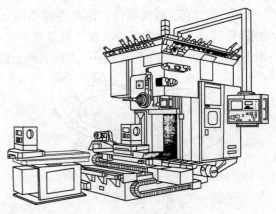

图 3-19　万能加工中心

2. 按换刀形式分类

（1）带刀库和机械手的加工中心　加工中心的换刀装置（Automatic Tool Changer，ATC）由刀库和机械手组成，换刀机械手完成换刀工作。这是加工中心最普遍采用的形式。

（2）无机械手的加工中心　这种加工中心的换刀是通过刀库和主轴箱的配合动作来完成的。一般是采用把刀库放在主轴可以运动到的位置，或整个刀库或某一刀位能移动到主轴箱可以达到的位置，刀库中刀具的存放位置方向与主轴装刀方向一致。换刀时，主轴运动到刀位上的换刀位置，由主轴直接取走或放回刀具。

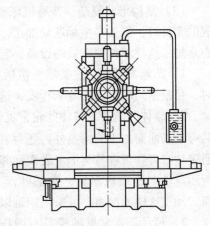

图 3-20　转塔刀库式加工中心

（3）转塔刀库式加工中心　一般在小型立式加工中心上采用转塔刀库形式，主要以孔加工为主，如图 3-20 所示。

3. 按工作台数量和功能分类

加工中心工作台数量和功能分类可分为单工作台加工中心、双工作台加工中心和多工作台加工中心。

（二）加工中心的加工对象

加工中心适于加工形状复杂、加工内容多、要求较高、需用多种类型的普通机床和众多的工艺装备，且经多次装夹和调整才能完成加工的零件。主要的加工对象有下列几种。

（1）既有平面又有孔系的零件　加工中心具有自动换刀装置，在一次安装中，可以完成零件上平面的铣削、孔系的钻削、镗削、铰削、扩削及攻螺纹等多工步加工。加工的部位可以在一个平面上，也可以在不同的平面上。例如，万能加工中心一次安装可以完成除安装面以外的五个面的加工。因此，既有平面又有孔系的零件是加工中心的首选加工对象，这类零件常见的有箱体类零件和盘、套、板类零件。

1）箱体类零件。箱体类零件一般是指具有孔系和平面，内有一定型腔，在长、宽、高方向有一定比例的零件，如汽车的发动机缸体、变速器箱体、机床的主轴箱、齿轮泵壳体等。图 3-21 所示为热电机车主轴箱体。

2）盘、套、板类零件。这类零件端面上有平面、曲面和孔系，也常分布一些径向孔，如图 3-22 所示的板类零件。加工部位集中在单一端面上的盘、套、板类零件，宜选择立式加工中心，加工部位不位于同一方向表面上的零件，宜选择卧式加工中心。

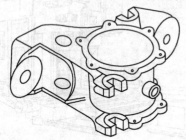

图 3-21　热电机车主轴箱体

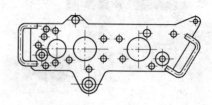

图 3-22　板类零件

（2）结构形状复杂、普通机床难以加工的零件　在加工主要表面由复杂曲线、曲面组成的零件时，需要多坐标联动加工。这类零件对于普通机床是难以甚至无法完成的，加工中心是加工这类零件最有效的设备。常见的典型零件有以下几类。

1）凸轮类零件。这类零件包括有各种曲线的盘形凸轮、圆柱凸轮、圆锥凸轮等，加工时，可根据凸轮表面的复杂程度，选用三轴、四轴或五轴联动的加工中心。

2）整体叶轮类。整体叶轮常见于航空发动机、空气压缩机、船舶水下推进器等，它除具有一般曲面加工的特点外，还存在许多特殊的加工难点，如通道狭窄刀具很容易与加工表面和邻近曲面产生干涉。图 3-23 所示是轴向压缩机涡轮，它的叶面是一个典型的三维空间曲面，加工这样的型面，可采用四轴以上联动的加工中心。

3）模具类。常见的模具有锻压模具、铸造模具、注塑模具及橡皮模具等。采用加工中心加工模具，由于工序高度集中，动模、静模等关键件基本上是在一次安装中完成全部精加工内容，尺寸累积误差及修配工作量小。同时模具的可复制性

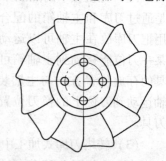

图 3-23　轴向压缩机涡轮

强，互换性好。

（3）外形不规则的异形零件　异形件是指支架、基座、样板、靠模等外形不规则的零件。例如，图3-24所示的异形支架，这类零件大多需要点、线、面多工位混合加工。由于外形不规则，普通机床上只能采取工序分散的原则加工，需用工装较多，周期较长。利用加工中心工序集中的特点，采用合理的工艺措施，一次或两次装夹，就可完成多道工序或全部的加工内容。

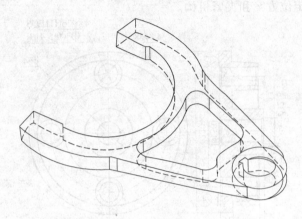

图 3-24　异形支架

【任务实施】

图3-1a为数控车床。其主要用于轴类或盘类零件的内、外圆柱面，任意角度的内、外圆锥面，复杂回转内、外曲面和圆柱，圆锥螺纹等的切削加工，并能进行切槽、钻孔、扩孔、铰孔及镗孔等切削加工。

图3-1b为数控铣床。其主要用于平面轮廓和立体轮廓的零件，如凸轮、模具、叶片、螺旋桨等都可采用数控铣削加工，也可进行钻、扩、铰孔、攻螺纹、镗孔等加工。

图3-1c为加工中心。加工中心具有自动换刀装置，在一次安装中，可以完成零件上平面的铣削，孔系的钻削、镗削、铰削、扩削及攻螺纹等多工步加工。加工的部位可以在一个平面上，也可以在不同的平面上。因此加工中心主要用于箱体类、盘类、套类、板类、凸轮类、模具类和外形不规则的异形类零件加工。

【思考与练习题】

1. 数控车床的是如何分类的？数控车床的主要加工对象和加工内容有哪些？

2. 数控铣床是如何分类的？数控铣床的主要加工对象和加工内容有哪些？

3. 加工中心是如何分类的？加工中心的主要加工对象和加工内容有哪些？

项目二 工件在数控机床上定位与装夹

【工作任务】

如图 3-25 所示法兰盘,材料为 HT200,欲在其上加工 $4 \times \phi126H11$ 的孔。根据工艺规程,本工序是最后一道机加工工序,采用钻模分两个工步加工,即先钻 $\phi24mm$ 孔,后扩至 $\phi26H11$ 孔。试选择定位方案和夹紧机构。

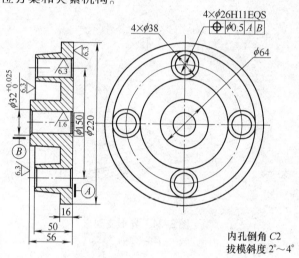

图 3-25 法兰盘零件图

【能力目标】

1. 掌握工件六点定位原理及其应用。
2. 熟悉常见的定位方式,学会典型零件的定位方式和定位元件的选择。
3. 了解夹紧装置的组成和基本要求。
4. 了解典型的夹紧机构的类型及其应用。

【相关知识准备】

一、工件的定位原理

(一) 六点定位原理

一个尚未定位的工件,其空间位置是不确定的,均有六个自由度,如图 3-26 所示,即沿空间坐标轴 X、Y、Z 三个方向的移动和绕这三个坐标轴的转动(分别以 $\vec{X}$、$\vec{Y}$、$\vec{Z}$ 和 $\hat{X}$、$\hat{Y}$、$\hat{Z}$ 表示)。

定位,就是限制自由度。图 3-27 所示的长方体形工件的定位,欲使其完全定位,可以设置六个固定点,工件的三个面分别与这些点保持接触,在其底面设置三个不共线的点 1、2、3(构成一个面),限制工件的三个自由度:$\vec{Z}$、$\hat{X}$、$\hat{Y}$;侧面设置两个点 4、5(成一条线),限制了 $\vec{Y}$、$\hat{Z}$ 两个自由度;端面设置一个点 6,限制 $\vec{X}$ 自由度。于是工件的六个自

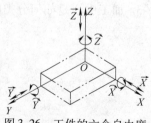

图 3-26 工件的六个自由度

由度便都被限制了。这些用来限制工件自由度的固定点，称为定位支承点，简称支承点。用合理分布的六个支承点限制工件六个自由度的法则，称为六点定位原理。

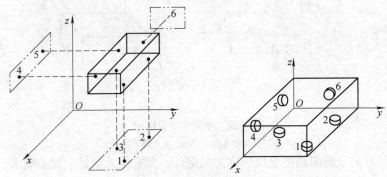

图 3-27　长方体形工件的定位

在应用"六点定位原理"分析工件的定位时，应注意以下几点：

1）定位支承点限制工件自由度的作用，应理解为定位支承点与工件定位基准面始终保持紧贴接触。若二者脱离，则意味着失去定位作用。

2）一个定位支承点仅限制一个自由度，一个工件仅有六个自由度，所设置的定位支承点数目，原则上不应超过六个。

3）分析定位支承点的定位作用时，不考虑力的影响。工件的某一自由度被限制，并非指工件在受到使其脱离定位支承点的外力时，不能运动。欲使其在外力作用下不能运动，是夹紧的任务；反之，工件在外力作用下不能运动，即被夹紧，也并非是说工件的所有自由度都被限制了。所以，定位和夹紧是两个概念，绝不能混淆。

（二）工件定位中的几种情况

（1）完全定位　工件的六个自由度全部被限制的定位，称为完全定位。当工件在 X、Y、Z 三个坐标方向上均有尺寸要求或位置精度要求时，一般采用这种定位方式。

如图 3-28 所示的工件，要求铣削工件上表面和铣削槽宽为 40mm 的槽。为了保证上表面与底面的平行度，必须限制 $\vec{Z}$、$\hat{X}$、$\hat{Y}$ 三个自由度；为了保证槽侧面相对前后对称面的对称度要求，必须限制 $\vec{Y}$、$\hat{Z}$ 两个自由度；由于所铣的槽不是通槽，在 X 方向上，槽有位置要求，所以必须限制 $\vec{X}$ 移动的自由度。为此，应对工件采用完全定位的方式，可参考图 3-27 进行六点定位。

（2）不完全定位　根据工件的加工要求，并不需要限制工件的全部自由度，这样的定位，称为不完全定位。

如图 3-29 所示，图 3-29a 为在车床上加工通孔，根据加工要求，不需要限制 $\vec{X}$ 和 $\hat{X}$ 两个自由度，故用自定心卡盘夹持限制其余四个自由度，就能实现四点定位。图 3-29b 为平板工件磨平面，工件只有厚度和平行度要求，故只需限制 $\vec{Z}$、$\hat{X}$、$\hat{Y}$ 三个自由度，在磨床上采用电磁工作台即可实现三点定位。

（3）欠定位　根据工件的加工要求，应该

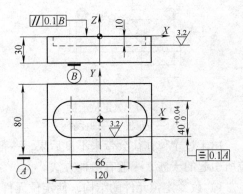

图 3-28　完全定位示例分析

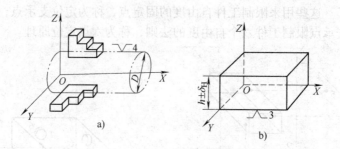

图 3-29　不完全定位示例

a）在车床上加工通孔　b）磨平面

限制的自由度没有完全被限制的定位，称为欠定位。欠定位无法保证加工要求，所以是绝不允许的。

如图 3-30 所示，工件在支承板 1 和两个圆柱销 2 上定位，按此定位方式，$\vec{X}$ 自由度没被限制，属于欠定位。工件在 X 方向上的位置不确定，如图 3-30 中的双点画线位置和虚线位置，因此钻出孔的位置也不确定，无法保证尺寸 A 的精度。只有在 X 方向设置一个止推销后，工件在 X 方向才能取得确定的位置。

（4）过定位　夹具上的两个或两个以上的定位元件，重复限制工件的同一个或几个自由度的现象，称为过定位。如图 3-31 所示两种过定位的例子。

图 3-31a 为孔与端面联合定位情况，由于大端面限制 $\vec{Y}$、$\hat{X}$、$\hat{Z}$ 三个自由度，长销限制 $\vec{X}$、$\vec{Z}$ 和 $\hat{X}$、$\hat{Z}$ 四个自由度，可见 $\hat{X}$、$\hat{Z}$ 被两个定位元件重复限制，出现过定位。图 3-31b 为平面与两个短圆柱销联合定位情况，平面限制 $\vec{Z}$、$\hat{X}$、$\hat{Y}$ 三个自由度，两个短圆柱销分别限制 $\vec{X}$、$\vec{Y}$ 和 $\vec{Y}$、$\vec{Z}$ 共四个自由度，则 $\vec{Y}$ 自由度被重复限制，出现过定位。过定位可能导致工件无法安装或定位元件变形。

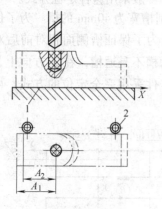

图 3-30　欠定位示例

1—支承板　2—圆柱销

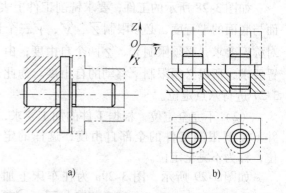

图 3-31　过定位示例

a）长销和大端面定位　b）平面和两短圆柱销定位

由于过定位往往会带来不良后果，一般确定定位方案时，应尽量避免。消除或减小过定位所引起的干涉，一般有两种方法。

1）改变定位元件的结构，使定位元件重复限制自由度的部分不起定位作用。例如，将图 3-31b 右边的圆柱销改为削边销；对图 3-31a 的改进措施如图 3-32 所示，其中图 3-32a

是在工件与大端面之间加球面垫圈，图 3-32b 将大端面改为小端面，从而避免过定位。

图 3-32　消除过定位的措施
a）大端面加球面垫圈　b）大端面改为小端面

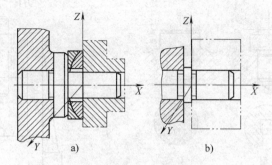

2）合理应用过定位，提高工件定位基准之间以及定位元件的工作表面之间的位置精度。图 3-33 所示为滚齿夹具，是可以使用过定位这种定位方式的典型实例，其前提是齿坯加工时工艺上已保证了作为定位基准用的内孔和端面具有很小的垂直度误差，而且夹具上的定位心轴和支承凸台之间也保证了很小的垂直度误差。此时，不必刻意消除被重复限制的 $\vec{X}$、$\vec{Y}$ 自由度，有时利用过定位装夹工件，可提高了齿坯在加工中的刚性和稳定性，有利于保证加工精度。

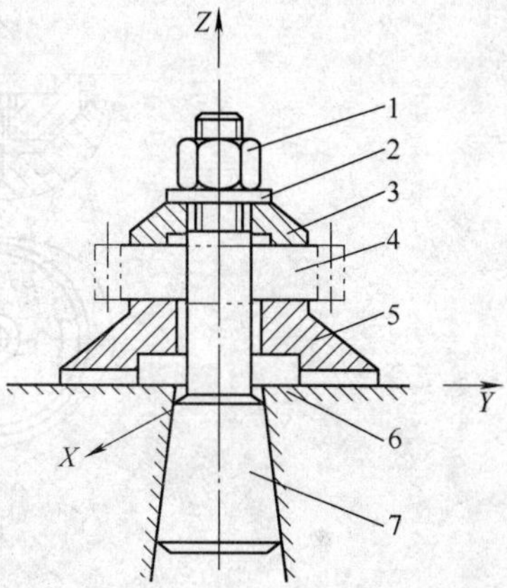

图 3-33　滚齿夹具
1—压紧螺母　2—垫圈　3—压板
4—工件　5—支承凸台
6—工作台　7—心轴

二、常见定位方法及定位元件

工件上的定位基准面与相应的定位元件合称为定位副。定位副的选择及其制造精度直接影响工件的定位精度和夹具的工作效率以及制造使用性能等。下面按不同的定位基准面分别介绍其所用定位元件的结构形式。

（一）工件以平面定位

（1）支承钉　如图 3-34 所示。当工件以粗糙不平的毛坯面定位时，采用球头支承钉（B 型），使其与毛坯良好接触。齿纹头支承钉（C 型）用在工件的侧面，能增大摩擦系数，防止工件滑动。当工件以加工过的平面定位时，可采用平头支承钉（A 型）。

在支承钉的高度需要调整时，应采用可调支承。可调支承主要用于工件以粗基准面定位，或定位基面的形状复杂，以及各批毛坯的尺寸、形状变化较大时。如图 3-35 所示为在规格化的销轴端部铣槽，用可调支承 3 轴向定位，达到了使用同一夹具加工不同尺寸的相似件的目的。

在工件定位过程中，能随着工件定位基准位置的变化而自动调节的支承，称为浮动支承。常用的浮动支承有三点式（图 3-36a）和二点式（图 3-36b）。浮动支承相当于一个固定支承，只限制一个自由度，主要目的是提高工件的刚性和稳定性。浮动支承用于毛坯面定位或刚性不足的场合。

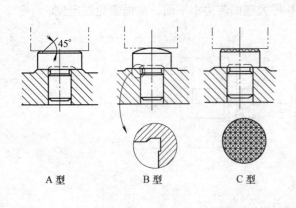

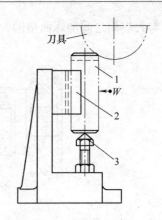

图 3-34　支承钉　　　　　　　　图 3-35　用可调支承加工相似件
　　　　　　　　　　　　　　　　　　　1—销轴　2—V 形块　3—可调支承

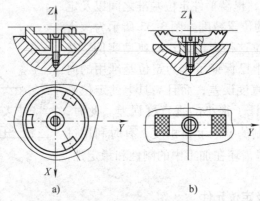

图 3-36　浮动支承
a）三点式　b）二点式

　　工件因尺寸形状或局部刚度较差，使其存在定位不稳或受力变形等原因，需增设辅助支承，用以承受工件重力、夹紧力或切削力。辅助支承的工作特点是：待工件定位夹紧后，再调整辅助支承，使其与工件的有关表面接触并锁紧。辅助支承是每安装一个工件就调整一次，但此支承不限制工件的自由度，也不允许破坏原有定位。

　　（2）支承板　工件以精基准面定位时，除采用上述平头支承钉外，还常用图 3-37 所示的支承板作定位元件。A 型支承板结构简单，便于制造，但不利于清除切屑，故适用于顶面和侧面定位；B 型支承板则易保证工作表面清洁，故适用于底面定位。

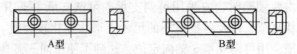

图 3-37　支承板

　　夹具装配时，为使几个支承钉或支承板严格共面，装配后，需将其工作表面一次磨平，从而保证各定位表面的等高性。

（二）工件以圆柱孔定位

　　各类套筒、盘类、杠杆、拨叉等零件，常以圆柱孔定位。所采用的定位元件有圆柱销和各种心轴。这种定位方式的基本特点是：定位孔与定位元件之间处于配合状态，并要求确保孔中心线与夹具规定的轴线相重合。孔定位还经常与平面定位联合使用。

（1）圆柱销　图 3-38 所示为常用的标准化的圆柱定位销结构。图 3-38a、b、c 所示为最简单的定位销，用于不经常需要更换的情况下。图 3-38d 所示为带衬套可换式定位销。

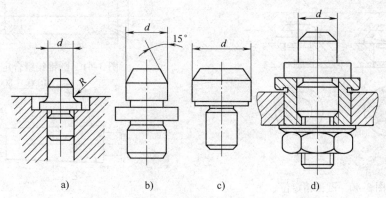

图 3-38　圆柱定位销

a）$D > 3 \sim 10$　b）$D > 10 \sim 18$　c）$D > 18$　d）带套可换定位销

（2）圆柱心轴

1）间隙配合心轴。图 3-39a 所示为圆柱心轴的间隙配合心轴结构，孔轴配合采用 H7/g6。结构简单、装卸方便，但因有装卸间隙，定心精度低，只适用于同轴度要求不高的场合，一般采用孔与端面联合定位方式。

2）过盈配合心轴。图 3-39b 所示为采用 H7/r6 过盈配合。其有导向部分、定位部分、连接部分，适用于定心精度要求高的场合。

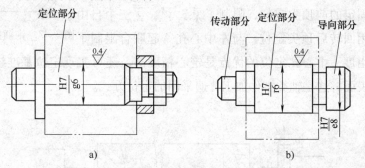

图 3-39　圆柱心轴

a）间隙配合心轴　b）过盈配合心轴

（3）圆锥销　如图 3-40 所示，工件以圆柱孔在圆锥销上定位。孔端与锥销接触，其交线是一个圆，相当于三个止推定位支承，限制了工件的三个自由度（$\vec{X}$、$\vec{Y}$、$\vec{Z}$）。图 3-40a 用于粗基准，图 3-40b 用于精基准。

但是工件以单个圆锥销定位时易倾斜，故在定位时可成对使用，或与其他定位元件联合使用。图 3-41 所示为采用圆锥销组合定位，均限制了工件的五个自由度。

（4）小锥度心轴　图 3-42 为小锥度心轴结构。小锥度心轴的锥度很小，一般为 1/1000 ~ 1/800。定位时，工件楔紧在心轴上，楔紧后工件孔有弹性变形，自动定心，定心精度可达 0.005 ~ 0.01mm。

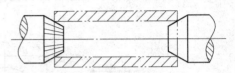

图 3-41　圆锥销组合定位

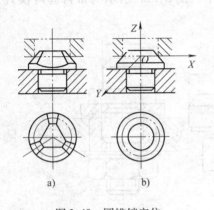

图 3-40　圆锥销定位

a）粗基准定位　b）精基准定位

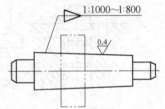

图 3-42　小锥度心轴

（三）工件以圆锥孔定位

（1）圆锥形心轴　圆锥心轴限制了工件除绕轴线转动自由度以外的其他五个自由度。图 3-43 所示为锥柄在主轴孔中的定位，限制了除绕轴旋转的其他五个自由度。

（2）顶尖　在加工轴类或某些要求准确定心的工件时，在工件上专为定位加工出工艺定位面——中心孔。中心孔与顶尖配合，即为锥孔与锥销配合。两个中心孔是定位基面，所体现的定位基准是由两个中心孔确定的中心线。如图 3-44 所示，左中心孔用轴向固定的前顶尖定位，限制了 $\vec{X}$、$\vec{Y}$、$\vec{Z}$ 三个自由度；右中心孔用回转后顶尖定位，与左中心孔一起联合限制了 $\hat{Y}$、$\hat{Z}$ 两个自由度。中心孔定位的优点是定心精度高，还可实现定位基准统一，并能加工出所有的外圆表面。这是轴类零件加工普遍采用的定位方式。

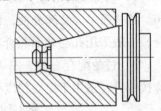

图 3-43　锥柄在主轴孔中的定位

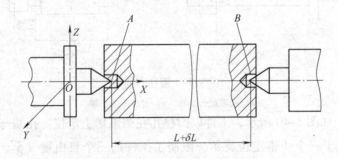

图 3-44　中心孔定位

A—固定顶尖　B—回转顶尖

（四）工件以外圆柱表面定位

（1）V形块 V形块定位的最大优点是对中性好。即使作为定位基面的外圆直径存在误差，仍可保证一批工件的定位基准轴线始终处在 V 形块的对称面上；并且使安装方便，如图 3-45 所示。图 3-46 为常用 V 形块结构。图 3-46a 用于较短的精基准面的定位，图 3-46b、c 用于较长的或阶梯轴的圆柱面，其中图 3-46b 用于粗基准面，图 3-46c 用于精基准面；图 3-46d 用于工件较长且定位基面直径较大的场合，V 形块做成在铸铁底座上镶装淬火钢垫板的结构。

V 形块可分为固定式和活动式。固定式 V 形块在夹具体上的装配，一般用螺钉和两个定位销联接。活动 V 形块除限制工件一个自由度外，还兼有夹紧作用，其应用如图 3-47 所示。

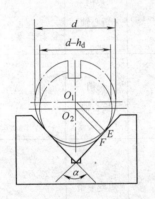

图 3-45 V形块对中性分析

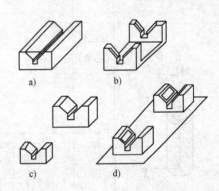

图 3-46 V形块

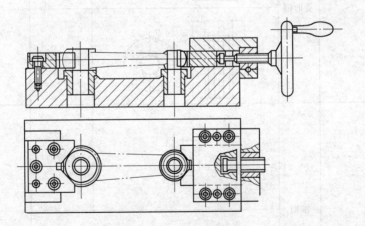

图 3-47 活动 V 形块应用

（2）定位套 工件以外圆柱面在圆孔中定位，这种定位方法一般适用于精基准定位，常与端面联合定位。所用定位件结构简单，通常做成钢套装于夹具中，有时也可在夹具体上直接做出定位孔。工件以外圆柱面定位，有时也可用半圆套或锥套作定位元件。

常见定位元件及其组合所能限制的工件自由度见表 3-1。

表 3-1 常见定位元件及其组合所能限制的工件自由度

工件定位基面	定位元件	定位简图	定位元件特点	限制的自由度
平面 	支承钉		平面组合	1、2、3—$\vec{Z}$、$\hat{X}$、$\hat{Y}$ 4、5—$\vec{X}$、$\hat{Z}$ 6—$\vec{Y}$
	支承板		平面组合	1、2—$\vec{Z}$、$\hat{X}$、$\hat{Y}$ 3—$\vec{X}$、$\hat{Z}$
圆孔 	定位销 （心轴）		短销 （短心轴）	$\vec{X}$、$\vec{Y}$
			长销 （长心轴）	$\vec{X}$、$\vec{Y}$ $\hat{X}$、$\hat{Y}$
	菱形销		短菱形销	$\vec{Y}$
			长菱形销	$\vec{Y}$、$\hat{X}$
圆孔 	锥销		单锥销	$\vec{X}$、$\vec{Y}$、$\vec{Z}$
			1—固定锥销 2—活动锥销	$\vec{X}$、$\vec{Y}$、$\vec{Z}$ $\hat{X}$、$\hat{Y}$

（续）

工件定位基面	定位元件	定位简图	定位元件特点	限制的自由度
外圆柱面 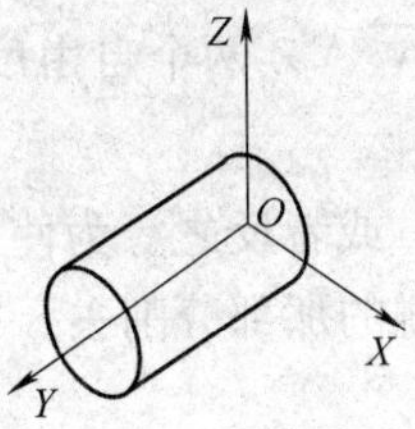 	支承板 或支承钉	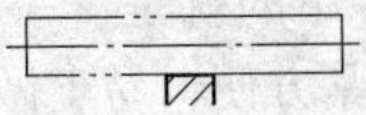	短支承板 或支承钉	$\vec{Z}$
		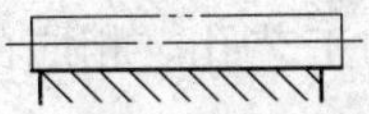	长支承板 或两个支承钉	$\vec{Z}$、$\hat{X}$
	V 形块	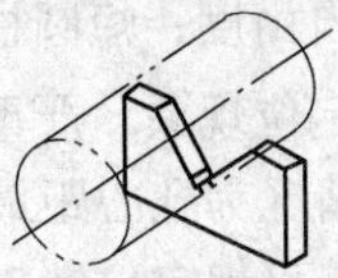	窄 V 形块	$\vec{X}$、$\vec{Z}$
		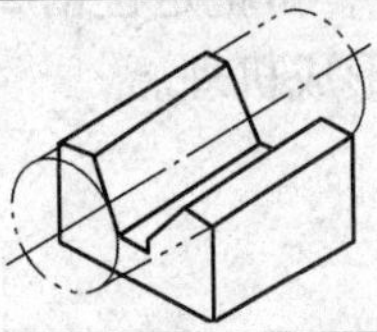	宽 V 形块	$\vec{X}$、$\vec{Z}$ $\hat{X}$、$\hat{Z}$
	定位套	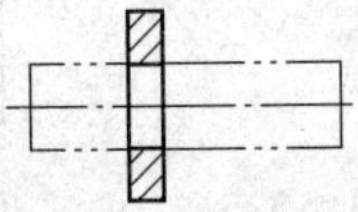	短套	$\vec{X}$、$\vec{Z}$
外圆柱面 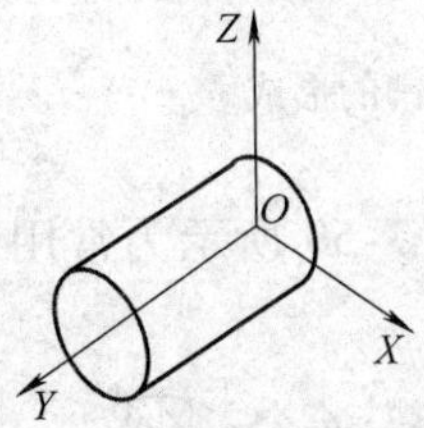 	定位套	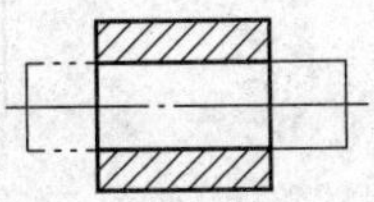	长套	$\vec{X}$、$\vec{Z}$ $\hat{X}$、$\hat{Z}$
	半圆套	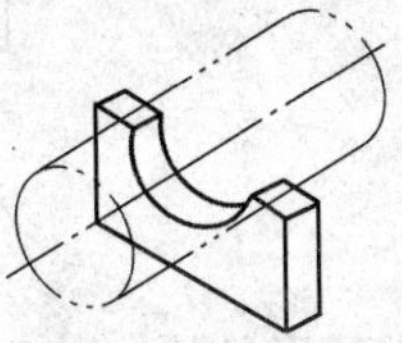	短半圆套	$\vec{X}$、$\vec{Z}$
			长半圆套	$\vec{X}$、$\vec{Z}$ $\hat{X}$、$\hat{Z}$
	锥套	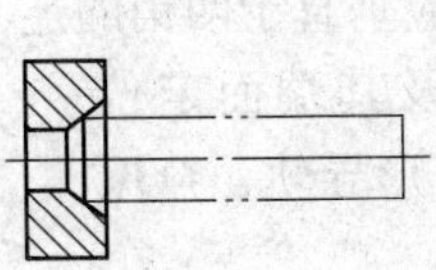	单锥套	$\vec{X}$、$\vec{Y}$、$\vec{Z}$
		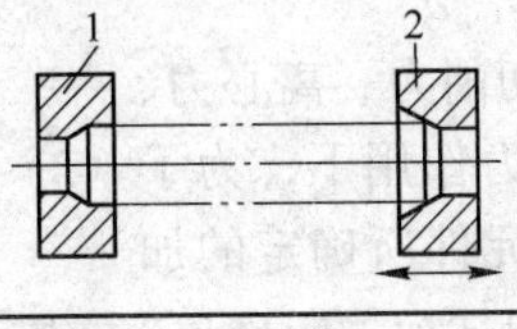	1—固定锥套 2—活动锥套	$\vec{X}$、$\vec{Y}$、$\vec{Z}$ $\hat{X}$、$\hat{Z}$

（五）工件以一面二孔定位

以上所述定位方法，多为以单一表面定位。实际上，工件往往是以两个或两个以上的表面同时定位的，即采取组合定位方式。

组合定位的方式很多，生产中最常用的就是"一面两孔"定位，如加工箱体、杠杆、盖板等。这种定位方式简单、可靠、夹紧方便，易于做到工艺过程中的基准统一，保证工件的相互位置精度。

工件采用一面两孔定位时，定位平面一般是加工过的精基面，两孔可以是工件结构上原有的，也可以是为定位需要专门设置的工艺孔。相应的定位元件是支承板和两定位销。图3-48所示为某箱体镗孔时以一面两孔定位的示意图。支承板限制工件$\vec{Z}$、$\hat{X}$、$\hat{Y}$三个自由度；短圆柱销1限制工件的$\vec{X}$、$\vec{Y}$两个自由度；短圆柱销2限制工件的$\vec{X}$、$\vec{Z}$两个自由度。可见$\vec{X}$被两个圆柱销重复限制，产生过定位现象，严重时将不能安装工件。

一批工件定位可能出现干涉的最坏情况为孔心距最大，销心距最小，或者反之。为使工件在两种极端情况下都能装到定位销上，可把定位销2上与工件孔壁相碰的那部分削去，即做成削边销。图3-49所示为削边销的形成机理。

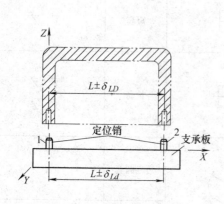

图3-48　一面两孔组合定位

1、2—圆柱销

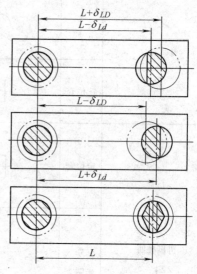

图3-49　削边销的形成

为保证削边销的强度，一般多采用菱形结构，故又称为菱形销。图3-50所示为常用削边销结构。安装削边销时，削边方向应垂直于两销的连心线。

其他组合定位方式还有以一孔及其端面定位（齿轮加工中常用），有时还会采用V形导轨、燕尾导轨等组合成形表面作为定位基面。

三、工件的夹紧装置

机械加工过程中，工件会受到切削力、离心力、重力、惯性力等的作用，在这些外力作用下，为了使工件仍能在夹具中保持已由定位元件所确定的加

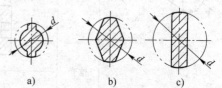

图3-50　削边销结构

a) $d < 3$　b) $d = 3 \sim 50$　c) $d > 50$

工位置，而不致发生振动或位移，保证加工质量和生产安全，一般夹具结构中都必须设置夹

紧装置将工件可靠夹牢。

（一）夹紧装置组成和基本要求

1. 夹紧装置的组成

图 3-51 所示为夹紧装置组成示意图，它主要由以下三部分组成。

（1）力源装置　产生夹紧作用力的装置。所产生的力称为原始力，如气动、液动、电动等，图 3-51 中的力源装置是气缸 1。对于手动夹紧来说，力源来自人力。

（2）中间传力机构　介于力源和夹紧元件之间传递力的机构，如图 3-51 中的连杆 2。在传递力的过程中，它能够改变作用力的方向和大小，起增力作用；还能使夹紧实现自锁，保证力源提供的原始力消失后，仍能可靠地夹紧工件，这对手动夹紧尤为重要。

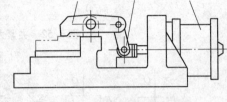

图 3-51　夹紧装置组成示意图
1—气缸　2—连杆　3—压板

（3）夹紧元件　夹紧装置的最终执行件，与工件直接接触完成夹紧作用，如图 3-51 中的压板 3。

2. 对夹具装置的要求

必须指出，夹紧装置的具体组成并非一成不变，需根据工件的加工要求、安装方法和生产规模等条件来确定。但无论其组成如何，都必须满足以下基本要求：

1）夹紧时应保持工件定位后所占据的正确位置。

2）夹紧力大小要适当。夹紧机构既要保证工件在加工过程中不产生松动或振动，同时，又不得产生过大的夹紧变形和表面损伤。

3）夹紧机构的自动化程度和复杂程度应和工件的生产规模相适应，并有良好的结构工艺性，尽可能采用标准化元件。

4）夹紧动作要迅速、可靠，且操作要方便、省力、安全。

（二）夹紧力方向和作用点的选择

设计夹紧机构，必须首先合理确定夹紧力的三要素：大小、方向和作用点。

1. 夹紧力方向的确定

确定夹紧力作用方向时，应与工件定位基准的配置及所受外力的作用方向等结合起来考虑。其确定原则是

（1）夹紧力的作用方向应垂直于主要定位基准面　图 3-52 所示为直角支座以 A、B 面定位镗孔，要求保证孔中心线垂直于 A 面。为此应选择 A 面为主要定位基准，夹紧力 Q 的方向垂直于 A 面。这样，无论 A 面与 B 面有多大的垂直度误差，都能保证孔中心线与 A 面垂直。否则，如图 3-52b 所示，夹紧力方向垂直于 B 面，则因 A、B 面间有垂直度误差（$\alpha > 90°$ 或 $\alpha < 90°$），使镗出的孔不垂直于 A 面而可能报废。

（2）夹紧力作用方向应使所需夹紧力最小　为了使机构轻便、紧凑，工件变形小，对手动夹紧可减轻工人劳动强度，提高生产效率，应使夹紧力 Q 的方向最好与切削力 F、工件的重力 G 的方向重合，这时所需要的夹紧力为最小。图 3-53 表示了 F、G、Q 三力不同方向之间关系的几种情况。显然，图 3-53a 最合理，图 3-53f 情况为最差。

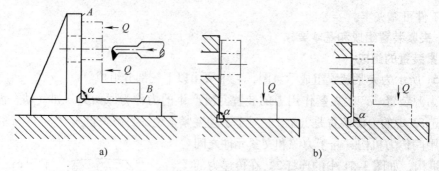

图 3-52　夹紧力方向对镗孔垂直度的影响
a）合理　b）不合理

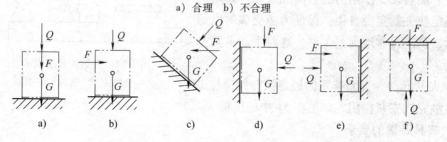

图 3-53　夹紧方向与夹紧力大小的关系
a）最合理　b）较合理　c）可行　d）、e）不合理　f）最不合理

（3）夹紧力作用方向应使工件变形最小　由于工件不同方向上的刚度是不一致的，不同的受力表面也因其接触面积不同而变形各异，尤其在夹紧薄壁工件时，更需注意。如图 3-54 所示套筒，用自定心卡盘夹紧外圆，显然要比用特制螺母从轴向夹紧工件的变形大得多。

2. 夹紧力作用点的确定

选择作用点的问题是指在夹紧方向已定的情况下，确定夹紧力作用点的位置和数目。应依据以下原则。

1）夹紧力作用点应落在支承元件上或几个支承元件所形成的支承面内。如图 3-55a 所示，夹紧力作用在支承面范围之外，会使工件倾斜或移动，而图 3-55b 则是合理的。

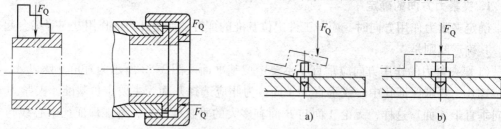

图 3-54　夹紧力方向与工件刚性关系

图 3-55　夹紧力作用点应在支承面内
a）不合理　b）合理

2）夹紧力作用点应落在工件刚性好的部位上。如图 3-56 所示，将作用在壳体中部的单点改成在工件外缘处的两点夹紧，工件的变形大为改善，且夹紧也更可靠。该原则对刚度差的工件尤其重要。

3）夹紧力的作用点靠近加工表面，可以减小切削力对夹紧点的力矩，防止或减小工件的加工振动或弯曲变形。如图 3-57 所示，增加辅助支承，同时给予夹紧力 F_2。这样翻转力矩小又增加了工件的刚度，既保证了定位夹紧的可靠性，又减小了振动和变形。

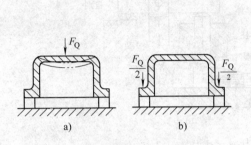

图 3-56　夹紧力作用点应在刚性较好部位
a) 不合理　b) 合理

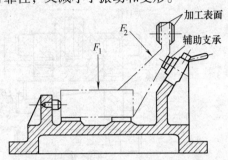

图 3-57　夹紧力作用点应靠近加工表面

3. 夹紧力大小的确定

夹紧力大小要适当，过大了会使工件变形，过小了则在加工时工件会松动，造成报废甚至发生事故。采用手动夹紧时，可凭人力来控制夹紧力的大小，一般不需要算出所需夹紧力的确切数值，只是必要时进行概略的估算。

当设计机动（如气动、液压、电动等）夹紧装置时，则需要计算夹紧力的大小，以便决定动力部件（如气缸、液压缸直径等）的尺寸。进行夹紧力计算时，通常将夹具和工件看作一刚性系统，以简化计算。根据工件在切削力、夹紧力（重型工件要考虑重力，高速时要考虑惯性力）作用下处于静力平衡，列出静力平衡方程式，即可算出理论夹紧力，再乘以安全系数，作为所需的实际夹紧力。实际夹紧力一般比理论计算值大 2 ~ 3 倍。

夹紧力三要素的确定是一个综合性问题。必须全面考虑工件的结构特点、工艺方法、定位元件的结构和布置等多种因素，才能最后确定并具体设计出较为理想的夹紧机构。

（三）典型夹紧机构

（1）斜楔夹紧机构　图 3-58 所示为用斜楔夹紧机构夹紧工件的实例。如图 3-58a 所示，需要在工件上钻削互相垂直的 $\phi 8mm$ 与 $\phi 5mm$ 小孔，工件装入夹具后，锤击楔块大头，则楔块对工件产生夹紧力，对夹具体产生正压力，从而把工件楔紧。图 3-58b 所示为将斜楔与滑柱合成一种夹紧机构，一般用气压或液压驱动。图 3-58c 所示为由端面斜楔与压板组合而成的夹紧机构。

选用斜楔夹紧机构时，应根据需要确定斜角 α。凡有自锁要求的楔块夹紧，其斜角 α 必须小于 2φ（φ 为摩擦角），为可靠起见，通常取 $\alpha = 6° ~ 8°$ 内选择。在现代夹具中，斜楔夹紧机构常与气压、液压传动装置联合使用，由于气压和液压可保持一定压力，楔块斜角 α 不受此限，可取更大些，一般在 $15° ~ 30°$ 内选择。斜楔夹紧机构结构简单，操作方便，但传力系数小，夹紧行程短，自锁能力差。

（2）螺旋夹紧机构　它由螺钉、螺母、垫圈、压板等元件组成，采用螺旋直接夹紧或与其他元件组合实现夹紧工件的机构，统称为螺旋夹紧机构。螺旋夹紧机构不仅结构简单，容易制造，而且自锁性能好，夹紧可靠，夹紧力和夹紧行程都较大，是夹具中用得最多的一种夹紧机构。

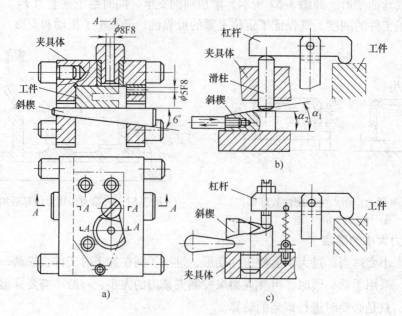

图 3-58　斜楔夹紧机构

a) 基本斜楔夹紧机构　b) 斜楔—滑柱组合夹紧机构　c) 端面斜楔—压板组合夹紧机构

1) 简单螺旋夹紧机构。图 3-59a 所示的机构螺杆直接与工件接触，容易使工件受损害或移动，一般只用于毛坯和粗加工零件的夹紧。图 3-59b 所示为常用的螺旋夹紧机构，其螺钉头部常装有摆动压块，可防止螺杆夹紧时带动工件转动和损伤工件表面，螺杆上部装有手柄，夹紧时不需要扳手，操作方便、迅速。

2) 螺旋压板夹紧机构。在夹紧机构中，结构形式变化最多的是螺旋压板机构，常用的螺旋压板夹紧机构如图 3-60 所示。选用时，可根据夹紧力大小的要求，工作高度尺寸的变化范围，夹具上夹

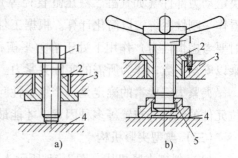

图 3-59　简单螺旋夹紧机构

a) 螺杆与工件直接接触　b) 螺杆不与工件直接接触

1—螺钉（螺杆）　2—螺母套

3—夹具体　4—工件　5—摆动压块

紧机构允许占有的部位和面积进行选择。例如，当夹具中只允许夹紧机构占很小面积，而夹紧力又要求不很大时，可选用如图 3-60a 所示的螺旋钩形压板夹紧机构；又如工件夹紧高度变化较大的小批，单件生产，可选用如图 3-60e、f 所示的通用压板夹紧机构。

(3) 偏心夹紧机构　如图 3-61 所示为常见的各种偏心夹紧机构，其中图 3-61a、b 所示为偏心轮和螺栓压板的组合夹紧机构；图 3-61c 所示为利用偏心轴夹紧工件；图 3-61d 所示为利用偏心叉将铰链压板锁紧在夹具体上，通过摆动压块将工件夹紧。

偏心夹紧机构结构简单，制造方便，与螺旋夹紧机构相比，还具有夹紧迅速，操作方便等优点；其缺点是夹紧力和夹紧行程均不大，自锁能力差，结构不抗振，故一般适用于夹紧行程及切削负荷较小且平稳的场合。

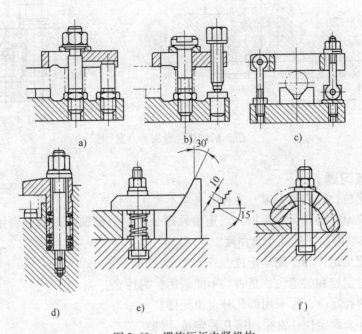

图 3-60　螺旋压板夹紧机构

a)、b) 移动压板式　c) 铰链压板式　d) 固定压板式　e)、f) 通用压板式

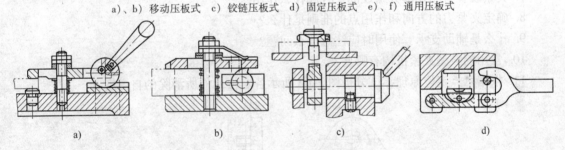

图 3-61　偏心夹紧机构

a)、b) 偏心轮 – 压板组合夹紧机构　c) 偏心轴夹紧机构　d) 偏心叉夹紧机构

【任务实施】

（1）确定定位方案　为保证加工要求，工件以 A 面作为主要定位基准，用支承板限制三个自由度，以短销与 $\phi32^{+0.025}_{0}$ mm 孔配合限制两个自由度，工件绕定位销的自由度可以不限制（图 3-62a）。

（2）选择夹紧机构　根据夹紧力方向和作用点的选择原则，拟定的夹紧方案如图 3-62a 所示。考虑到法兰盘零件生产类型为中批生产，夹具的夹紧机构不宜复杂，钻削转矩也较大，为保证夹紧可靠安全，拟采用螺旋压板夹紧机构。参考类似的夹具资料，针对工件夹压部位的结构，为便于装卸工件，选用两个 A16 × 80 （JB/T 8010.1—1999）移动压板置于工件两侧，如图 3-62b 所示，能否满足要求，则需验算夹紧力。为防止工件转动，可按夹具设计手册进行夹具夹紧机构摩擦力验算。

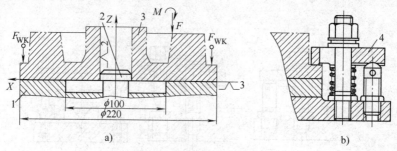

图 3-62 法兰盘夹紧方案

【思考与练习题】

1. 什么是定位？什么是夹紧？为什么夹紧不等于定位？

2. 六点定位原理是什么？根据六点定位原理分析，一根轴的两端分别用两个顶尖架支承固定，这根轴被限制了哪几个自由度？

3. 什么是完全定位和不完全定位？

4. 什么是过定位和欠定位？是否均不能采用？为什么？

5. 工件以内孔定位，常采用哪几种定位元件？

6. 工件以外表面定位，常采用哪几种定位元件？

7. 夹紧装置有哪几部分组成的？各起什么作用？

8. 确定夹紧力的方向和作用点的准则是什么？

9. 什么是辅助支承？使用时应注意什么问题？

10. 常用的典型夹紧机构有哪些？

11. 根据六点定位原理，试分析图 3-63 所示各定位元件所消除的自由度。

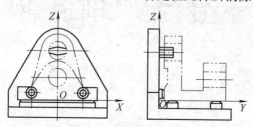

图 3-63

12. 如图 3-64 所示一批零件，欲在铣床加工 C、D 面，其余各表面均加工完毕，加工尺寸符合图样规定的精度要求，应如何选择定位方案？

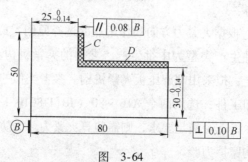

图 3-64

项目三　典型零件在数控机床上的装夹

【工作任务】

如图 3-65 所示，该零件壁厚是 3mm，属于薄壁零件，材料为锡青铜，材质较软。毛坯选用壁厚为 4mm，本工序主要加工 ϕ42H8 的内孔，试确定装夹方法和选择夹具。

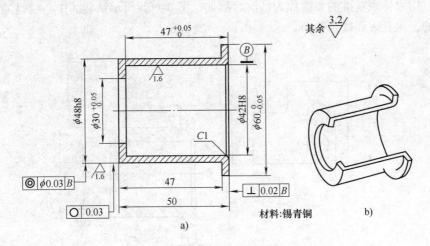

图 3-65　薄壁零件图

【能力目标】

1. 掌握设计基准、定位基准和工序基准。

2. 学会划分工序、工步、工位和走刀。

3. 掌握粗基准和精基准选择原则。

4. 了解数控车床、数控铣床和加工中心常用的夹具类型，并学会如何选用夹具。

【相关知识准备】

一、定位基准的选择

（一）基准及其分类

基准是零件上用来确定其他点、线、面位置所依据的那些点、线、面。按其功用不同，基准可分为设计基准和工艺基准两大类。

1. 设计基准

设计基准是在零件图上采用的基准。它是标注设计尺寸的起点。如图 3-66a 所示的零件，平面 2、3 的设计基准是平面 1，平面 5、6 的设计基准是平面 4，孔 7 的设计基准是平面 1 和平面 4，而孔 8 的设计基准是孔 7 的中心和平面 4。在零件图上不仅标注的尺寸有设计基准，而且标注的位置精度同样具有设计基准，如图 3-66b 所示的钻套零件，轴心线 O-O 是各外圆和内孔的设计基准，也是两项圆跳动误差的设计基准，端面 A 是端面 B、C 的设计基准。

2. 工艺基准

工艺基准是在工艺过程中使用的基准。工艺过程是一个复杂的过程，按用途不同工艺基准又可分为定位基准、工序基准、测量基准和装配基准。

工艺基准是在加工、测量和装配时使用的，必须是实在的。然而作为基准的点、线、面有时并不一定具体存在（如孔和外圆的轴线，两平面的对称中心面等），往往通过具体的表面来体现，用以体现基准的表面称为基面。例如，图 3-66b 所示钻套的中心线是通过内孔表面来体现的，内孔表面就是基面。

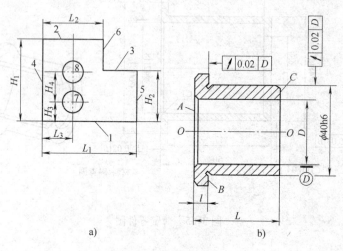

图 3-66　基准分析

a）支承块　b）钻套

（1）定位基准　在加工中用作定位的基准，称为定位基准。它是工件上与夹具定位元件直接接触的点、线或面。如图 3-66a 所示零件，加工平面 3 和 6 时是通过平面 1 和 4 放在夹具上定位的，所以，平面 1 和 4 是加工平面 3 和 6 的定位基准；如图 3-66b 所示的钻套，用内孔装在心轴上磨削 $\phi40h6$ 外圆表面时，内孔表面是定位基面，孔的中心线就是定位基准。

定位基准又分为粗基准和精基准。用作定位的表面，如果是没有经过加工的毛坯表面，称为粗基准；若是已加工过的表面，则称为精基准。

（2）工序基准　在工序图上，用来标定本工序被加工面尺寸和位置采用的基准，称为工序基准。它是某一工序要达到加工尺寸（即工序尺寸）的起点。如图 3-66a 所示零件，加工平面 3 时按尺寸 H_2 进行加工，则平面 1 即为工序基准，加工尺寸 H_2 称为工序尺寸。

工序基准应当尽量与设计基准相重合，当考虑定位或试切测量方便时也可以与定位基准或测量基准相重合。

（3）测量基准　零件测量时采用的基准，称为测量基准。如图 3-66b 所示，钻套以内孔套在心轴上测量外圆的径向圆跳动，则内孔表面是测量基面，孔的中心线就是外圆的测量基准；用卡尺测量尺寸 1 和 L，表面 A 是表面 B、C 的测量基准。

（4）装配基准　装配时用以确定零件在机器中位置的基准，称为装配基准。如图 3-66b 所示的钻套，$\phi40h6$ 外圆及端面 B 即为装配基准。

（二）定位基准的选择

1. 定位基准的类型

（1）粗基准和精基准　未经加工的表面作为定位基准，称为粗基准。利用工件上已加工过的表面作为定位基准面，称为精基准。

（2）辅助基准　零件设计图中不要求加工的表面，有时为了工件装夹的需要，而专门将其加工；或者为了定位需要，加工时有意提高了零件设计精度的表面，这种只是由于工艺需要而加工的基准，称为辅助基准或工艺基准。图 3-67 所示为车床小刀架的形状及加工底面时采用辅助基准定位的情况。加工底面时用上表面定位，但上表面太小，工件成悬臂状态，受力后会有一定的变形，为此，在毛坯上专门铸出了工艺凸台（工艺搭子），和原来的基准齐平。工艺凸台上用作定位的表面即是辅助基准面，加工完毕应将其从零件上切除。

2. 粗基准选择原则

粗基准的选择要保证用粗基准定位所加工出的精基准具有较高的精度，使后续各加工表面通过基准定位具有较均匀的加工余量，并与非加工表面保持应有的相对位置精度。粗基准的选择原则如下。

（1）相互位置要求原则　若工件必须首先保证加工表面与非加工表面之间的位置要求，则应选非加工表面为粗基准，以达到壁厚均匀、外形对称等要求。若有好几个非加工表面，则粗基准应选取位置精度要求较高者。例如，图 3-68 所示的套筒毛坯，在毛坯铸造时内孔 2 和外圆 1 之间有偏心。以非加工的外圆 1 作为粗基准，不仅可以保证内孔 2 加工后壁厚均匀，而且还可以在一次安装中加工出大部分要加工表面。又如，图 3-69 所示的拨杆零件，为保证内孔 $\phi20H8$ 与外圆 $\phi40mm$ 的同轴度要求，在钻 $\phi20H8$ 内孔时，应选择 $\phi40mm$ 外圆为粗基准。

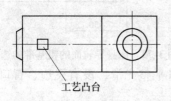

工艺凸台

图 3-67　辅助基准典型实例

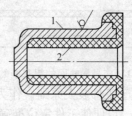

图 3-68　套筒粗基准的选择

（2）加工余量合理分配原则　若工件上每个表面都要加工，则应以加工余量最小的表面作为粗基准，以保证各加工表面有足够的加工余量。如图 3-70 所示的阶梯轴毛坯大小端外圆有 3mm 的偏心，应以余量较小的 $\phi55mm$ 外圆表面作为粗基准。如果选 $\phi108mm$ 外圆作为粗基准加工 $\phi55mm$ 外圆，则无法加工 $\phi55mm$ 外圆。

（3）重要表面原则　为保证重要表面的加工余量均匀，应选择重要加工面为粗基准。如图 3-71 所示的床身导轨面的加工，铸造导轨毛坯时，导轨面向下放置，使其表面金相组织细致均匀，没有气孔、夹砂等缺陷。因此希望在加工时只切去一层薄而均匀的余量，保留组织细密耐磨的表层，且达到较高的加工精度，故而应先选择导轨面为粗基准加工床身底平面，然后再以床身底平面为精基准加工导轨面。

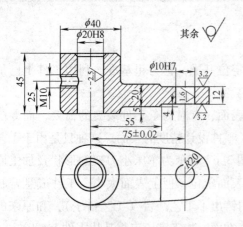

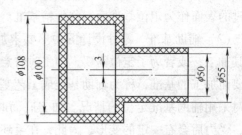

图 3-69　拨杆粗基准的选择　　　　　　　图 3-70　阶梯轴的粗基准选择

（4）不重复使用原则　应避免重复使用粗基准，在同一尺寸方向上粗基准只准使用一次。因为粗基准是毛坯表面，定位误差大，两次以同一粗基准装夹下加工出的各表面之间会有较大的位置误差。如图 3-72 所示的零件的加工中，如第一次用非加工表面 $\phi30$mm 定位，分别车削 $\phi18$H7 和端面；第二次仍用非加工表面 $\phi30$mm 定位，钻 $4\times\phi8$mm 孔。由于两次定位的基准位置误差大，则会使 $\phi18$H7 孔的轴线与 $4\times\phi8$mm 孔位置（即 $\phi46$mm 中心线之间）产生较大的同轴度误差，有时可达 $2\sim3$mm。因此，这样的定位方案是错误的。正确的定位方法应以精基准 $\phi18$H7 孔和端面定位，钻 $4\times8\phi$mm 孔。

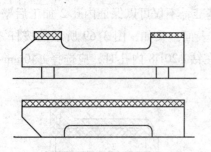

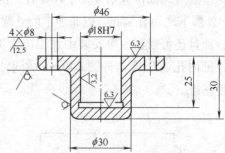

图 3-71　床身导轨面的粗基准的选择　　　　　图 3-72　床身导轨面的粗基准的选择

（5）便于工件装夹原则　作为粗基准的表面应尽量平整光滑，没有飞边、冒口、浇口或其他缺陷，以便使工件定位准确，夹紧可靠。

3. 精基准选择原则

选择精基准主要应从保证工件的位置精度和装夹方便这两方面来考虑。精基准的选择原则如下。

（1）基准重合原则　应尽可能选择零件设计基准为定位基准，以避免产生基准不重合误差。如图 3-73a 所示零件，A 面、B 面均已加工完毕，钻孔时若选择 B 平面作为精基准，则定位基准与设计基准重合，尺寸（30 ± 0.15）mm 可直接保证，加工误差易于控制，如图 3-73b 所示；若选 A 面作为精基准，则尺寸（30 ± 0.15）mm 是间接保证的，会产生基准不重合误差，如图 3-73c 所示。

（2）基准统一原则　应采用同一组基准定位加工零件上尽可能多的表面，这就是基准统一原则。采用基准统一原则，可以简化工艺规程的制订，减少夹具数量，节约了夹具设计和制造费用；同时由于减少了基准的转换，更有利于保证各表面间的相互位置精度。例如，

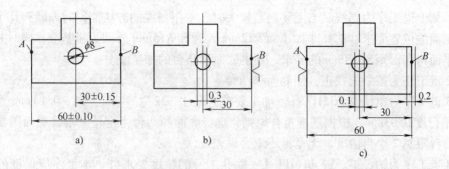

图 3-73　基准重合实例

a）零件图　b）以 *B* 面为基准　c）以 *A* 面为基准

利用两中心孔加工轴类零件的各外圆表面，箱体零件采用一面两孔定位，齿轮的齿坯和齿形加工多采用齿轮的内孔及一端面为定位基准，均属于基准统一原则。

（3）自为基准原则　即某些加工表面加工余量小而均匀时，可选加工表面本身作为位基准。如图 3-74 所示，在导轨磨床上磨削床身导轨面时，就是以导轨面本身为基准，百分表来找正定位的。

（4）互为基准原则　对工件上两个相互位置精度要求比较高的表面进行加工时，可以用两个表面互相作为基准，反复进行加工，以保证位置精度要求。例如，车床主轴的前锥孔主轴支承轴颈间有严格的同轴度要求，加工时就是先以轴颈外圆为定位基准加工锥孔，再锥孔为定位基准加工外圆，如此反复多次，最终达到加工要求。这都是互为基准的典型实例。

（5）便于装夹原则　所选精基准应保证工件安装可靠，夹具设计简单、操作方便。

在实际生产中，精基准的选择要完全符合上述原则有时很难做到。例如，统一的定位基准与设计基准不重合时，就不可能同时遵循基准重合原则和基准统一原则。此时要统筹兼顾，若采用统一定位基准，能够保证加工表面的尺寸精度，则应遵循基准统一原则；若不能保证加工表面的尺寸精度，则可在粗加工和半精加工时遵循基准统一原则，在精加工时遵循基准重合原则，以免使工序尺寸的实际公差值减小，增加加工难度。所以，必须根据具体的加工对象和加工条件，从保证主要技术要求出发，灵活选用有利的精基准，达到定位精度高，夹紧可靠，夹具结构简单，操作方便的要求。

【例 3-1】　图 3-75 所示为车床进刀轴架零件，若已知其工艺过程为①划线；②粗精刨底面和凸台；③粗精镗 φ32H7 孔；④钻、扩、铰 φ16H9 孔。试选择各工序的定位基准并确定各限制几个自由度。

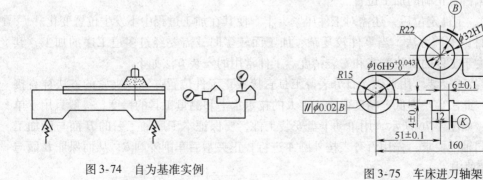

图 3-74　自为基准实例　　　　　　　　图 3-75　车床进刀轴架

解：第 1 道工序为划线。当毛坯误差较大时，采用划线的方法能同时兼顾到几个非加工面对加工面的位置要求。选择非加工面 $R22\text{mm}$ 外圆和 $R15\text{mm}$ 外圆为粗基准，同时兼顾非加工的上平面与底面距离 18mm 的要求，划出底面和凸台的加工线。

第 2 道工序为按划线找正，刨底面和凸台。

第 3 道工序为粗精镗 $\phi32\text{H7}$ 孔。加工要求为尺寸 $\phi32^{+0.025}_{0}\text{mm}$、$(6 \pm 0.1)\text{mm}$ 及凸台侧面 K 的平行度 0.03mm。根据基准重合原则，选择底面和凸台为定位基准，底面限制 3 个自由度，凸台限制 2 个自由度，无基准不重合误差。

第 4 道工序为钻、扩、铰 $\phi16\text{H9}$ 孔。除孔本身的精度要求外，本工序应保证的位置要求为尺寸 $(4 \pm 0.1)\text{mm}$、$(51 \pm 0.1)\text{mm}$ 及 2 个孔的平行度公差为 0.02mm。根据精基准选择原则，可以有 3 种不同的方案。

1）底面限制 3 个自由度，K 面限制 2 个自由度。此方案加工 2 个孔采用了基准统一原则。夹具比较简单。设计尺寸 $(4 \pm 0.1)\text{mm}$ 基准重合；尺寸 $(51 \pm 0.1)\text{mm}$ 的工序基准是孔 $\phi32\text{H7}$ 的中心线，而定位基准是 K 面，定位尺寸为 $(6 \pm 0.1)\text{mm}$，存在基准不重合误差，其大小等于 0.2mm；两孔平行度 0.02mm 也有基准不重合误差，其大小等于 0.03mm。可见，此方案基准不重合误差已经超过了允许的范围，不可行。

2）$\phi32\text{H7}$ 孔限制 4 个自由度，底面限制 1 个自由度。此方案对尺寸 $(4 \pm 0.1)\text{mm}$ 有基准不重合误差，且定位销细长，刚性较差，所以也不好。

3）底面限制 3 个自由度，$\phi32\text{H7}$ 孔限制 2 个自由度。此方案可将工件套在一个长的菱形销上来实现，对于 3 个设计要求均为基准重合，只有 $\phi32\text{H7}$ 孔对于底面的平行度误差将会影响 2 个孔在垂直平面内的平行度，应在镗 $\phi32\text{H7}$ 孔时加以限制。

综上所述，第 3）方案基准基本上重合，夹具结构也不太复杂，装夹方便，故应采用。

二、典型零件的装夹

（一）机床夹具的概述

在机械加工过程中，为了保证加工精度，固定工件，使之占有确定位置以接受加工或检测的工艺装备统称为机床夹具，简称夹具。例如，车床上使用的自定心卡盘，铣床上使用的机用虎钳等都是机床夹具。

1. 工件的安装

（1）工件的安装内容　工件安装的内容包括工件的定位和夹紧。

1）定位。使同一工序中的一批工件都能准确地安放在机床的合适位置上。使工件相对于刀具及机床占有正确的加工位置。

2）夹紧。工件定位后，还需对工件压紧夹牢。使其在加工过程中不发生位置变化。

（2）工件的安装方法　当零件较复杂、加工面较多时，需要经过多道工序的加工，其位置精度取决于工件的安装方式和安装精度。工件常用的安装方法如下。

1）直接找正安装。用划针、百分表等工具直接找正工件位置并加以夹紧的方法称直接找正安装法。此法生产率低，精度取决于工人的技术水平和测量工具的精度，一般只用于单件小批生产。如图 3-76 所示，用单动卡盘安装工件，要保证本工序加工后的 B 面与已加工过的 A 面的同轴度要求，先用百分表按外圆 A 进行找正夹紧后车削外圆 B，从而保证 B 面与 A 面的同轴度要求。

2）划线找正安装。先用划针画出要加工表面的位置，再按划线用划针找正工件在机床上的位置并加以夹紧。由于划线既费时，又需要技术高的划线钳工，所以一般用于批量不大，形状复杂而笨重的工件或低精度毛坯的加工。如图 3-77 所示，划线找正法是用划针根据毛坯或半成品上所划的线为基准找正它在机床上的正确位置的一种装夹方法。

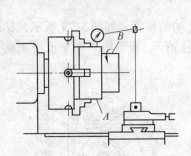

图 3-76　直接找正法

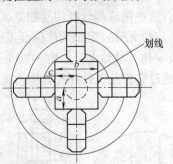

图 3-77　划线找正法

3）用夹具安装。将工件直接安装在夹具的定位元件上的方法。这种方法安装迅速方便，定位精度较高而且稳定，生产率较高，广泛用于中批生产以上的生产类型。图 3-78 所示为铣轴端槽用夹具装夹。本工序要求保证槽宽、槽深和槽两侧面对轴心线的对称度。工件分别以外圆和一端面在 V 形块 1 和定位套 2 上定位，转动手柄 3，偏心轮推动 V 形块夹紧工件。夹具通过夹具体 5 的底面及安装在夹具体上的两个定向键 4 与铣床工作台面、T 形槽配合，并固定于机床工作台上，这样夹具相对于机床占有确定的位置。通过对刀块 6 及塞尺调整刀具位置，使其对于夹具占有确定的位置。

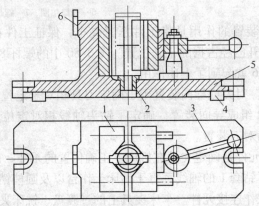

图 3-78　铣轴端槽用夹具

1—V 形块　2—定位套　3—手柄　4—定向键　5—夹具体　6—对刀块

用夹具安装工件的方法有以下几个特点。

1）工件在夹具中的正确定位，是通过工件上的定位基准面与夹具上的定位元件相接触而实现的。因此，不再需要找正便可将工件夹紧。

2）由于夹具预先在机床上已调整好位置，因此，工件通过夹具相对于机床也就占有了正确的位置。

3）通过夹具上的对刀装置，保证了工件加工表面相对于刀具的正确位置。

由此可见，在使用夹具的情况下，机床、夹具、刀具和工件所构成的工艺系统，环环相扣，相互之间保持正确的加工位置，从而保证工序的加工精度。显然，工件的定位是其中极为重要的一个环节。

2. 机床夹具的组成和作用

（1）夹具的组成　机床夹具的种类和结构虽然繁多，但它们的组成均可概括为以下几个部分，这些组成部分既相互独立又相互联系。

1）定位元件。定位元件保证工件在夹具中处于正确的位置。如图 3-79 所示，钻后盖上的 ϕ10mm 孔，其钻夹具如图 3-80 所示。夹具上的圆柱销 5、菱形销 9 和支承板 4 都是定位元件，通过它们使工件在夹具中占据正确的位置。

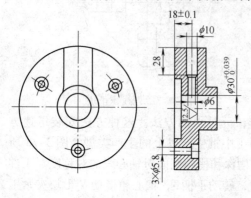 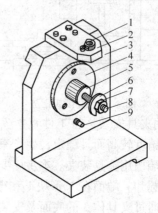

图 3-79　后盖零件钻径向孔的工序图　　　　图 3-80　后盖钻夹具

1—钻套　2—钻模板　3—夹具体　4—支承板　5—圆柱销
6—开口垫圈　7—螺母　8—螺杆　9—菱形销

2）夹紧装置。夹紧装置的作用是将工件压紧夹牢，保证工件在加工过程中受到外力（切削力等）作用时不离开已经占据的正确位置。图 3-80 中的螺杆 8（与圆柱销合成一个零件）、螺母 7 和开口垫圈 6 就起到了上述作用。

3）对刀或导向装置。对刀或导向装置用于确定刀具相对于定位元件的正确位置。如图 3-80 中钻套 1 和钻模板 2 组成导向装置，确定了钻头轴线相对定位元件的正确位置。铣床夹具上的对刀块和塞尺为对刀装置。

4）连接元件。连接元件是确定夹具在机床上正确位置的元件。如图 3-80 中夹具体 3 的底面为安装基面，保证了钻套 1 的轴线垂直于钻床工作台以及圆柱销 5 的轴线平行于钻床工作台。因此，夹具体可兼作连接元件。车床夹具上的过渡盘、铣床夹具上的定位键都是连接元件。

5）夹具体。夹具体是机床夹具的基础件，如图 3-80 所示中的件 3，通过它将夹具的所有元件连接成一个整体。

6）其他装置或元件。它们是指夹具中因特殊需要而设置的装置或元件。若需加工按一定规律分布的多个表面时，常设置分度装置；为了能方便、准确地定位，常设置预定位装置；对于大型夹具，常设置吊装元件等。

（2）机床夹具在机械加工中的作用

1）保证加工精度。采用夹具安装，可以准确地确定工件与机床、刀具之间的相互位置，工件的位置精度由夹具保证，不受工人技术水平的影响，其加工精度高而且稳定。

2）提高生产率、降低成本。用夹具装夹工件，无需找正便能使工件迅速地定位和夹紧，显著地减少了辅助工时；用夹具装夹工件提高了工件的刚性，因此可加大切削用量；可以使用多件、多工位夹具装夹工件，并采用高效夹紧机构，这些因素均有利于提高劳动生产率。另外，采用夹具后，产品质量稳定，废品率下降，可以安排技术等级较低的工人，明显地降低了生产成本。

3）扩大机床的工艺范围。使用专用夹具可以改变原机床的用途和扩大机床的使用范围，实现一机多能。例如，在车床或摇臂钻床上安装镗模夹具后，就可以对箱体孔系进行镗削加工；通过专用夹具还可将车床改为拉床使用，以充分发挥通用机床的作用。

4）减轻工人的劳动强度。用夹具装夹工件方便、快速，当采用气动、液压等夹紧装置时，可减轻工人的劳动强度。

（二）数控车床常用夹具及工件的装夹

为了充分发挥数控机床的高速度、高精度、高效率等特点，在数控加工中，还应有与数控加工相适应的夹具进行配合，数控车床夹具除了通用的自定心卡盘、单动卡盘和在大批量生产中使用的液压、电动及气动夹具外，还有多种相应的实用夹具，主要分为3大类，即用于轴类工件的夹具、用于盘类工件的夹具和专用车削夹具。

1. 轴类零件的装夹

对于轴类零件，通常以零件自身的外圆柱面作为定位基准来定位。

（1）自定心卡盘　自定心卡盘是车床上最常用的自定心夹具，如图3-81所示。自定心卡盘夹持工件时一般不需要找正，装夹速度较快，将其略加改进，还可以方便地装夹方料和其他形状的材料，如图3-82所示，同时还可以装夹小直径的圆棒料。

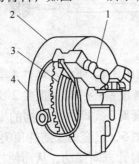

图3-81　自定心卡盘　　　　　　　　图3-82　装夹方料和其他形状的材料
1—卡爪　2—卡盘体　　　　　　　1—带V形槽的半圆件　2—带V形槽的矩形件
3—锥齿端面螺纹圆盘　4—小锥齿轮　　　　3，4—带其他槽形的矩形件

（2）单动卡盘　单动卡盘是车床上常用的夹具，如图3-83所示。它适用于装夹形状不规则或直径较大的工件。其夹紧力较大，装夹精度较高，不受卡爪磨损的影响。但单动卡盘的四个卡爪是各自独立运动的，必须通过找正，使工件的旋转中心与车床主轴的旋转中心重合，才能车削。单动卡盘装夹不如自定心卡盘方便。装夹圆棒料时，若在单动卡盘内放上一块V形块（图3-84），装夹更快捷。

（3）用两顶尖装夹　对于较长的或必须经过多次装夹加工的轴类零件，或工序较多，车削后还要铣削和磨削的轴类零件，要采用两顶尖装夹，以保证每次装夹时的装夹精度，如图3-85所示。用两顶尖装夹轴类零件，必须先在零件端面钻中心孔，中心孔有A型（不带护锥）、B型（带护锥）、C型（带螺孔）和R型（弧形）4种。

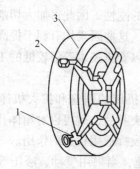

图 3-83　单动卡盘

1—卡爪　2—螺杆　3—卡盘体

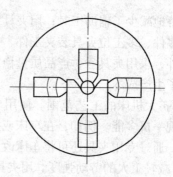

图 3-84　V形块装夹圆棒料

（4）用一夹一顶装夹　由于两顶尖装夹刚性较差，因此在车削一般轴类零件，尤其是较重的工件时，常采用一夹一顶装夹。为了防止工件的轴向位移，需在卡盘内装一限位支承，或利用工件的台阶来限位。由于一夹一顶装夹

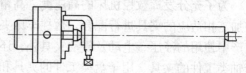

图 3-85　两顶尖装夹

工件的安装刚性好，轴向定位正确，且比较安全，能承受较大的轴向切削力，因此应用很广泛，如图 3-86 所示。

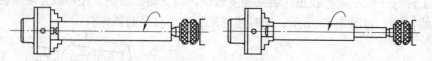

图 3-86　一夹一顶装夹

（5）自动夹紧拨动卡盘　自动夹紧拨动卡盘的结构如图 3-87 所示。坯件 1 安装在顶尖 2 和车床的尾座顶尖上。当旋转车床尾座螺杆并向主轴方向顶紧坯件时，顶尖 2 也同时顶压起着自动复位作用的弹簧 6。顶尖 2 在向左移动的同时，套筒 3（即杠杆机构的支撑架）也将与顶尖 2 同步移动。在套筒 3 的槽中装有杠杆 4 和支承销 5，当套筒 3 随着顶尖 2 运动时，杠杆 4 的左端触头则沿锥环 7 的斜面绕着支承销轴线作逆时针方向摆动，从而使杠杆 4 右端的触头（图 3-87 中示意为半球面）压紧坯件。在自动夹紧拨动卡盘中，其杠杆机构通常设计为 3~4 组均布，并经调整后使用。

（6）复合卡盘　如图 3-88 所示的复合卡盘，由传动装置驱动拉杆 8，驱动力经套 5、6 和楔块 4、杠杆 3 传给卡爪 1 而夹紧工件，中心轴 7 为多种插换调整件。若为弹簧顶尖则将卡盘工作改为顶尖，转矩则由自动调位卡爪 1 传给驱动块 2。

（7）拨齿顶尖　拨齿顶尖的结构如图 3-89 所示。壳体 1 可通过标准变径套或直接与车床主轴孔连接，壳体内装有用于坯件定心的顶尖 2，拨齿套 5 通过螺钉 4 与壳体联接，止退环 3 可防止螺钉 4 的松动。在数控车床上使用这种夹具，通常可以加工直径为 10~60mm 的轴类工件。

2. 盘类零件的装夹

用于盘类工件的夹具主要有可调卡爪式卡盘和快速可调卡盘，其结构和工作方式如下。

（1）可调卡爪式卡盘　可调卡爪式卡盘的结构如图 3-90 所示。每个基体卡座 2 上都对

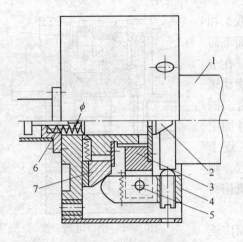

图 3-87 自动夹紧拨动卡盘

1—坯件 2—顶尖 3—套筒 4—杠杆
5—支承销 6—弹簧 7—锥环

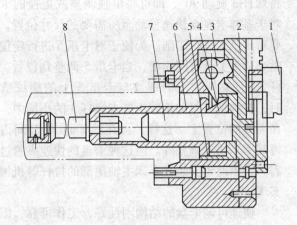

图 3-88 复合卡盘

1—卡爪 2—驱动块 3—杠杆 4—楔块
5,6—套 7—中心轴 8—拉杆

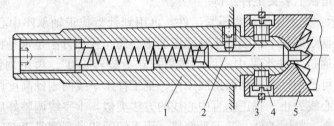

图 3-89 拨齿顶尖

1—壳体 2—顶尖 3—止退环 4—螺钉 5—拨齿套

应配有不淬火的卡爪 1，其径向夹紧所需位置可以通过卡爪 1 上的端齿和螺钉单独进行粗调整（错齿移动），或通过差动螺杆 3 单独进行细调整。为了便于对较特殊的、批量大的盘类零件进行准确定位及装夹，还可按实际需要，通过简单的加工程序或数控系统的手动功能，用车刀将不淬火卡爪 1 的夹持面车至所需的尺寸。

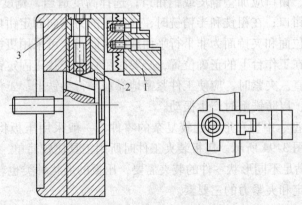

图 3-90 可调卡爪式卡盘

1—卡爪 2—基体卡座 3—差动螺杆

（2）快速可调卡盘 快速可调卡盘的结构如图 3-91 所示。使用该卡盘时，用专用扳手将螺杆 3 旋动 90°，即可将单独调整或更换的卡爪 5 相对于基体卡座 6 快速移动至所需要的尺寸位置，而不需要对卡爪 5 进行车削。为便于对卡爪 5 进行定位，在卡盘壳体 1 上开有圆周槽，当卡爪 5 调整到位后，旋动螺杆 3，使螺杆 3 上的螺纹与卡爪 5 上的螺纹啮合。同时，被弹簧压着的钢球 4 进入螺杆 3 的小槽中，并固定在需要的位置上。这样，可在约 2min 的时间内，逐个将其卡爪快速调整好。但这种卡盘的快速夹紧过程，则需另外借助于安装在车床主轴尾部的拉杆等机械机构而实现。

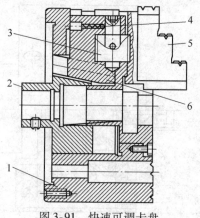

图 3-91　快速可调卡盘
1—壳体　2—基体　3—螺杆
4—钢球　5—卡爪　6—基体卡座

快速可调卡盘的结构刚性好，工作可靠，因而广泛用于装夹法兰等盘类及杯形工件，也可用于装夹不太长的柱类工件。

【例 3-2】　在角铁上装夹工件示例。

如图 3-92 所示，先用压板初步压紧工件，再用划针盘找正轴承座中心线。找正轴承座中心时，应该先根据划好的十字线找正轴承座的中心高。找正方法是水平移动划针盘，调整划针高度，使针尖通过工件水平中心线；然后把花盘旋转 180°，再用划针轻划一水平线，如果两线不重合，可把划针调整到两条线中间，把工件水平线向划针高度调整。再用以上方法直至找正水平中心线为止。找正垂直中心线的方法类似。十字线调整好后，再用划针找正两侧母线。最后复查，紧固工件。装上平衡块，用手转动花盘观察是否有碰撞。

（三）数控铣床常用夹具及工件的装夹

1. 通用夹具及工件的装夹

（1）机用虎钳　机用虎钳结构如图 3-93 所示。机用虎钳在机床上安装的过程为清除工作台面和机用虎钳底面的杂物及飞边，将机用虎钳定位键对准工作台 T 形槽，找正机用虎钳方向，调整两钳口平行度，然后紧固机用虎钳。工件在机用虎钳上装夹时应注意：装夹毛坯面或表面有硬皮时，钳口应加垫铜皮或铜钳口；选择高度适当，宽度稍小于工件的垫铁，使工件的余量层高出钳口；在粗铣和半精铣时，应使铣削力指向固定钳口，因为固定钳口比较牢固。当工件的定位面和夹持面为非平行平面或圆柱面时，可采用更换钳口的方式装夹工件。为保证机用虎钳在工作台上的正确位置，必要时用百分表找正固定钳口面，使其与工作台运动方向平行或垂直。夹紧时，应使工件紧密地靠在平行垫铁上。工件高出钳口或伸出钳口两端距离不能太多，以防铣削时产生振动。

（2）压板　对大型、中型和形状比较复杂的零件，一般采用压板将工件紧固在数控铣床工作台台面上，如图 3-94 所示。压板装夹工件时所用工具比较简单，主要是压板、垫铁、T 形螺栓及螺母。为满足不同形状零件的装夹需要，压板的形状种类也较多。另外，在搭装压板时应注意搭装稳定和夹紧力的三要素。

（3）万能分度头　万能分度头是数控铣床常用的通用夹具之一，如图 3-95 所示。通常将万能分度头作为机床附件，其主要作用是对工件进行圆周等分分度或不等分分度。许多机械零件（如花键等）在铣削时，需要利用分度头进行圆周等分。万能分度头可把工件轴线装夹成水平、垂直或倾斜的位置，以便用两坐标加工斜面。

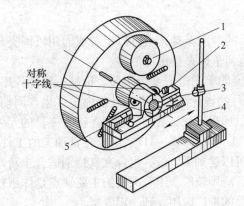

图 3-92　在角铁上装夹工件

1—平衡铁　2—轴承座　3—角铁　4—划针盘　5—花盘

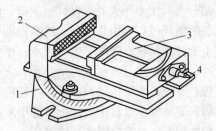

图 3-93　机用虎钳

1—底座　2—固定钳口　3—活动钳口　4—螺杆

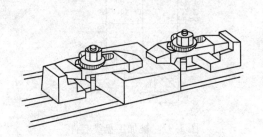

图 3-94　用压板装夹工件

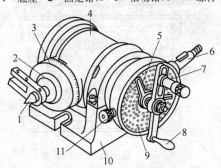

图 3-95　F125 万能分度头

1—顶尖　2—分度头主轴　3—刻度盘　4—壳体
5—分度叉　6—分度头外伸轴　7—插销　8—分度手柄
9—分度盘　10—底座　11—锁紧螺钉

　　使用分度头的要求：在分度头上装夹工件时，应先锁紧分度头主轴；调整好分度头主轴仰角后，应将基座上部的 4 个螺钉拧紧，以免零位移动；在分度头两顶尖间装夹工件时，应使前后顶尖轴线同轴；在使用分度头时，分度手柄应朝一个方向转动，如果摇过正确的位置，需反摇多于超过的距离再摇回到正确的位置，以消除传动间隙。

　　（4）通用可调夹具　在多品种、小批量生产中，由于每种产品的持续生产周期短，夹具更换比较频繁。为了减少夹具设计和制造的劳动量，缩短生产准备时间，要求一个夹具不仅只适用于一种工件，而且能适应结构形状相似的若干种类工件的加工，即对于不同尺寸或种类的工件，只需要调整或更换个别定位元件或夹紧元件即可使用。这种夹具称为通用可调夹具，它既具有通用夹具使用范围大的优点，又有专用夹具效率高的长处。图 3-96 所示为数控铣床上通用可调夹具系统。该系统由基础件和另外一套定位夹紧调整件组成。基础件 1 为内装立式液压缸 2 和卧式液压缸 3 的平板，通过销 4、5 与机床工作台的一个孔及槽对定，夹紧元件则从上或侧面把双头螺杆或螺栓旋入液压缸活塞杆。不用的对定孔，可用螺塞加以封盖。

　　2. 组合夹具及工件的装夹

　　组合夹具是一种标准化、系列化、通用化程度很高的工艺装备，目前我国已基本普及。组合夹具由一套预先制造好的不同形状、不同规格、不同尺寸的标准元件及部件组装而成。图 3-97 所示为被加工盘类零件的工序图，用来钻径向分度孔的组合夹具立体图及其分解图如图 3-98 所示。

　　组合夹具一般是为某一工件的某一工序而组装的专用夹具，也可以组装成通用可调夹具或成组夹具。组合夹具适用于各类机床，但以钻模和车床夹具用得最多。

　　组合夹具把专用夹具的设计、制造、使用、报废的单向过程变为组装、拆散、清洗入库、再组装的循环过程，用几小时的组装周期代替几个月的设计制造周期，从而缩短了生产周期，节省了工时和材料，降低了生产成本，还可减少夹具库房面积，有利于管理。组合夹具的元件精度高、耐磨，并且实现了完全互换，元件公差等级一般为 IT6 ~ IT7。组合夹具加工的工件，位置公差等级一般可达到 IT8 ~ IT9，若精心调整，可以达到 IT7 级。组合夹具特别适合于新产品试制和多品种小批量生产，所以近年来发展迅速，应用较广。组合夹具的主要缺点是体积较大，刚度较差，一次投资多，成本高，这使组合夹具的推广应用受到一定限制。

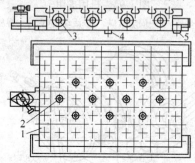

图 3-96　通用可调夹具系统
1—基础件　2—立式液压缸　3—卧式液压缸　4，5—销

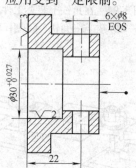

图 3-97　被加工盘类零件

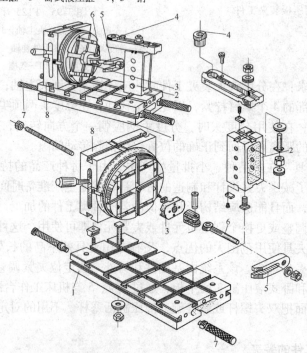

图 3-98　钻盘类零件径向孔的组合夹具
1—基础件　2—支承件　3—定位件　4—导向件　5—夹紧件　6—紧固件　7—其他件　8—合件

（1）组合夹具的分类

1）槽系组合夹具。槽系组合夹具的开发和应用已超过半个世纪。槽系组合夹具就是指元件上制作有标准间距的相互平行及垂直的 T 形槽或键槽，通过键在槽中的定位，就能准确决定各元件在夹具中的准确位置，元件之间再通过螺栓联接和紧固。图 3-98 所示为钻盘类零件径向孔的组合夹具，由基础底板、支承件、钻模板和 V 形块等元件组成，元件间的相互位置都由可沿槽滑动的键在槽中的定位来决定，所以槽系组合夹具有很好的可调整性。20 世纪以来，世界上已生产了数以千万计的槽系组合夹具，其中著名的有英国的 Wharton、俄罗斯的 YCJI、中国的 CATIC、德国的 Halder 等。

为了适应不同工厂、不同产品的需要，槽系组合夹具分大、中、小型 3 种规格，其主要参数见表 3-2。

表 3-2　槽系组合夹具的主要结构要素及性能

规格	槽宽/mm	槽距/mm	联接螺栓 mm×mm	键用螺钉 /mm	支承件截面 /mm×mm	最大载荷/N	工件最大尺寸 /mm×mm×mm
大型	$16^{+0.08}_{0}$	75±0.01	M16×1.5	M5	75×75 90×90	200000	2500×2500×1000
中型	$12^{+0.08}_{0}$	60±0.01	M12×1.5	M5	60×60	100000	1500×1000×500
小型	$8^{+0.015}_{0}$ $6^{+0.015}_{0}$	30±0.01	M8、M6	M3 M3、M2.5	30×30 22.5×22.5	50000	500×250×250

2）孔系组合夹具。孔系组合夹具的元件用一面两圆柱销定位，属允许使用的过定位。孔系组合夹具的定位精度高。与槽系组合夹具相比较，孔系组合夹具的优缺点是元件刚度高，制造和材料成本低，组装时间短，定位可靠，装配的灵活性差。在当今的世界制造业中，孔系和槽系组合夹具并存，但以孔系组合夹具更具有优势，已广泛用于 NC 铣床、立式和卧式加工中心，也用于 FMS。

目前，许多发达国家都有自己的孔系组合夹具。图 3-99 所示为德国 BIUCO 公司的孔系组合夹具组装示意图。元件与元件间用两个销钉定位，用一个螺钉紧固。定位孔孔径有 10mm、12mm、16mm、24mm 4 个规格；相应的孔距为 30mm、40mm、50mm、80mm；孔径公差等级为 H7，孔距公差为 ±0.01mm。

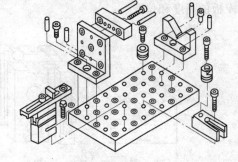

图 3-99　BIUCO 公司的孔系组合夹具组装示意图

（2）槽系组合夹紧与孔系组合夹具比较　有关槽系和孔系两种组合夹具的全面比较见表 3-3。

表 3-3　槽系和孔系两种组合夹具的比较

比较项目	槽系组合夹具	孔系组合夹具
夹具刚度	低	高
组装方便和灵活性	好	较差
对工人装配技术要求	高	较低
夹具定位元件尺寸调整	方便，可作无级调节	不方便，只能作有级调节

（续）

比较项目	槽系组合夹具	孔系组合夹具
夹具上是否具备 NC 机床需要的原点	需要专门制作元件	任何定位均可作为原点
制造成本	高	低
元件品种数量	多	较少
合件化程度	低	较高

（3）组合夹具的元件

1）基础件。如图 3-100 所示，基础件有长方形、圆形、方形及基础角铁等，常作为组合夹具的夹具体。图 3-98 中的基础件 1 为长方形基础板做的夹具体。

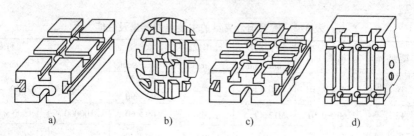

图 3-100　基础件

2）支承件。如图 3-101 所示，支承件有 V 形支承、长方支承、加肋角铁和角度支承等。支承件是组合夹具中的骨架元件，数量最多，应用最广。支承件可作为各元件间的连接件，又可作为大型工件的定位件。图 3-98 中支承件 2 将钻模板与基础板连成一体，并保证钻模板的高度和位置。

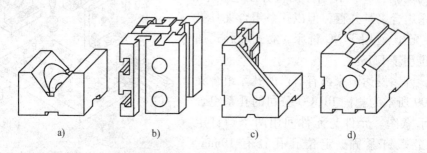

图 3-101　支承件

3）定位件。如图 3-102 所示，定位件有平键、T 形键、圆形定位销、菱形定位销、圆形定位盘、定位接头、方形定位支承、六菱定位支承座等。定位件主要用于工件的定位及元件之间的定位。图 3-98 中，定位件 3 为菱形定位盘，用作工件的定位；支承件 2 与基础件 1、钻模板之间的平键、合件（端齿分度盘）8 与基础件 1 的 T 形键，均用作元件之间的定位。

4）导向件。如图 3-103 所示，导向件有固定钻套、快换钻套、钻模板（包括左、右偏心钻模板、立式钻模板）等。导向件主要用于确定刀具与夹具的相对位置，并起引导刀具的作用。图 3-98 中，安装在钻模板上的导向件 4 为快换钻套。

5）夹紧件。如图 3-104 所示，夹紧件有弯压板、摇板、U 形压板、叉形压板等。夹紧件主要用于压紧工件，也可用作垫板和挡板。图 3-98 中的夹紧件 5 为 U 形压板。

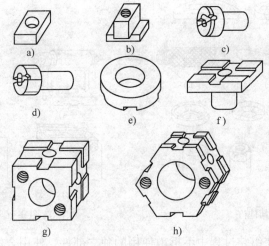

图 3-102　定位件

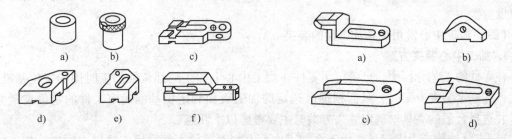

图 3-103　导向件　　　　　　　　　　　图 3-104　夹紧件

6）紧固件。如图 3-105 所示，紧固件有各种螺栓、螺钉、垫圈、螺母等。紧固件主要用于紧固组合夹具中的各种元件及压紧被加工件。由于紧固件在一定程度上影响整个夹具的刚性，所以螺纹件均采用细牙螺纹，可增加各元件之间的联接强度。同时所选用的材料、制造精度及热处理等要求均高于一般标准紧固件。图 3-98 所示的组合夹具中，紧固件 6 为关节螺栓，用来压紧工件，且各元件间均采用槽用方头螺栓、螺钉、螺母、垫圈等紧固件紧固。

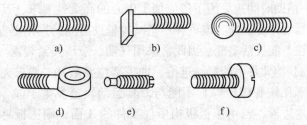

图 3-105　紧固件

7）其他件。如图 3-106 所示，其他件有三爪支承、支承环、手柄、连接板、平衡块等。其他件是指以上 6 类元件之外的各种辅助元件。图 3-98 所示组合夹具中，4 个手柄就属此类元件，用于夹具的搬运。

8）合件。如图 3-107 所示，合件有尾座、可调 V 形块、折合板、回转支架等。合件由

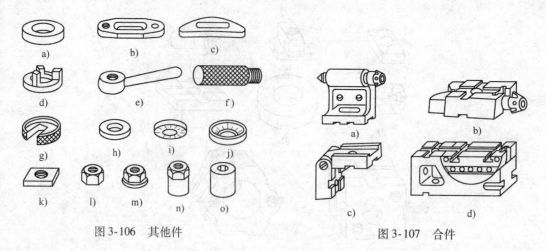

图 3-106　其他件　　　　　　　　　　　图 3-107　合件

若干零件组合而成，是在组装过程中不拆散使用的独立部件。使用合件可以扩大组合夹具的使用范围，加快组装速度，简化组合夹具的结构，减小夹具体积。图 3-98 中的合件 8 为端齿分度盘。

（四）加工中心常用夹具及工件的装夹

1. 加工中心装夹方案

在零件的工艺分析中，已确定了零件在加工中心上加工的部位和加工时用的定位基准，因此，在确定装夹方案时，只需根据已选定的加工表面和定位基准确定工件的定位夹紧方式，并选择合适的夹具。确定装夹方案时主要考虑以下几点。

1）夹具结构应力求简单。由于在加工中心上加工零件大都采用工序集中原则，加工的部位较多，批量较小，零件更换周期短，因此夹具的标准化、通用化和自动化对加工效率的提高及加工费用的降低有很大影响。在选择夹具时要综合考虑各种因素，选择较经济、较合理的夹具。一般夹具的选择原则是在形状简单的单件小批量生产中尽可能采用通用夹具，如自定心卡盘、机用虎钳等；在小批量生产时优先考虑组合夹具，其次考虑可调夹具、成组夹具，只有对批量较大且周期性投产、加工精度要求较高的关键工序才设计专用夹具；当装夹精度要求很高时，可配置工件统一基准定位装夹系统。

2）装卸方便，辅助时间短。为了适应加工中心的高柔性要求，其夹具比普通机床结构更紧凑、简单，夹紧动作更迅速、准确，尽量减少辅助时间，操作更方便、省力、安全，而且要保证足够的刚性，能灵活多变。因此常采用气动、液压夹紧装置。

3）夹紧机构或其他元件不能影响进给，加工部位要敞开。要求夹持工件后夹具上一些组成件（如定位块、压块和螺栓等）不能与刀具运动轨迹发生干涉。如图 3-108 所示，用立铣刀铣削零件的六边形，若用压板机构压住工件的 A 面，则压板易与铣刀发生干涉，若夹压 B 面，就不影响刀具进给。对有些箱体零件可以利用其内部空间来安排夹紧机构，将其加工表面敞开，如图 3-109 所示。当在卧式加工中心上对工件的四周进行加工时，若很难安排夹具的定位和夹紧装置，则可以通过减少加工表面来留出定位夹紧元件的空间。

4）考虑机床主轴与工作台面之间的最小距离和刀具的装夹长度。夹具在机台上的安装位置应确保在主轴的行程范围内并能使工件的加工内容全部完成。自动换刀和交换工作台时不能与夹具或工件发生干涉。

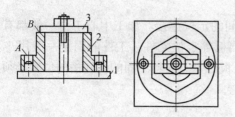 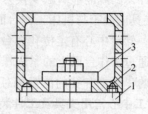

图 3-108　不影响进给的装夹示例
1—定位装置　2—工件　3—夹紧装置

图 3-109　敞开表面的装夹示例
1—定位装置　2—工件　3—夹紧装置

5）多件加工。对小型零件或工序不长的零件，可以在工作台上同时装夹几件进行加工，以提高加工效率。例如，在加工中心工作台上安装一块与工作台大小一样平板，如图 3-110a 所示，该平板既可作为大工件的基础板，也可作为多个小工件的公共基础平板。又如，在卧式加工中心分度工作台上安装一块如图 3-110b 所示的四周都可装夹多个工件的立

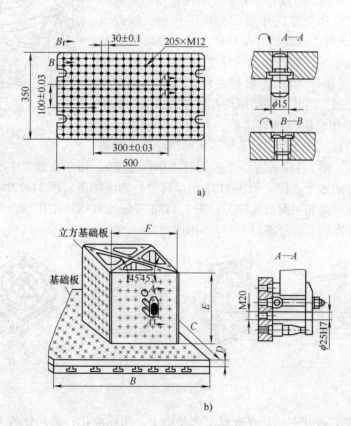

图 3-110　可调整夹具夹具体
a）平板基础板　b）立方基础板

方基础板，可依次加工装夹在各面上的工件。当一面在加工位置进行加工的同时，另三面都可装卸工件，因此能显著减少换刀次数和停机时间。

6）夹具应便于与机床工作台面及工件定位面间的定位连接。加工中心工作一般都有基准 T 形槽，转台中心有定位孔，台面侧面有基准挡板等定位元件。工件的固定一般用 T 形槽螺钉或通过工作台面上的紧固螺孔，用螺栓或压板压紧。夹具上固的孔和槽的位置必须与工作台上的 T 形槽和孔的位置相对应。

2. 加工中心常用夹具及工件装夹

数控加工中心的常用夹具，如机用虎钳、压板、组合夹具系统和万能分度头等，类似床夹具，在前面已作相关讲解，这里仅简单介绍回转工作台、拼装夹具的夹具及工件的装夹。

（1）回转工作台 回转工作台分为分度工作台和数控回转工作台（座），其作用是用于在加工中心上一次装夹工件后顺序加工工件的多个表面，以完成多工位加工。

1）分度工作台。分度工作台只完成分度辅助运动，即按照数控系统的指令，在需要分度时将工作台回转一定角度，以改变工件相对于主轴的位置。分度工作台按其定位不同分为鼠牙盘式和定位销式，其中鼠牙盘式分度工作台的分度角度较细，分度精度较高。图3-111 所示为数控气动立卧鼠牙盘式分度工作台，端齿盘（鼠牙盘）为分度元件，靠气动转位分度，可完成以 5°为基数的整倍垂直（或水平）回转坐标的分度。

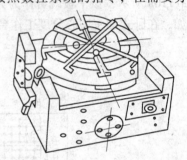

图 3-111　数控气动立卧鼠牙盘式分度工作台

2）数控回转工作台（座）。数控回转工作台（座）与分度工作台十分相似，但其内部结构具有数控进给驱动机构的许多特点，使工作台进行圆周进给，并使工作台进行分度。开环系统中的数控转台由传动系统、间隙消除装置和蜗轮夹紧装置等组成。图 3-112 所示为数控回转工作台（座），用于在加工中心上一次装夹工件后顺序加工工件的多个表面。图 3-112a 所示可进行四面加工；图 3-112b、c 所示可进行圆柱凸轮的空间成形面和平面凸轮加工；图 3-112d 所示为双回转工作台，可用于加工在表面上呈不同角度分布的孔，可进行五个方向的加工。

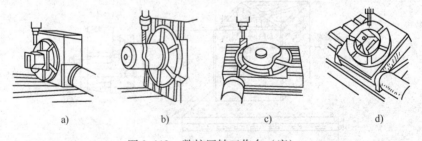

a)　　　　　　　b)　　　　　　　c)　　　　　　　d)

图 3-112　数控回转工作台（座）

（2）拼装夹具 拼装夹具是在成组工艺基础上，用标准化、系列化的夹具零部件拼装而成的夹具。拼装夹具有组合夹具的优点，与组合夹具比较，有更好的精度和刚性、更小的体积和更高的效率，因而较适合柔性加工的要求，常用作数控机床夹具。

拼装夹具与组合夹具之间有许多共同点，都具有方形、矩形和圆形基础件，如图 3-113

所示在基础件表面有网络孔系。两种夹具的不同点是组合夹具的万能性好，标准化程度高；而拼装夹具则为非标准的，一般是为本企业产品工件的加工需要而设计的，产品品种不同或加工方式不同的企业，所使用的模块结构会有较大的差别。

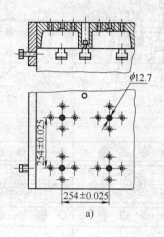

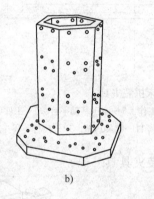
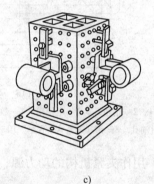

图 3-113　拼装夹具的基础件
a）板式　b）六面体形　c）方形

拼装夹具适用于成批生产的企业。使用模块化夹具可大大减少专用夹具的数量，缩短生产周期，提高企业的经济效益。模块化夹具的设计依赖于对本企业产品结构和加工工艺的深入分析研究，如对产品加工工艺进行典型化分析等。在此基础上，合理确定模块的基本单元，以建立完整的模块功能系统。模块化元件应有较高的强度、刚度和耐磨性，常用20CrMnTi、40Cr 等材料制造。

图 3-114 所示为镗箱体孔的数控机床夹具，需在工件 6 上镗削 A、B、C 3 个孔。工件在液压基础平台 5 及三个定位销 3 上定位；通过基础平台内两个液压缸 8、活塞 9、拉杆 12、压板 13 将工件夹紧；夹具通过安装在基础平台底部的两个连接孔中的定位键 10 在机床 T 形槽中定位，并通过两个螺旋压板 11 固定在机床工作台上。可选基础平台上的定位孔 2 作为夹具的坐标原点，其与数控机床工作台上的定位孔 1 的距离分别为 X_0、Y_0，三个加工孔的坐标尺寸可用机床定位孔 1 作为零点进行计算编程，称为固定零点编程；也可选夹具上的某一定位孔作为零点进行计算编程，称为浮动零点编程。液压基础平台 5 比普通基础平台增

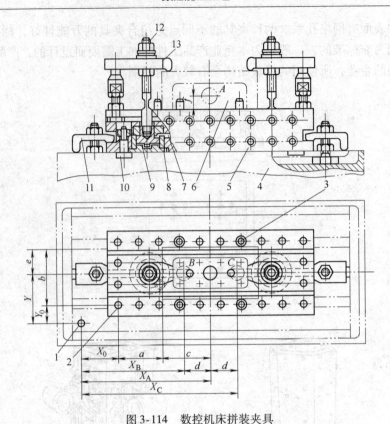

图 3-114　数控机床拼装夹具

1，2—定位孔　3—定位销　4—数控机床工作　5—液压基础平台　6—工件
7—通油孔　8—液压缸　9—活塞　10—定位键　11—螺旋压板　12—拉杆　13—压板

加了两个液压缸，用作夹紧机构的动力源，使拼装夹具具
有高效能。

3. 数控加工系统中交换工件的装置简介

为实现机械制造的自动化，可由两台或两台以上加工
中心组成一个自动化加工系统，实现工件及夹具的自动输
送和工作位置的交换。实现自动输送的主要装置有安放夹
具的托板与支座、自动运输小车、各种工件料架及仓库，
其中安放夹具的托板则是自动输送。图 3-115 所示为工件
及夹具装在托板上的示意图。工件的输送及其在机床上的
夹紧都是通过托板来实现的。

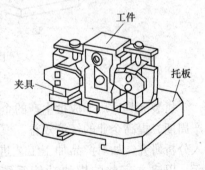

图 3-115　装在托板上的工件及夹具

【任务实施】

1. 薄壁工件加工分析

1）如图 3-65 所示，因工件壁薄，在夹紧力的作用下容易产生变形，从而影响工件的尺
寸精度和形状精度。当采用如图 3-116a 所示的方式夹紧工件加工内孔时，在夹紧力的作用
下，会略微变成三边形，但车孔后得到的是一个圆柱孔。当松开卡爪，取下工件后，由于弹
性回复，外圆回复成圆柱形，而内孔则变成图 3-116b 所示的弧形三边形。若用小径千分尺

测量，各个方向直径 D 相等，但已不是内圆柱面了，这种变形称为等直径变形。

2）因工件较薄，切削热会引起工件热变形，从而使工件尺寸难以控制。对于线膨胀系数较大的金属薄壁工件，如果在一次安装中连续完成半精车和精车，由切削热引起工件的热变形，会对其尺寸精度产生极大影响，有时甚至会使工件卡死在夹具上。

3）在切削力（特别是径向切削力）的作用下，容易产生振动和变形，影响工件的尺寸精度、几何公差及表面粗糙度。

2. 装夹方法及其夹具选择

为了防止和减少薄壁工件变形，采用以下装夹方法及夹具。

1）增加装夹接触面。采用如图 3-117 所示的开缝套筒或一些特制的软卡爪，使装夹接触面增大，让夹紧力均布在工件上，使工件夹紧时不易产生变形。

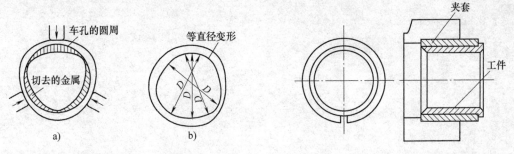

图 3-116　薄壁工件的夹紧变形　　　　　图 3-117　增加装夹接触面

2）采用轴向夹紧夹具。车薄壁工件时，尽量不使用如图 3-118a 所示的径向夹紧，而优先选用如图 3-118b 所示的轴向夹紧。图 3-118b 中，工件靠轴向夹紧套（螺纹套）的端面实现轴向夹紧，由于夹紧力 F 沿工件轴向分布，而工件轴向刚度大，不易产生夹紧变形。

3）增加工艺肋。有些薄壁工件在其装夹部位特制几根工艺肋，如图 3-119 所示。以增强此处刚性，使夹紧力作用在工艺肋上，以减少工件的变形，加工完毕后，再去掉工艺肋。

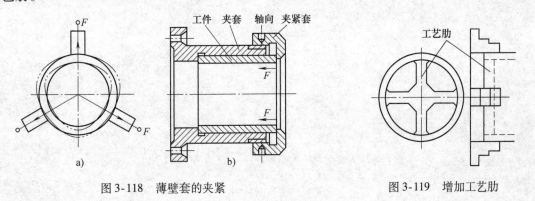

图 3-118　薄壁套的夹紧　　　　　图 3-119　增加工艺肋

【思考与练习题】

1. 什么是设计基准、定位基准和工序基准？举例说明。

2. 什么是工序、工步、工位和走刀？划分它们的依据是什么？

3. 粗基准选择原则是什么？举例说明。

4. 精基准选择原则是什么？举例说明。

5. 机床夹具通常由哪些部分组成的？各部分功能是什么？

6. 数控车床常有的夹具有哪些？它们各适合于哪些场合？

7. 数控铣床常有的夹具有哪些？它们各适合于哪些场合？

8. 加工中心常有的夹具有哪些？它们各适合于哪些场合？

学习情境四　典型零件数控车削加工工艺分析

项目一　轴类零件加工工艺的编制

【工作任务】

本项目完成如图 4-1 所示典型轴类零件，零件材料为 45 钢，毛坯选 $\phi60mm$ 棒料，无热处理和硬度要求，试对该零件进行数控车削工艺分析。

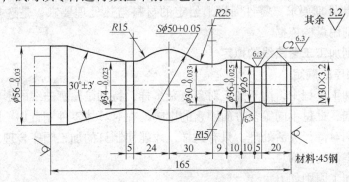

图 4-1　典型轴类零件图

【能力目标】

1. 会拟定轴类零件的数控车削加工路线。
2. 会选择轴类零件的数控车削加工刀具。
3. 会选择轴类零件的数控车削加工夹具，确定装夹方案。
4. 会按照轴类零件的数控车削加工工艺选择合适的切削用量与机床。
5. 会编制轴类零件的数控车削加工工艺文件。

【相关知识准备】

一、零件图的工艺分析

在设计零件的加工工艺规程时，首先要对加工对象进行深入分析。对于数控车削加工应考虑以下几方面。

（1）构成零件轮廓的几何条件　在车削加工中手工编程时，要计算每个节点坐标；在自动编程时，要对构成零件轮廓所有几何元素进行定义。因此在分析零件图时应注意：

1）零件图上是否漏掉某尺寸，使其几何条件不充分，影响到零件轮廓的构成。

2）零件图上的图线位置是否模糊或尺寸标注不清，使编程无法下手。

3）零件图上给定的几何条件是否不合理，造成数学处理困难。

4）零件图上尺寸标注方法应适应数控车床加工的特点，应以同一基准标注尺寸或直接给出坐标尺寸。

（2）尺寸精度要求　分析零件图样尺寸精度的要求，以判断能否利用车削工艺达到，并确定控制尺寸精度的工艺方法。

在该项分析过程中，还可以同时进行一些尺寸的换算，如增量尺寸与绝对尺寸及尺寸链计算等。在利用数控车床车削零件时，常常对零件要求的尺寸取上、下极限尺寸的平均值作为编程的尺寸依据。

（3）几何公差要求　零件图样上给定的几何公差是保证零件精度的重要依据。加工时，要按照其要求确定零件的定位基准和测量基准，还可以根据数控车床的特殊需要进行一些技术性处理，以便有效地控制零件的几何公差。

（4）表面粗糙度要求　表面粗糙度是保证零件表面微观精度的重要要求，也是合理选择数控车床、刀具及确定切削用量的依据。

（5）材料与热处理要求　零件图样上给定的材料与热处理要求，是选择刀具、数控车床型号、确定切削用量的依据。

二、数控车削加工工艺路线的拟定

（一）加工顺序的确定

在数控机床加工过程中，由于加工对象复杂多样，特别是轮廓曲线的形状及位置千变万化，加上材料不同、批量不同等多方面因素的影响，在对具体零件制订加工顺序时，应该进行具体分析和区别对待，灵活处理。只有这样，才能使制订的加工顺序合理，从而达到质量优、效率高和成本低的目的。

数控车削的加工原则如下。

（1）先粗后精　为了提高生产效率并保证零件的精加工质量，在切削加工时，应先安排粗加工工序，在较短的时间内，将精加工前大量的加工余量（如图4-2所示中的虚线内所示部分）去掉，同时尽量满足精加工的余量均匀性要求。

当粗加工工序安排完后，应接着安排换刀后进行的半精加工和精加工。其中，安排半精加工的目的是：当粗加工后所留余量的均匀性满足不了精加工要求时，则可安排半精加工作为过渡性工序，以便使精加工余量小而均匀。

在安排可以一刀或多刀进行的精加工工序时，其零件的最终轮廓应由最后一刀连续加工而成。这时，加工刀具的进退刀位置要考虑妥当，尽量不要在连续的轮廓中安排切入和切出或换刀及停顿，以免因切削力突然变化而造成弹性变形，致使光滑连接轮廓上产生表面划伤、形状突变或滞留刀痕等缺陷。

（2）先近后远加工，减少空行程时间　这里所说的远与近，是按加工部位相对于对刀点的距离大小而言的。在一般情况下，特别是在粗加工时，通常安排离对刀点近的部位先加工，离对刀点远的部位后加工，以便缩短刀具移动距离，减少空行程时间。对于车削加工，先近后远有利于保持毛坯件或半成品件的刚性，改善其切削条件。

例如，当加工图4-3所示零件时，如果按 $\phi38mm \rightarrow \phi36mm \rightarrow \phi34mm$ 的次序安排车削，不仅会增加刀具返回对刀点所需的空行程时间，而且还可能使台阶的外直角处产生毛刺（飞边）。对这类直径相差不大的台阶轴，当第一刀的切削深度（图4-3中最大切削深度可为3mm左右）未超限时，宜按 $\phi34mm \rightarrow \phi36mm \rightarrow \phi38mm$ 的次序先近后远地安排车削。

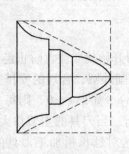

图 4-2 先粗后精示例

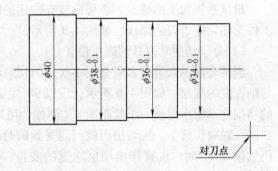

图 4-3 先近后远示例

（3）内外交叉 对既有内表面（内型腔），又有外表面需加工的零件，安排加工顺序时，应先进行内外表面粗加工，后进行内外表面精加工。切不可将零件上一部分表面（外表面或内表面）加工完毕后，再加工其他表面（内表面或外表面）。

（4）基面先行原则 用作精基准的表面应优先加工出来，因为定位基准的表面越精确，装夹误差就越小。例如，轴类零件加工时，总是先加工中心孔，再以中心孔为精基准加工外圆表面和端面。

上述原则并不是一成不变的，对于某些特殊情况，则需要采取灵活可变的方案。

（二）加工进给路线的确定

进给路线是刀具在整个加工工序中相对于工件的运动轨迹。它不但包括了工步的内容，而且也反映出工步的顺序。进给路线也是编程的依据之一。

加工路线的确定首先必须保持被加工零件的尺寸精度和表面质量，其次考虑数值计算简单、走刀路线尽量短、效率较高等。因精加工的进给路线基本上都是沿其零件轮廓顺序进行的，因此确定进给路线的工作重点是确定粗加工及空行程的进给路线。具体分析如下。

（1）加工路线与加工余量的关系 在数控车床还未达到普及使用的条件下，一般应把毛坯件上过多的余量，特别是含有锻、铸硬皮层的余量安排在普通车床上加工。如必须用数控车床加工时，则要注意程序的灵活安排。安排一些子程序对余量过多的部位先作一定的切削加工。

1）对大余量毛坯进行阶梯切削时的加工路线。

图 4-4 所示为车削大余量工件的两种加工路线，图 4-4a 是错误的阶梯切削路线，图 4-4b 所示为按 1→5 的顺序切削，每次切削所留余量相等，是正确的阶梯切削路线。因为在同样背吃刀量的条件下，按图 4-4a 方式加工所剩的余量过多。

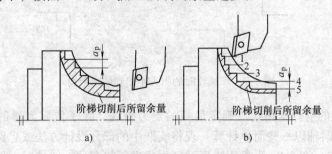

图 4-4 车削大余量毛坯的阶梯路线

根据数控加工的特点，还可以放弃常用的阶梯车削法，改用依次从轴向和径向进刀，顺工件毛坯轮廓走刀的路线，如图4-5所示。

2）分层切削时刀具的终止位置。

当某表面的余量较多需分层多次走刀切削时，从第二刀开始就要注意防止走刀到终点时切削深度的猛增。如图4-6所示，设以90°主偏角刀分层车削外圆，合理的安排应是每一刀的切削终点依次提前一小段距离 e（例如，可取 $e=0.05\mathrm{mm}$）。如果 $e=0$，则每一刀都终止在同一轴向位置上，主切削刃就可能受到瞬时的重负荷冲击。当刀具的主偏角大于90°，但仍然接近90°时，也宜作出层层递退的安排，经验表明，这对延长粗加工刀具的寿命是有利的。

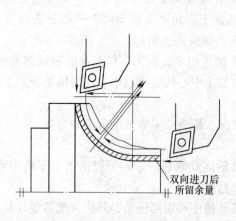

图4-5　双向进刀走刀路线图

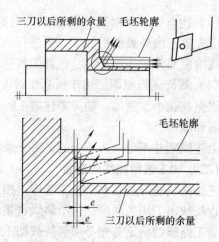

图4-6　分层切削时刀具的终止位置

（2）刀具的切入、切出　在数控机床上进行加工时，要安排好刀具的切入、切出路线，尽量使刀具沿轮廓的切线方向切入、切出。

尤其是车螺纹时，必须设置升速段 δ_1 和降速段 δ_2，如图4-7所示，这样可避免因车刀升降而影响螺距的稳定。

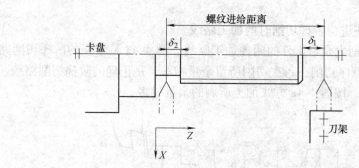

图4-7　车螺纹时的引入距离和超越距离

（3）确定最短的空行程路线　确定最短的走刀路线，除了依靠大量的实践经验外，还应善于分析，必要时辅以一些简单计算。现将实践中的部分设计方法或思路介绍如下。

1）巧用对刀点。图4-8a为采用矩形循环方式进行粗车的一般情况示例。其起刀点 A 的设定是考虑到精车等加工过程中需方便地换刀，故设置在离坯料较远的位置处，同时将起刀

点与其对刀点重合在一起，按三刀粗车的走刀路线安排为

第一刀为　　$A \rightarrow B \rightarrow C \rightarrow D \rightarrow A$；

第二刀为　　$A \rightarrow E \rightarrow F \rightarrow G \rightarrow A$；

第三刀为　　$A \rightarrow H \rightarrow I \rightarrow J \rightarrow A$。

图 4-8b 则是巧将起刀点与对刀点分离，并设于 B 点位置，仍按相同的切削用量进行三刀粗车，其走刀路线安排为

起刀点与对刀点分离的空行程为 $A \rightarrow B$；

第一刀为　　$B \rightarrow C \rightarrow D \rightarrow E \rightarrow B$；

第二刀为　　$B \rightarrow F \rightarrow G \rightarrow H \rightarrow B$；

第三刀为　　$B \rightarrow I \rightarrow J \rightarrow K \rightarrow B$。

显然，图 4-8b 所示的走刀路线短。

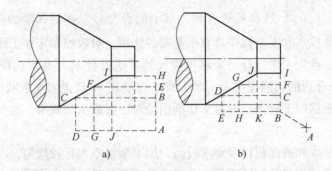

图 4-8　巧用起刀点

2）巧设换刀点。为了考虑换（转）刀的方便和安全，有时将换（转）刀点也设置在离坯件较远的位置处（如图 4-8 中 A 点），那么，当换第二把刀后，进行精车时的空行程路线必然也较长；如果将第二把刀的换刀点也设置在图 4-8b 中的 B 点位置上，则可缩短空行程距离。

3）合理安排"回零"路线。在手工编制较复杂轮廓的加工程序时，为使其计算过程尽量简化，既不易出错，又便于校核，编程者（特别是初学者）有时将每一刀加工完后的刀具终点通过执行"回零"（即返回对刀点）指令，使其全都返回到对刀点位置，然后再进行后续程序。这样会增加走刀路线的距离，从而大大降低生产效率。因此，在合理安排"回零"路线时，应使其前一刀终点与后一刀起点间的距离尽量减短，或者为零，即可满足走刀路线为最短的要求。

（4）确定最短的切削进给路线　切削进给路线短，可有效地提高生产效率，降低刀具损耗等。在安排粗加工或半精加工的切削进给路线时，应同时兼顾到被加工零件的刚性及加工的工艺性等要求，不要顾此失彼。

图 4-9 所示为粗车工件时几种不同切削进给路线的安排示例。其中，图 4-9a 表示利用数控系统具有的封闭式复合循环功能而控制车刀沿着工件轮廓进行的走刀路线；图 4-9b 为利用其程序循环功能安排的"三角形"走刀路线；图 4-9c 为利用其矩形循环功能而安排的"矩形"走刀路线。

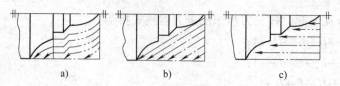

图 4-9　走刀路线示例

a）沿工件轮廓走刀　b）"三角形"走刀　c）"矩形"走刀

对以上三种切削进给路线，经分析和判断后可知矩形循环进给路线的走刀长度总和为最短。因此，在同等条件下，其切削所需时间（不含空行程）为最短，刀具的损耗小。另外，矩形循环加工的程序段格式较简单，所以这种进给路线的安排，在制订加工方案时应用较多。

三、切削用量的选择

切削用量（a_p、f、v_c）选择是否合理，对于能否充分发挥机床潜力与刀具切削性能，实现优质、高产、低成本和安全操作具有很重要的作用。对数控车床加工而言，切削用量的选择原则：粗车时，首先考虑选择一个尽可能大的背吃刀量 a_p，其次选择一个较大的进给量 f，最后确定一个合适的切削速度 v_c。增大背吃刀量 a_p 可使走刀次数减少，增大进给量 f 有利于断屑，因此根据以上原则选择粗车切削用量对于提高生产效率，减少刀具消耗，降低加工成本是有利的。

精车时，加工精度和表面粗糙度要求较高，加工余量不大且较均匀，因此选择精车切削用量时，应着重考虑如何保证加工质量，并在此基础上尽量提高生产率。因此精车时应选用较小（但不太小）的背吃刀量 a_p 和进给量 f，并选用切削性能高的刀具材料和合理的几何参数，以尽可能提高切削速度 v_c。

（1）背吃刀量的确定　在工艺系统刚度和机床功率允许的情况下，尽可能选取较大的背吃刀量 a_p，以减少进给次数。当零件精度要求较高时，则应考虑留出精车余量，其所留的精车余量一般比普通车削时所留余量小，常取 0.1 ~ 0.5mm。

（2）进给量的确定　进给量 f（有些数控机床用进给速度 v_f）的选取应该与背吃刀量和主轴转速相适应。在保证工件加工质量的前提下，可以选择较高的进给速度（2000mm/min以下）。在切断、车削深孔或精车时，应选择较低的进给速度。当刀具空行程特别是远距离"回零"时，可以设定尽量高的进给速度。粗车时，一般取 $f = 0.3 ~ 0.8mm/r$，精车时常取 $f = 0.1 ~ 0.3mm/r$，切断时 $f = 0.05 ~ 0.2mm/r$。

（3）主轴转速的确定

1）光车外圆时主轴转速。光车外圆时主轴转速应根据零件上被加工部位的直径，并按零件和刀具材料以及材料的加工性等条件所允许的切削速度来确定。

切削速度除了计算和查表选取外，还可以根据实践经验确定。需要注意的是，交流变频调速的数控车床低速输出力矩小，因而切削速度不能太低。

切削速度确定后，用公式 $n = 1000v_c/\pi d$ 计算主轴转速 n（r/min）。表 4-1 为硬质合金外圆车刀切削速度的参考值。确定加工时的切削速度，除了可参考表 4-1 列出的数值外，主要根据实践经验进行确定。

表 4-1　硬质合金外圆车刀切削速度的参考值

工件材料	热处理状态	a_p/mm		
		(0.3, 2]	(2, 6]	(6, 10]
		f/ mm·r^{-1}		
		(0.08, 0.3]	(0.3, 0.6]	(0.6, 1)
		v_c/m·min^{-1}		
低碳钢、易切钢	热轧	140~180	100~120	70~90
中碳钢	热轧	130~160	90~110	60~80
	调质	100~130	70~90	50~70
合金结构钢	热轧	100~130	70~90	60~70
	调质	80~110	50~70	40~60
工具钢	退火	90~120	60~80	50~70
灰铸铁	<190HBW	90~120	60~80	50~70
	190~225HBW	80~110	50~70	40~60
高锰钢			10~20	
铜及铜合金		200~250	120~180	90~120
铝及铝合金		300~600	200~400	150~200
铸铝合金（wSi=13%）		100~180	80~150	60~100

注：切削钢及灰铸铁时刀具寿命约为60min。

2）车螺纹时主轴的转速。在车削螺纹时，车床的主轴转速将受到螺纹的螺距 P（或导程）大小，驱动电动机的升降频特性，以及螺纹插补运算速度等多种因素影响，故对于不同的数控系统，推荐不同的主轴转速选择范围。大多数经济型数控车床推荐车螺纹时的主轴转速 n(r/min) 为

$$n \le (1200/P) - k \tag{4-1}$$

式中　P——被加工螺纹螺距，单位为 mm；

　　　k——保险系数，一般取为80。

此外，在安排粗、精车削用量时，应注意机床说明书给定的允许切削用量范围，对于主轴采用交流变频调速的数控车床，由于主轴在低转速时转矩降低，尤其应注意此时的切削用量选择。

【任务实施】

（1）零件图的工艺分析　该零件表面由圆柱、圆锥、顺圆弧、逆圆弧及螺纹等表面组成。其中多个直径尺寸有较严的尺寸精度和表面粗糙度等要求；球面 $S\phi$50mm 的尺寸公差还兼有控制该球面形状（线轮廓）误差的作用。尺寸标注完整，轮廓描述清楚。零件材料为45钢，无热处理和硬度要求。

通过上述分析，可采用以下几点工艺措施。

1）对图样上给定的几个精度要求较高的尺寸，因其公差数值较小，故编程时不必取平均值，而全部取其公称尺寸即可。

2）在轮廓曲线上，有三处为圆弧，其中两处为既过象限又改变进给方向的轮廓曲线，因此在加工时应进行机械间隙补偿，以保证轮廓曲线的准确性。

3）为便于装夹，坯件左端应预先车出夹持部分（图4-1中双点画线部分），右端面也应先粗车出并钻好中心孔。毛坯选 $\phi 60mm$ 棒料。

（2）选择设备　根据被加工零件的外形和材料等条件，选用CKA6140数控车床。

（3）确定零件的定位基准和装夹方式

1）定位基准。确定坯料轴线和左端大端面（设计基准）为定位基准。

2）装夹方法。左端采用自定心卡盘定心夹紧，右端采用回转顶尖支承的装夹方式。

（4）确定加工顺序及进给路线　加工顺序按由粗到精，由近到远（由右到左）的原则确定。即先从右到左进行粗车（留0.25mm精车余量），然后从右到左进行精车，最后车削螺纹。

CKA6140数控车床具有粗车循环和车螺纹循环功能，只要正确使用编程指令，机床数控系统就会自动确定其进给路线，因此，该零件的粗车循环和车螺纹循环不需要人为确定其进给路线（但精车的进给路线需要人为确定）。该零件从右到左沿零件表面轮廓精车进给，如图4-10所示。

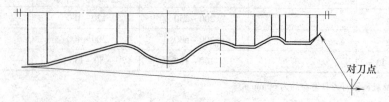

图4-10　精车轮廓进给路线

（5）刀具选择

1）选用 $\phi 5mm$ 中心钻钻削中心孔。

2）粗车及平端面选用硬质合金90°右偏刀，为防止副后刀面与工件轮廓干涉（可用作图法检验），副偏角不宜太小，选 $\kappa_r' = 35°$。

3）精车选用硬质合金90°右偏刀，车螺纹选用硬质合金60°外螺纹车刀，刀尖圆弧半径应小于轮廓最小圆角半径，取 $r_\varepsilon = 0.15 \sim 0.2mm$。

将选定的刀具参数填入数控加工刀具卡片中（表4-2），以便编程和操作管理。

表4-2　数控加工刀具卡片

产品名称或代号		×××		零件名称	典型轴	零件图号	×××
序号	刀具号	刀具规格名称		数量	加工表面		备注
1	T01	$\phi 5mm$ 中心钻		1	钻 $\phi 5mm$ 中心孔		
2	T02	硬质合金90°外圆车刀		1	车端面及粗车轮廓		右偏刀
3	T03	硬质合金90°外圆车刀		1	精车轮廓		右偏刀
4	T04	硬质合金60°外螺纹车刀		1	车螺纹		
编制		×××	审核	×××	批准	×××	共　页　第　页

（6）切削用量选择

1）背吃刀量的选择。轮廓粗车循环时选 $a_p = 3mm$，精车时选 $a_p = 0.25mm$；螺纹粗车时选 $a_p = 0.4mm$，逐刀减少，精车时选 $a_p = 0.1mm$。

2）主轴转速的选择。车直线和圆弧时，查表 1-7 选粗车切削速度 $v_c = 90m/min$、精车切削速度 $v_c = 120m/min$，然后利用公式 $v_c = \pi dn/1000$，计算主轴转速 n（粗车直径 $D = 60mm$，精车工件直径取平均值）：粗车时取 500r/min，精车时取 1200r/min。车螺纹时，参照式（4-1）计算主轴转速 $n = 320r/min$。

3）进给速度的选择。查表 1-3、表 1-4 选择粗车、精车每转进给量，再根据加工的实际情况确定粗车每转进给量为 0.4mm/r，精车每转进给量为 0.15mm/r，最后根据公式 $v_f = nf$ 计算粗车、精车进给速度分别为 200mm/min 和 180mm/min。

（7）填写数控加工工艺文件　综合前面分析的各项内容，并将其填入表 4-3 所示的数控加工工艺卡片。此表是编制加工程序的主要依据和操作人员配合数控程序进行数控加工的指导性文件。主要内容包括：工步顺序、工步内容、各工步所用的刀具及切削用量等。

表 4-3　典型轴类零件数控加工工艺卡片

单位名称	×××	产品名称或代号		零件名称		零件图号	
		×××		典型轴		×××	
工序号	程序编号	夹具名称		使用设备		车间	
001	×××	自定心卡盘和回转顶尖		CKA6140 数控车床		数控中心	
工步号	工步内容	刀具号	刀具规格/mm	主轴转速/$r \cdot min^{-1}$	进给速度/$mm \cdot min^{-1}$	背吃刀量/mm	备注
1	平端面	T02	25×25	500			手动
2	钻中心孔	T01	$\phi5$	950			手动
3	粗车轮廓	T02	25×25	500	200	3	自动
4	精车轮廓	T03	25×25	1200	180	0.25	自动
5	粗车螺纹	T04	25×25	320	960	0.4	自动
6	精车螺纹	T04	25×25	320	960	0.1	自动
编制	×××	审核 ×××	批准 ×××	年　月　日		共　页	第　页

【思考与练习题】

1. 简述零件数控车削零件图样工艺分析的内容。

2. 简答适合数控铣削加工的零件和加工工序的顺序安排原则。

3. 数控车削加工路线是如何确定的？

4. 数控车削时，切削用量如何选择？

5. 编制如图 4-11 所示数控车削加工工艺文件，其中毛坯尺寸为 $\phi44\text{mm} \times 124\text{mm}$，材料为 45 钢。

6. 编制如图 4-12 所示数控车削加工工艺文件，其中该零件材料为 2A12，毛坯尺寸为 $\phi25\text{mm} \times 95\text{mm}$，无热处理和硬度要求。

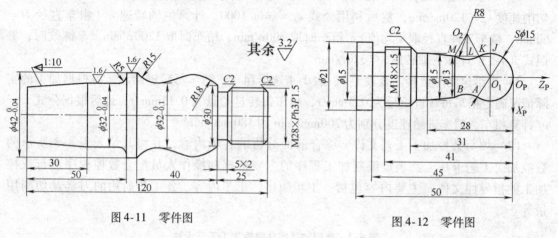

图 4-11　零件图　　　　　　　　　图 4-12　零件图

项目二　轴套类零件加工工艺的编制

【工作任务】

本项目完成如图 4-13 所示典型轴套类零件，该零件材料为 45 钢，无热处理和硬度要求，试对该零件进行数控车削工艺分析（单件小批量生产）。

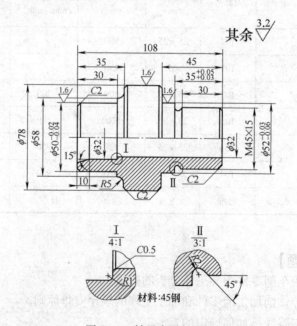

图 4-13　轴承套零件图

【能力目标】

1. 会对套类零件图进行数控车削加工工艺分析。
2. 会拟定套类零件数控车削加工工艺。
3. 会编制数套类零件的数控加工工艺文件。

【相关知识准备】

（1）零件图的工艺分析　该零件表面由内外圆柱面、内圆锥面、顺圆弧、逆圆弧及外螺纹等表面组成，其中多个直径尺寸与轴向尺寸有较高的尺寸精度和表面粗糙度要求。零件图尺寸标注完整，符合数控加工尺寸标注要求；轮廓描述清楚完整；零件材料为 45 钢，加工切削性能较好，无热处理和硬度要求。

通过上述分析，采用以下几点工艺措施。

1）对图样上带公差的尺寸，因公差值较小，故编程时不必取平均值，而取公称尺寸即可。

2）左右端面均为多个尺寸的设计基准，相应工序加工前，应该先将左、右端面车削出来。

3）内孔尺寸较小，镗削 1∶20 锥孔、镗削 ϕ32mm 孔及 15° 锥面时需掉头装夹。

（2）选择设备　根据被加工零件的外形和材料等条件，选用 CJK6240 数控车床。

（3）确定零件的定位基准和装夹方式

1）内孔加工。定位基准：内孔加工时以外圆定位；装夹方式：用自定心卡盘夹紧。

2）外轮廓加工。定位基准：确定零件轴线为定位基准；装夹方式：加工外轮廓时，为保证一次安装加工出全部外轮廓，需要设一圆锥心轴装置如图 4-14 所示的双点画线部分，用自定心卡盘夹持心轴左端，心轴右端留有中心孔并用尾座顶尖顶紧以提高工艺系统的刚性。

（4）确定加工顺序和进给路线　加工顺序的确定按由内到外、由粗到精、由近到远的原则确定，在一次装夹中尽可能加工出较多的工件表面。结合本零件的结构特征，可先加工内孔各表面，然后加工外轮廓表面。由于该零件为单件小批量生产，走刀路线设计不必考虑最短进给路线或最短空行程路线，外轮廓表面车削走刀路线可沿零件轮廓顺序进行，如图4-15 所示。

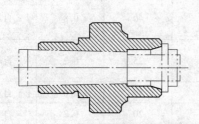

图 4-14　外轮廓车削装夹方案

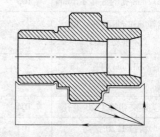

图 4-15　外轮廓加工走刀路线

（5）刀具选择　将选定的刀具参数填入表 4-4 轴承套数控加工刀具卡片中，以便于编程和操作管理。注意：车削外轮廓时，为防止副后刀面与工件表面发生干涉，应选择较大的副偏角，必要时可作图检验。本例中选 $\kappa_r' = 55°$。

表 4-4　轴承套数控加工刀具卡片

产品名称或代号		×××	零件名称	轴承套	零件图号	×××
序号	刀具号	刀具规格名称	数量	加工表面		备注
1	T01	硬质合金45°端面车刀	1	车端面		
2	T02	ϕ5mm 中心钻	1	钻ϕ5mm 中心孔		
3	T03	ϕ26mm 钻头	1	钻底孔		
4	T04	镗刀	1	镗内孔各表面		
5	T05	93°右手偏刀	1	从右至左车外表面		
6	T06	93°左手偏刀	1	从左至右车外表面		
7	T07	60°外螺纹车刀	1	车 M45 螺纹		
编制	×××	审核	×××	批准	×××	年 月 日 共 页 第 页

（6）切削用量选择　根据被加工表面质量要求、刀具材料和工件材料，参考切削用量手册或有关资料选取切削速度与每转进给量，然后利用公式 $v_c = \pi dn/1000$ 和 $v_f = nf$，计算主轴转速与进给速度（计算过程略），计算结果填入表4-5工序卡中。

背吃刀量的选择因粗、精加工而有所不同。粗加工时，在工艺系统刚性和机床功率允许的情况下，尽可能取较大的背吃刀量，以减少进给次数；精加工时，为保证零件表面粗糙度要求，背吃刀量一般取 0.1 ~ 0.4mm 较为合适。

（7）填写数控加工工艺文件　将前面分析的各项内容综合成表4-5所示的数控加工工艺卡片。

表 4-5　轴承套数控加工工艺卡片

单位名称	×××	产品名称或代号		零件名称		零件图号	
		×××		轴承套		×××	
工序号	程序编	夹具名称		使用设备		车间	
001	×××	自定心卡盘和自制心轴		CJK6240 数控车床		数控中心	
工步号	工步内容	刀具号	刀具、刀柄规格/mm	主轴转速/r·min^{-1}	进给速度/mm·min^{-1}	背吃刀量/mm	备注
1	平端面	T01	25×25	320		1	手动
2	钻ϕ5mm中心孔	T02	ϕ5	950		2.5	手动
3	钻ϕ32mm孔的底孔ϕ26mm	T03	ϕ26	200		13	手动
4	粗镗ϕ32mm内孔、15°斜面及C0.5	T04	20×20	320	40	0.8	自动
5	精镗ϕ32mm内孔、15°斜面及C0.5	T04	20×20	400	25	0.2	自动
6	掉头装夹粗镗1:20锥孔	T04	20×20	320	40	0.8	自动
7	精镗1:20锥孔	T04	20×20	400	20	0.2	自动
8	心轴装夹从右至左粗车外轮廓	T05	25×25	320	40	1	自动
9	从左至右粗车外轮廓	T06	25×25	320	40	1	自动
10	从右至左精车外轮廓	T05	25×25	400	20	0.1	自动

（续）

单位名称	×××		产品名称或代号		零件名称		零件图号	
			×××		轴承套		×××	
工序号	程序编		夹具名称		使用设备		车间	
001	×××		自定心卡盘和自制心轴		CJK6240 数控车床		数控中心	
工步号	工步内容		刀具号	刀具、刀柄规格/mm	主轴转速/r·min⁻¹	进给速度/mm·min⁻¹	背吃刀量/mm	备注
11	从左至右精车外轮廓		T06	25×25	400	20	0.1	自动
12	卸心轴，改为自定心卡盘装夹，粗车 M45 螺纹		T07	25×25	320	1.5mm/r	0.4	自动
13	精车 M45 螺纹		T07	25×25	320	1.5mm/r	0.1	自动
编制	×××	审核 ×××	批准 ×××		年　月　日		共　页	第　页

主轴转速 /r·min⁻¹, 进给速度 /mm·min⁻¹, 背吃刀量 /mm

【思考与练习题】

1. 简述轴套类零件的数控车削加工工艺分析过程。

2. 如图 4-16 所示锥孔螺母套零件图，其中毛坯为 $\phi72mm$ 棒料，材料为 45 钢，试按照中批量生产编制数控加工工艺文件。

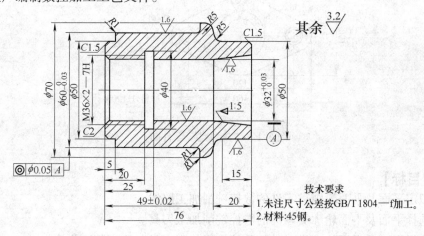

图 4-16　锥孔螺母套零件图

学习情境五　典型零件数控铣削加工工艺分析

项目一　"法兰盘"零件加工工艺的编制

【工作任务】

本项目完成如图 5-1 所示"法兰盘"零件的数控铣削加工工艺的分析与编制。材料为 HT200 铸铁，毛坯尺寸为 170mm×110mm×50mm。

说明：在实际生产中，一般不选用长方块料作为这种零件的毛坯，而是采用余量较少的铸件，本例选择长方块料作为毛坯，目的是为了让操作者更多地练习。

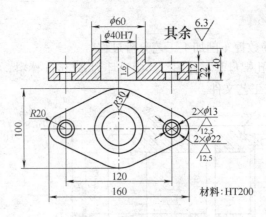

图 5-1　"法兰盘"零件图

【能力目标】

1. 会拟定平面及平面轮廓类零件的数控铣削加工路线。
2. 会选择平面及平面轮廓类零件的数控铣削加工刀具。
3. 会选择平面及平面轮廓类零件的数控铣削加工夹具，确定装夹方案。
4. 会按照平面及平面轮廓类零件的数控铣削加工工艺选择合适的切削用量与机床。
5. 会编制平面及平面轮廓类零件的数控铣削加工工艺文件。

【相关知识准备】

一、零件图的工艺分析

数控铣削零件图样工艺分析包括分析零件图样技术要求、检查零件图的完整性和正确性、零件的结构工艺性分析和零件毛坯的工艺性分析。

（一）分析零件图技术要求

分析铣削零件图技术要求时，主要考虑如下方面。

1）各加工表面的尺寸精度要求。

2）各加工表面的几何形状精度要求。

3）各加工表面之间的相互位置精度要求。

4）各加工表面粗糙度要求以及表面质量方面的其他要求。

5）热处理要求及其他要求。

（二）检查零件图的完整性和正确性

数控铣削加工程序是以准确的坐标点来编制的，因此，各图形几何要素间的相互关系（如相切、相交、垂直、平行和同心等）应明确；各种几何要素的条件要充分，应无引起矛盾的多余尺寸或影响工序安排的封闭尺寸；尺寸、公差和技术要求是否标注齐全等。例如，在实际加工中常常会遇到图样中缺少尺寸，给出的几何要素的相互关系不够明确，使编程计算无法完成，或者虽然给出了几何要素的相互关系，但同时又给出了引起矛盾的相关尺寸，同样给数控编程计算带来困难。另外，要特别注意零件图样各方向尺寸是否有统一的设计基准，以便简化编程，保证零件的加工精度要求。

（三）零件的结构工艺性分析

零件的结构工艺性，是指设计的零件在满足使用要求的前提下制造的可行性和经济性。良好的结构工艺性，可以使零件加工容易，节省工时和材料，而较差的零件结构工艺性，会使加工困难，浪费工时和材料，有时甚至无法加工。因此，零件各加工部位的结构工艺性应符合数控加工的特点。

（1）零件图样上的尺寸标注应方便编程　在分析零件图时，除了考虑尺寸数据是否遗漏或重复，尺寸标注是否模糊不清和尺寸是否封闭等因素外。还应该分析零件图的尺寸标注方法是否便于编程。无论是用绝对、增量、还是混合方式编程，都希望零件结构的形位尺寸从同一基准出发标注尺寸或直接给出坐标尺寸。这种标注方法，不仅便于编程，而且便于尺寸之间的相互协调，并便于保持设计、制造及检测基准与编程原点设置的一致性。不从同一基准出发标注的分散类尺寸，可以考虑通过编程时的坐标系变换的方法，或通过工艺尺寸链解算的方法变换为统一基准的工艺尺寸。此外，还有一些封闭尺寸，如图5-2所示。为了同时保证这三个孔间距的公差，直接按名义尺寸编程是不行的，在编程时必须通过尺寸链的计算，对原孔位尺寸进行适当的调整，保证加工后的孔距尺寸符合公差要求。实际生产中有许多与此相类似的情况，编程时一定要引起注意。

（2）分析零件的变形情况，保证获得要求的加工精度　检查零件加工结构的质量要求，如尺寸加工精度、几何公差及表面粗糙度在现有的加工条件下是否可以得到保证，是否还有更经济的加工方法或方案。虽然数控铣床的

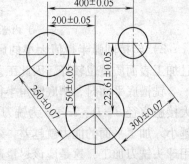

图5-2　封闭尺寸零件加工要求

加工精度高，但对一些过薄的底板和筋板零件应认真分析其结构特点。这类零件在实际加工中因较大切削力的作用容易使薄板产生弹性变形，从而影响到薄板的加工精度，同时也影响到薄板的表面粗糙度。当薄板的面积较大而厚度又小于3mm时，就应充分重视这一问题，并采取相应措施来保证其加工的精度。如在工艺上，减小每次进刀的切削深度或切削速度，从而减小切削力等方法来控制零件在加工过程中的变形，并利用CNC机床的循环编程功能减少编程工作量。在用同一个刀具补偿值编程加工时，

由于零件轮廓各处尺寸公差带不同，如图 5-3 所示，很难同时保证各处尺寸在尺寸公差范围内。这时一般采取的方法是：兼顾各处尺寸公差，在编程计算时，改变轮廓尺寸并移动公差带，改为对称公差。采用同一把铣刀和同一个刀具半径补偿值加工。如图 5-3 所示中括号内的尺寸（其公差带均修改为对称公差），计算与编程时选用括号内的尺寸进行。

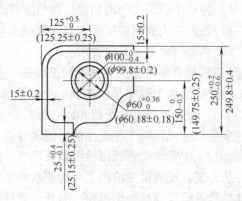

图 5-3　轮廓尺寸公差带的调整

（3）尽量统一零件轮廓内圆弧的有关尺寸

1）零件的槽底圆角半径。内槽圆角的大小决定着刀具直径的大小，所以内槽圆角半径不应太小。如图 5-4 所示的零件，其结构工艺性的好坏与被加工轮廓的高低、转角圆弧半径的大小等因素有关。图 5-4b 与图 5-4a 相比，转角圆弧半径大，可以采用较大直径的立铣刀来加工；加工平面时，进给次数也相应减少，表面加工质量也会好一些，因而工艺性较好。通常 $R < 0.2H$ 时，零件该部位的工艺性不好。

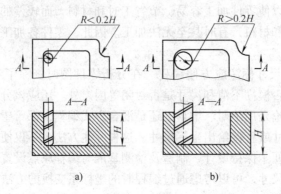

a)　　　　　　　　　　b)

图 5-4　内槽结构工艺性对比图

a）内槽结构工艺性不好　b）内槽结构工艺性较好

2）转接圆弧半径值大小的影响。转接圆弧半径大，可以采用较大铣刀加工，效率高，且加工表面质量也较好，因此工艺性较好。

铣槽底平面时，槽底圆角半径 r 不要过大。如图 5-5 所示，铣刀端面刃与铣削平面的最大接触直径 $d = D - 2r$（D 为铣刀直径），当 D 一定时，r 越大，铣刀端面刃铣削平面的面积越小，加工平面的能力就越差，效率越低，工艺性也越差。当 r 大到一定程度时，甚至必须用球头铣刀加工，这是应该尽量避免的。当铣削的底面面积较大，底部圆弧 r 也较大时，只能用两把 r 不同的铣刀分两次进行切削。

（4）保证基准统一原则　有些零件需要多次装夹才能完成加工，如图 5-6 所示。数控铣削不能采用"试切法"来接刀，是因为零件的重新安装而接不好刀。为避免两次装夹误差，最好采用统一基准定位，因此零件上应有合适的孔作为定位基准孔，如果零件上没有基准孔，可专门设置工艺孔作为定位基准（如在毛坯上增加工艺凸耳设基准孔）。如实在无法制出基准孔，也要用经过精加工的面作为统一基准。

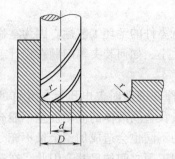

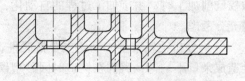

图 5-5　槽底平面圆弧对铣削工艺的影响　　　　图 5-6　必须两次安装加工的零件

有关数控铣削零件的结构工艺性实例见表 5-1。

表 5-1　数控铣削零件加工部位结构工艺性分析对比

序号	A. 工艺性差的结构	B. 工艺性好的结构	注释
1	$R_2 < (\frac{1}{6} \sim \frac{1}{5})H$	$R_2 < (\frac{1}{6} \sim \frac{1}{5})H$	B 结构可以选用较高刚性的刀具
2			B 结构需要的刀具比 A 结构需要的少，减少了换刀的辅助时间
3			B 结构 R 大，r 小，铣刀端刃铣削面积大，生产效率高
4	$a < 2R$	$a > 2R$	B 结构 $a > 2R$，便于半径为 R 的铣刀进入，需要的刀具少，加工效率高
5	$\frac{H}{b} \leqslant 10$	$\frac{H}{b} \leqslant 10$	B 结构刚性好，可以使用大直径铣刀加工，加工效率高

（四）零件毛坯的工艺性分析

在分析数控铣削零件的结构工艺性时，还需要分析零件的毛坯工艺性。因为零件在进行数控铣削加工时，由于加工过程的自动化，对余量的大小、如何装夹等问题在设计毛坯时就应充分考虑。

（1）分析毛坯余量　毛坯主要指锻件、铸件。锻件在锻造时欠电压量与允许的错模量会造成余量不均匀；铸件在铸造时因砂型误差、收缩量及金属液体的流动性差不能充满型腔等造成余量不均匀。此外，毛坯的挠曲和扭曲变形量的不同也会造成加工余量不充分、不稳定。经验表明，数控铣削中最难保证的是加工面与非加工面之间的尺寸。因此，在对毛坯的设计时就加以充分考虑，即在零件图样注明的非加工面处增加适当的余量。

（2）分析毛坯装夹适应性　主要考虑毛坯在加工时定位和夹紧的可靠性与方便性，以便在一次安装中加工出较多表面。对不便装夹的毛坯，可考虑在毛坯上另外增加装夹余量或工艺凸台、工艺凸耳等辅助基准。如图5-7所示，该工件缺少合适的定位基准，在毛坯上铸出两个工艺凸耳，在凸耳上制出定位基准孔。

（3）分析毛坯的变形、余量大小及均匀性　分析毛坯加工中与加工后的变形程度，考虑是否应采取预防性措施和补救措施。对毛坯余量大小及均匀性，主要考虑在加工中要不要分层铣削，分几层铣削。

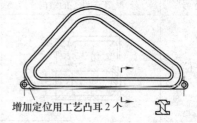

图5-7　增加毛坯辅助基准

二、数控铣削加工工艺路线的确定

（一）加工方法选择

（1）平面加工方法的选择　数控铣削平面主要采用立铣刀和面铣刀加工。粗铣的公差等级一般可以达到IT10～IT12，表面粗糙度$R_a = 6.3 \sim 25\mu m$；精铣的公差等级一般可以达到IT7～IT9，表面粗糙度$R_a = 1.6 \sim 6.3\mu m$；当零件表面粗糙度要求较高时，应采用顺铣方式。

（2）平面轮廓的加工方法　平面轮廓类零件的表面多由直线和圆弧或各种曲线构成，通常采用三坐标数控铣床进行两轴半坐标加工。图5-8所示为由直线和圆弧构成的零件平面轮廓 $ABCDEA$，采用半径为 R 的立铣刀沿周向加工，双点画线 $A'B'C'D'E'A'$ 为刀具中心的运动轨迹。为保证加工面光滑，刀具沿 PA' 切入，沿 $A'K$ 切出。

（3）曲面轮廓的加工方法　立体曲面的加工应根据曲面形状、刀具形状及精度要求采用不同的铣削加工方法，如两轴半、三轴、四轴及五轴等联动加工。

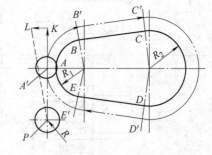

图5-8　平面轮廓铣削

1）对曲率变化不大和精度要求不高的曲面粗加工，常采用两轴半坐标的"行切法"加工，即 X、Y、Z 三轴中任意两轴作联动插补，第三轴作单独的周期进给。图5-9所示为两轴半坐标行切法加工曲面。"行切法"加工，即刀具与零件轮廓的切点轨迹是一行一行的，行间距按零件加工精度要求而确定。

2）对曲率变化较大和精度要求较高的曲面精加工，常用 X、Y、Z 三坐标联动插补的行切法加工。图5-10所示为三轴联动行切法加工曲面的切削点轨迹。

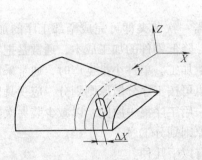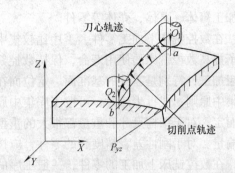

图 5-9 两轴半坐标行切法加工曲面　　　　图 5-10 三轴联动行切法加工曲面的切削点轨迹

3）对像叶轮、螺旋桨这样的复杂零件，因其叶片形状复杂，刀具容易与相邻表面干涉，常用 X、Y、Z、A 和 B 的五坐标联动数控铣床加工。

（二）划分加工阶段

1. 加工阶段的划分

当数控铣削零件的加工质量要求较高时，往往不可能用一道工序来满足其要求，而要用几道工序逐步达到要求的加工质量。为保证加工质量和合理地使用设备，零件的加工过程通常按工序性质不同，分为粗加工、半精加工、精加工和光整加工四个阶段。

（1）粗加工阶段　其主要任务是切除各表面上的大部分余量，其目的是提高生产率。

（2）半精加工阶段　其任务是使主要表面达到一定的精度，留有一定的精加工余量，为主要表面的精加工（精铣或精磨）做好准备，并完成一些次要表面加工，如扩孔、攻螺纹、铣键槽等。

（3）精加工阶段　保证各主要表面达到图样规定的尺寸精度和表面粗糙度要求，其主要目标是如何保证加工质量。

（4）光整加工阶段　其任务是对零件上精度和表面粗糙度要求很高的表面，需要进行光整加工。其目的是提高尺寸精度，减小表面粗糙度值。

2. 划分加工阶段的目的

（1）保证加工质量　使粗加工产生的误差和变形，通过半精加工和精加工予以纠正，并逐步提高零件的加工精度和表面质量。

（2）合理使用设备　避免以精干粗，充分发挥机床的性能，延长使用寿命。

（3）便于安排热处理工序，使冷热加工工序配合得更好，热处理变形可以通过精加工予以消除。

（4）有利于及早发现毛坯的缺陷，粗加工时发现毛坯缺陷，及时予以报废，以免继续加工造成资源的浪费。

加工阶段的划分不是绝对的，必须根据工件的加工精度要求和工件的刚性来决定。一般说来，工件精度要求越高，刚性越差，划分阶段应越细。当工件批量小，精度要求不太高，工件刚性较好时也可以不分或少分阶段。

（三）划分加工工序

数控铣削的加工对象根据机床的不同也是不一样的。立式数控铣床一般适用于加工平面凸轮、样板、形状复杂的平面或立体曲面零件以及模具的内、外型腔等。卧式数控铣床适用于加工箱体、泵体、壳体等零件。

在数控铣床上加工零件，工序比较集中，一般只需一次装夹即可完成全部工序的加工。为了提高数控铣床的使用寿命，保持数控铣床的精度，降低零件的加工成本，通常是把零件的粗加工，特别是零件的基准面、定位面在普通机床上加工。单件小批生产时，通常采用工序集中原则；成批生产时，可按工序集中原则划分，也可按工序分散原则划分，应视具体情况而定。对于结构尺寸和重量都很大的重型零件，应采用工序集中原则，以减少装夹次数和运输量。对于刚性差、精度高的零件，应按工序分散原则划分工序。

在数控铣床上加工的零件，一般工序的划分方法有以下几种。

（1）刀具集中分序法 这种方法就是按所用刀具来划分工序，用同一把刀具加工完成所有可以加工的部位，然后再换刀。这种方法可减少不必要的定位误差。

（2）粗、精加工分序法 根据零件的形状、尺寸精度等因素，按粗、精加工分开的原则，先粗加工，再半精加工，最后精加工。

（3）加工部位分序法 即先加工平面、定位面，再加工孔；先加工形状简单的几何形状，再加工复杂的几何形状；先加工精度比较低的部位，再加工精度比较高的部位。

（4）安装次数分序法 以一次安装完成的那一部分工艺过程作为一道工序。这种划分方法适用于工件的加工内容不多，加工完成后就能达到待检状态。

（四）确定加工工序

数控铣削加工顺序安排的合理性，将直接影响到零件的加工质量、生产率和加工成本。应根据零件的结构和毛坯状况，结合定位及夹紧的需要综合考虑，重点应保证工件的刚度不被破坏，尽量减少变形。铣削加工零件划分工序后，各工序的先后顺序安排通常要遵循如下原则。

（1）基面先行原则 用作精基准的表面，要首先加工出来。因为定位基准的表面越精确，装夹误差就越小。

（2）先粗后精原则 各个表面的加工顺序按照粗加工→半精加工→精加工→光整加工的顺序依次进行，逐步提高表面的加工精度和减小表面粗糙度值。

（3）先主后次原则 零件的主要工作表面、装配基面应先加工，从而能及早发现毛坯中主要表面可能出现的缺陷。次要表面可穿插进行，如键槽、紧固用的光孔和螺纹孔等加工，可放在主要加工表面加工到一定程度后，最终精加工之前进行。

（4）先面后孔原则 对箱体、支架类零件，平面轮廓尺寸较大，一般先加工平面，再加工孔和其他尺寸。这样安排加工顺序，一方面用加工过的平面定位，稳定可靠；另一方面在加工过的平面上加工孔，孔加工的编程数据比较容易确定（如 R 点的高度），并能提高孔的加工精度，特别是钻孔时的轴线不易歪斜。

（5）先内后外原则 即先进行内型腔加工，后进行外形加工。

一般适合数控铣削加工零件的大致的加工顺序为加工精基准→粗加工主要表面→加工次要表面→安排热处理工序→精加工主要表面→最终检查。

（五）数控铣削工序的各工步顺序

由于数控机床集中工序加工的特点，在数控铣床或加工中心上的一道加工工序，一般为多工步，使用多把刀具。因此在一道加工工序中应合理安排工步顺序，它直接影响到数控铣床或加工中心的加工精度、加工效率、刀具数量和经济性。安排工步时除考虑通常的工艺要求之外，还应考虑下列因素。

1）以相同定位、夹紧方式或同一把刀具加工的内容，最好接连进行，以减少刀具更换次数，节省辅助时间。图5-11所示为用同一把钻头把不在同一高度的中心孔一次加工完。

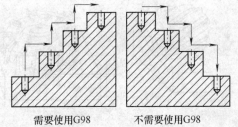

2）在一次安装的工序中进行的多个工步，应先安排对工件刚性破坏较小的工步。

3）工步顺序安排和工序顺序安排一些考虑是类似的，如都遵循由粗到精原则。先进行重切削、粗加工，去除毛坯大部分加工余量，然后安排一些发热小、加工要求不高的加工内

图5-11　不在同一高度的中心孔一次加工完成

容（如钻小孔、攻螺纹等），最后再精加工。如对箱体类零件的结构加工，集中原来普通机床需要的多道工序，成为CNC加工中心的一道工序，该工序的各个工步加工顺序建议参照下列次序：粗铣大端面→粗镗孔、半精镗孔→立铣刀加工→加工中心孔→钻孔→攻螺纹→孔和平面精加工。

4）考虑走刀路线，减少空行程。如决定某一结构的加工顺序时，还应兼顾到邻近的加工结构的加工顺序，考虑相邻加工结构的一些相似的加工工步能否统一起来，用一把刀接连加工，减少换刀次数和空行程移动量。

（六）进给加工路线的确定

1. 铣削加工的特点和方式

（1）铣削特点概述　铣削是铣刀旋转作主运动，工件或铣刀作进给运动的切削加工方法。数控铣削是一种应用非常广泛的数控切削加工方法，能完成数控铣削加工的设备主要是数控铣床和加工中心。

数控铣削与数控车削比较有如下特点。

1）多刃切削。铣刀同时有多个刀齿参加切削，生产率高。

2）断续切削。铣削时，刀齿依次切入和切出工件，易引起周期性的冲击振动。

3）半封闭切削。铣削的刀齿多，使每个刀齿的容屑空间小，呈半封闭状态，容屑和排屑条件差。

（2）周铣和端铣　铣刀对平面的加工，存在周铣与端铣两种方式，如图5-12所示。周铣平面时，其平面度主要取决于铣刀的圆柱素线的直线度。因此，在精铣平面时，铣刀的圆柱度一定要好。用端铣的方法铣出的平面，其平面度主要取决于铣床主轴轴线与进给方向的垂直度。同样是平面加工，其方法不同对质量影响的因素也不同，因此要对周铣与端铣进行比较。

1）端铣用的面铣刀其装夹刚性较好，铣削时振动较小。而周铣用的圆柱铣刀刀杆较长、直径较小、刚性较差，容易产生弯曲变形和引起振动。

2）端铣时同时工作的刀齿数比周铣时多，工作较平稳。这时因为端铣时刀齿在铣削层宽度的范围内工作。而周铣时刀齿仅在铣削层侧向深度的范围内工作。一般情况下，铣削层宽度比铣削层深度要大得多，所以端铣的面铣刀和工件的接触面较大，同时工作的刀齿数也多，铣削力波动小。在周铣时，为了减小振动，可选用大螺旋角铣刀来弥补这一缺点。

3）端铣用面铣刀切削，其刀齿的主、副切削刃同时工作，由主切削刃切去大部分余量，副切削刃则可起到修光作用，铣刀齿刃负荷分配也较合理，铣刀使用寿命较长，且加工表面的表面粗糙度值也比较小。周铣时，只有圆周上的主切削刃在工作，不但无法消除加工

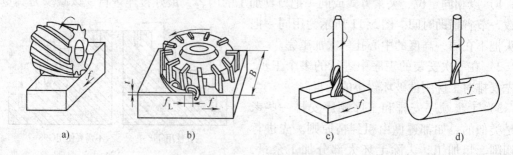

图 5-12   铣刀平面加工的周铣和端铣

a) 圆柱铣刀的周铣   b) 面铣刀的端铣   c) 立铣刀同时周、端铣   d) 键槽铣刀的周、端铣

表面的残留面积，而且铣刀装夹后的径向圆跳动也会反映到加工工件的表面上。

    4）端铣的面铣刀，便于镶装硬质合金刀片进行高速铣削和阶梯铣削，生产效率高，铣削表面质量也比较好。周铣用的圆柱铣刀镶装硬质合金刀片则比较困难。

    5）精铣削宽度较大的工件时，周铣用的圆柱铣刀一般都要接刀铣削，故会留有接刀痕迹。端铣时，则可用较大的盘形铣刀一次铣出工件的全宽度，无接刀痕迹。

    6）周铣用的圆柱铣刀可采用大刃倾角，以充分发挥刃倾角在铣削过程中的作用。对铣削难加工材料（如不锈钢、耐热合金等）有一定的效果。

    综上所述，在一般情况下，铣平面时，端铣的生产效率和铣削质量都比周铣高，因此，应尽量采用端铣铣平面。铣削韧性很大的不锈钢等材料时，可以考虑采用大螺旋角铣刀进行周铣。总之，在选择周铣与端铣这两种铣削方式时，一定要以当时的铣床和铣刀条件，被铣削加工工件结构特征和质量要求等因素，进行综合考虑。

    （3）顺铣与逆铣

    1）周铣时的顺铣和逆铣。在周铣时，因为工件与铣刀的相对运动不同，就会有顺铣和逆铣。二者之间有所差异见表 5-2。

表 5-2   顺铣与逆铣的比较

分类	顺 铣	逆 铣
图示		
注解	切削处刀具的旋向与工件的送进方向一致。打个比方，用锄头挖地，而地面同时往脚后移动，顺铣就是这样的状况。通俗地说，是刀齿追着材料"咬"，刀齿刚切入材料时切得深，而脱离工件时则切得少。顺铣时，作用在工件上的垂直铣削力始终是向下的，能起到压住工件的作用，对铣削加工有利，而且垂直铣削力的变化较小，故产生的振动也小，机床受冲击小，有利于减小工件的表面粗糙度的值，从而得到较好的表面质量，同时顺铣也有利于排屑，数控铣削加工一般尽量用顺铣法加工	切削处刀具的旋向与工件的送进方向相反。打个比方，用铲子铲地上的土，而地面同时迎着铲土的方向移动，逆铣就是这样的状况。通俗地说，是刀齿迎着材料"咬"，刀齿刚切入材料时切得薄，而脱离工件时则切得厚。这种方式机床受冲击较大，加工后的表面不如顺铣光洁，消耗在工件给进运动上的动力较大。由于铣刀切削刃在加工表面上要滑动一小段距离，切削刃容易磨损。但对于表面有硬皮的毛坯工件，顺铣时铣刀刀齿一开始就切削到硬皮，切削刃容易损坏，而逆铣时则无此问题

2）端面铣削的形式。端面铣削中传统上有三种铣削方式：对称方式、不对称逆铣方式和不对称顺铣方式。对称铣削方式中，刀具沿槽或表面的中心线运动，进给加工中，同时存在顺铣和逆铣，刀具在中心线的一侧顺铣，而在中心线的另一侧逆铣。对于大多数端面铣削，保证顺铣是最好的选择（顺铣和逆铣在圆周铣削中的应用要比端面铣削中的应用更为常见）。端面铣削顺铣和逆铣的三种形式见表 5-3。

表 5-3　端面铣削顺铣和逆铣的三种形式

分类	图　示	注　释
对称铣削	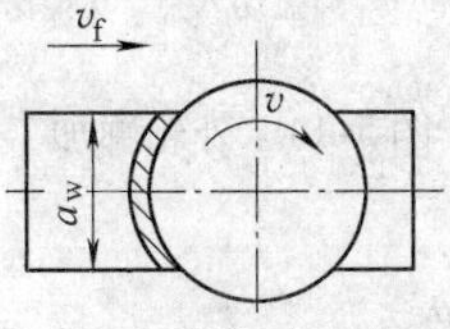	铣刀位于工件宽度的对称线上，切入和切出处铣削宽度最小不为零，因此，对铣削具有冷硬层的淬钢有利。其切入边为逆铣，切出边为顺铣
不对称逆铣	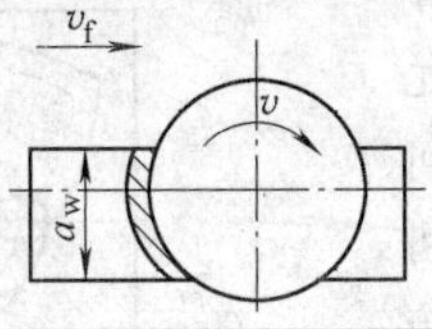	铣刀以最小铣削厚度（不为零）切入工件，以最大厚度切出工件。因切入厚度较小，减小了冲击，对提高铣刀寿命有利，适合于铣削碳钢和一般合金钢
不对称顺铣	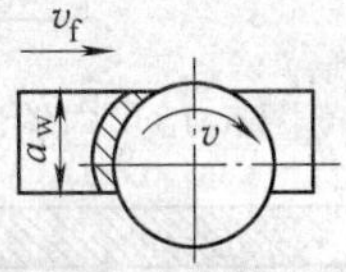	铣刀以较大铣削厚度切入工件，又以较小厚度切出工件，虽然铣削时具有一定冲击性，但可以避免切削刃切入冷硬层，适合于铣削冷硬性材料与不锈钢、耐热合金等

（4）逆铣、顺铣的选择　当工件表面有硬皮，机床的进给机构有间隙时，应选用逆铣。因逆铣时，刀齿从已加工表面切入，不会崩刃，机床进给机构的间隙不会引起振动和爬行，因此粗铣时尽量采用逆铣。当工件表面无硬皮、机床进给机构无间隙时，应选用顺铣。因为顺铣加工后，零件表面质量好，刀齿磨损小，因此精铣时，应尽量采用顺铣。在机床主轴正向旋转，刀具为右旋铣刀时，顺铣正好符合左刀补（即 G41），逆铣正好符合右刀补（即 G42）。所以，一般情况下，精铣用 G41 建立刀具半径补偿，粗铣用 G42 建立刀具半径补偿。

2. 加工工艺路线

在确定数控铣削加工路线时，应遵循如下原则：保证零件的加工精度和表面粗糙度；使走刀路线最短，减少刀具空行程时间，提高加工效率；使节点数值计算简单，程序段数量少，以减少编程工作量；最终轮廓一次走刀完成。

（1）铣削平面类零件的加工路线　铣削平面类零件外轮廓时，一般采用立铣刀侧刃进行切削。为减少接刀痕迹，保证零件表面质量，对刀具的切入和切出程序需要精心设计。

1）铣削外轮廓的加工路线。

① 铣削平面零件外轮廓刀具切入工件时，应避免沿零件外轮廓的法向切入，而应沿切削起始点的延长线切向逐渐切入工件，保证零件曲线的平滑过渡，以避免加工表面产生划痕。在切离工件时，也应避免在切削终点处直接抬刀，要沿着切削终点延伸线逐渐切离工件，如图 5-13 所示。

② 当用圆弧插补方式铣削外整圆时，如图 5-14 所示，要安排刀具从切向进入圆周铣削加工，当整圆加工完毕后，不要在切点处 2 直接退刀，而应让刀具沿切线方向多运动一段距离，以免取消刀补时，刀具与工件表面相碰，造成工件报废。

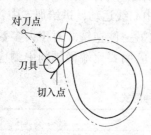

图 5-13 外轮廓加工刀具的切入和切出

图 5-14 外轮廓加工刀具的切入和切出

2）铣削内轮廓的加工路线。

① 铣削封闭的内轮廓表面时，若内轮廓曲线允许外延，则应沿切线方向切入切出。若内轮廓曲线不允许外延（图 5-15），则刀具只能沿内轮廓曲线的法向切入切出，并将其切入、切出点选在零件轮廓两几何元素的交点处。当内部几何元素相切无交点时，为防止刀补取消时在轮廓拐角处留下凹口，刀具切入、切出点应远离拐角，如图 5-16 所示。

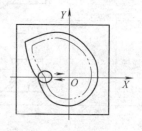

图 5-15 内轮廓加工刀具的切入和切出

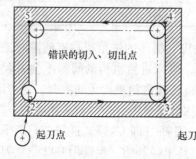

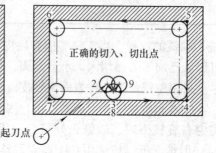

图 5-16 无交点内轮廓加工刀具的切入和切出

② 当用圆弧插补铣削内圆弧时，也要遵循从切向切入、切出的原则，最好安排从圆弧过渡到圆弧的加工路线，提高内孔表面的加工精度和质量，如图 5-17 所示。

3）铣削内槽的加工路线。所谓内槽是指以封闭曲线为边界的平底凹槽，一般用平底立铣刀加工，刀具圆角半径应符合内槽的图样要求。图 5-18 所示为加工内槽的三种进给路线，分别为用行切法、环切法和行切法 + 环切法加工内槽。所谓"行切法"加工，即刀具与零件轮廓的切点轨迹是一行一行的，行间距根据零件加工精度要求而确定。两种进给路线都能切净内腔中的全部面积，不留死角，不伤轮廓，同时尽量减少重复进给的搭接量。行切法的进给路线比环切法短，但行切法将在每两次进给的起点与终点间留下残留面

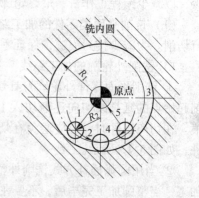

图 5-17 内轮廓加工刀具的切入和切出

积，达不到要求的表面粗糙度；环切法获得的表面粗糙度好于行切法，但环切法需要逐次向外扩展轮廓线，刀位点计算较复杂。采用如图 5-18c 所示先用行切法切去中间部分余量，最后用环切法环切一刀光整轮廓表面，能使进给路线较短，并获得较好的表面质量。

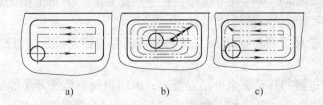

　　a)　　　　　　　　　　b)　　　　　　　　　　c)

图 5-18　内槽加工路线

a）行切法　b）环切法　c）行切法 + 环切法

　　（2）铣削曲面轮廓的进给路线　铣削曲面时，常用球头铣刀采用"行切法"进行加工。对于边界敞开的曲面加工，可采用两种加工路线。如发动机大叶片，当采用如图 5-19 所示的加工方案时，每次沿直线加工，刀位点计算简单，程序少，加工过程符合直纹面的形成，可以准确保证素线的直线度。当采用如图 5-20 所示的加工方案时，符合这类零件数据给出情况，便于加工后检验，叶形的准确度较高，但程序较多。由于曲面零件的边界是敞开的，没有其他表面限制，所以曲面边界可以延伸，球头铣刀应由边界外开始加工。

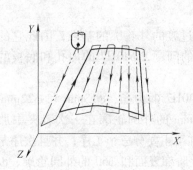

图 5-19　符合直纹曲面形成的加工路线

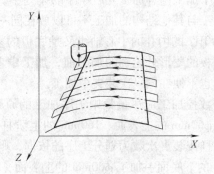

图 5-20　符合给出数学模型的加工路线

【任务实施】

（1）零件图的工艺分析

1）加工内容。该零件主要由平面、孔系及外轮廓组成，因为毛坯是长方块件，尺寸为 170mm×110mm×50mm，加工内容包括 ϕ40H7 的内孔、ϕ13mm 和 ϕ22mm 的阶梯孔、三个平面（ϕ60mm 上表面、160mm 上阶梯表面和下底面）、ϕ60mm 的外圆轮廓；安装底板的菱形并用圆角过渡的外轮廓。

2）加工要求。零件的主要加工要求为 ϕ40H7 的内孔的尺寸公差为 H7，表面粗糙度要求较高，其值为 $R_a = 1.6\mu m$。其他的一般加工要求为 ϕ13mm 和 ϕ22mm 的阶梯孔只标注了公称尺寸，可按自由尺寸公差等级 IT11～IT12 处理，表面粗糙度要求不高，其值为 $R_a = 12.5\mu m$；平面与外轮廓表面粗糙度要求 $R_a = 6.3\mu m$。

3）各结构的加工方法。

① 由于 ϕ40H7 的内孔的加工要求较高，拟定钻中心孔→钻孔→粗镗（或扩孔）→半精镗→精镗的方案。

② ϕ13mm 和 ϕ22mm 的阶梯孔可选择钻孔→锪孔方案。ϕ60mm 的上表面和 160mm 的下底面可用面铣刀，采用粗铣→精铣的方法。

③ 160mm 的上阶梯表面和 ϕ60mm 的外圆轮廓可用立铣刀，采用粗铣→精铣方法同时加工出。

④ 菱形并圆角过渡的外轮廓也可用立铣刀，采用粗铣→精铣方法加工出。

（2）数控机床的选择　零件加工的机床选择 XK714A 型数控铣床，机床的数控系统为 SIEMENS 802D；主轴电动机容量为 4.0kW；主轴变频调速变速范围为 100～4000r/min；工作台尺寸（长×宽）为 1120mm×250mm；工作台纵向行程为 760mm；主轴套筒行程为 120mm；升降台垂向行程（手动）为 400mm；定位移动速度为 2.5m/min；铣削进给速度范围为 0～0.50m/min；脉冲当量为 0.001mm；定位精度为 ±0.03mm/300mm；重复定位精度为 ±0.015mm；工作台允许最大承载为 256kg。选用的机床能够满足本零件的加工。

（3）加工顺序的确定　根据基面先行、先面后孔、先粗后精的原则确定加工顺序。由图 5-1 可见，零件的高度 Z 向基准是 160mm 的下底面，长、宽方向的基准是 ϕ40H7 的内孔的中心轴线。从工艺的角度看，160mm 的下底面也是加工零件各结构的基准定位面，因此，在对各个加工内容加工先后顺序的排列中，第一个要加工的面是 160mm 的下底面，且该表面的加工与其他结构的加工不可以放在同一个工序。

ϕ40H7 的内孔的中心轴线又是底板的菱形并圆角过渡的外轮廓的基准，因此它的加工应在底板的菱形外轮廓的加工前，加工中考虑到装夹的问题，ϕ40H7 的内孔和底板的菱形外轮廓也不便在同一次装夹中加工。

按数控加工应尽量集中工序加工的原则，可把 ϕ40H7 的内孔、ϕ13mm 和 ϕ22mm 的阶梯孔、ϕ60mm 的上表面、160mm 的上阶梯表面、ϕ60mm 的外圆轮廓在一次装夹中加工出来。这样按装夹次数为划分工序的依据，则该零件的加工主要分三个工序，并且次序是加工 160mm 的下底面→加工 ϕ60mm 的上表面，160mm 的上阶梯表面和 ϕ60 的外圆轮廓，ϕ40H7 的内孔、ϕ13mm、ϕ22mm 的阶梯孔→加工底板的菱形外轮廓。

在加工 ϕ40H7 的内孔、ϕ13mm 和 ϕ22mm 的阶梯孔、ϕ60mm 的上表面、160mm 的上阶梯表面的工序中，根据先面后孔的原则，又宜将 ϕ60mm 的上表面、160mm 的上阶梯表面及 ϕ60mm 的外圆轮廓的加工放在孔加工之前，且 ϕ60mm 的上表面加工在前。至此零件的加工顺序基本确定，总结如下：

1）第一次装夹，加工 ϕ160mm 的下底面。

2）第二次装夹，加工 ϕ60mm 的上表面→加工 160mm 的上阶梯表面及 ϕ60mm 的外圆轮廓→加工 ϕ40H7mm 的内孔、ϕ13mm 和 ϕ22mm 的阶梯孔。

3）第三次装夹，加工底板的菱形外轮廓。

（4）确定装夹方案

1）根据零件的结构特点，第一次装夹，加工底面，选用机用虎钳夹紧。

2）第二次装夹，加工 ϕ60mm 的上表面，加工 160mm 的上阶梯表面及 ϕ60mm 的外圆轮廓，加工 ϕ40H7 的内孔，加工 ϕ13mm 和 ϕ22mm 的阶梯孔，也可选用机用虎钳夹紧，但注意的是工件宜高出钳口 25mm 以上，下面用垫块，垫块的位置要适当，应避开钻通孔加工时的钻头伸出的位置。

3）铣削底板的菱形外轮廓时，采用典型的一面两孔定位方式，即以底面、ϕ40H7 和一个 ϕ13 孔定位，用螺纹压紧的方法夹紧工件。测量工件零点偏置值时，应以 ϕ40H7 的已加工孔面为测量面，用主轴上装百分表找 ϕ40H7 孔心的机床 X、Y 机械坐标值作为工件 X、Y 向的零点偏置值。

（5）刀具与切削用量选择

该零件孔系加工的刀具与切削用量的选择参考见表 5-4。

平面铣削上下表面时，表面宽度为 110mm，拟用面铣刀单次平面铣削，为使铣刀工作时有合理的切入切出角，面铣刀直径尺寸的选择最理想的宽度应为材料宽度的 1.3～1.6 倍，因此用 ϕ160mm 的硬合金面铣刀，齿数为 10，一次走刀完成粗铣，设定粗铣后留精加工余量为 0.5mm。

加工 ϕ60mm 的外圆及其台阶面和外轮廓面时，考虑 ϕ60mm 的外圆及其台阶面同时加工完成，且加工的总余量较大，拟选用 ϕ63mm，4 个齿的 7:24 锥柄螺旋齿硬质合金立铣刀加工；它具有的高效切削性能；因为表面粗糙度要求是 $R_a = 6.3\mu m$，因此粗、精加工用一把刀完成，设定粗铣后留精加工余量为 0.5mm。粗加工时选 $v_c = 75mm/min$，$f_z = 0.1mm/r$，则 $n = 318 \times 75 \div 63r/min \approx 360r/min$，$v_f = 0.1 \times 4 \times 360mm/min \approx 140mm/min$，精加工时 v_f 取 80mm/min。

底板的菱形外轮廓加工时，铣刀直径不受轮廓最小曲率半径限制，考虑到减少刀具数，还选用 ϕ63mm 的硬质合金立铣刀加工（毛坯长方形底板上菱形外轮廓之外四个角可预先在普通机床上去除）。

（6）拟订数控铣削加工工序卡片　将零件加工顺序、采用的刀具和切削用量等参数填入表 5-4 数控加工工序卡片中，以指导编程和加工操作。

表 5-4　数控加工工序卡

工步号	工步内容	刀具号	刀具规格/mm	主轴转速 /r·min⁻¹	进给速度 /mm·min⁻¹	背吃刀量/mm
1	粗铣定位基准面（底面）	T01	ϕ160	180	300	4
2	精铣定位基准面	T01	ϕ160	180	150	0.2
3	粗铣 ϕ60mm 上表面	T01	ϕ160	180	300	4
4	精铣 ϕ60mm 上表面	T01	ϕ160	180	150	0.2
5	粗铣 160mm 上阶梯表面	T02	ϕ63	360	150	4
6	精铣 160mm 上阶梯表面	T02	ϕ63	360	80	0.2
7	粗铣 ϕ60mm 外圆轮廓	T02	ϕ63	360	150	4
8	精铣 ϕ60mm 外圆轮廓	T02	ϕ63	360	80	0.2
9	钻 3 个中心孔	T03	ϕ3	2000	80	3
10	钻 ϕ40H7 底孔	T04	ϕ38	200	40	19
11	粗镗 ϕ40H7 内孔表面	T05	25×25	400	60	0.8
12	半精镗 ϕ40H7 内孔表面	T05	25×25	500	40	0.4
13	精镗 ϕ40H7 内孔表面	T05	25×25	600	20	0.2
14	钻 2×ϕ13mm 螺纹孔	T06	ϕ13	500	70	6.5
15	2×ϕ22mm 锪孔	T07	ϕ22	400	40	11
16	粗铣外轮廓	T02	ϕ63	360	150	4
17	精铣外轮廓	T02	ϕ63	360	80	0.2

【思考与练习题】

1. 简述零件数控铣削加工工序的划分原则。
2. 简述数控铣削加工对毛坯加工余量的考虑。
3. 简述适合数控铣削加工的零件各加工工序的顺序安排原则。
4. 简述适合数控铣削加工的零件大致的加工顺序。
5. 简述周铣与端铣的选择原则。
6. 编制如图 5-21 所示外轮廓加工工艺文件，其中毛坯尺寸为 60mm × 60mm。
7. 编制如图 5-22 所示正七边形轮廓零件数控铣削加工工艺文件。

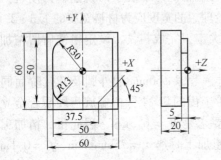

图 5-21 铣轮廓的零件图

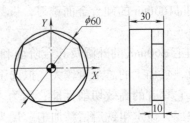

图 5-22 正七边形轮廓零件图

项目二 "平面凸轮槽" 零件加工工艺的编制

【工作任务】

本项目完成如图 5-23 所示 "平面凸轮槽" 零件中凸轮槽的数控铣削加工工艺的分析与编制。其外部轮廓尺寸已经由前道工序加工完，本工序的任务是在铣床上加工槽与孔，零件材料为 HT200 铸铁，小批量生产。

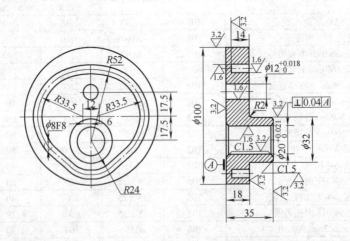

图 5-23 "平面凸轮槽" 零件图

【能力目标】

1. 会选择内槽（型腔）起始切削的加工方法。
2. 会拟定数控铣削零件内轮廓（凹槽型腔）的数控加工工艺。
3. 会编制数控铣削零件内轮廓（凹槽型腔）的数控加工工艺文件。

【相关知识准备】

一、内槽（型腔）起始切削的加工方法

（1）预钻削起始孔法　预钻削起始孔法就是在实体材料上先钻出比铣刀直径大的起始孔，铣刀先沿着起始孔下刀后，再按行切法、环切法或行切法＋环切法侧向铣削出内槽（型腔）的方法。

（2）插铣法　插铣法又称为 Z 轴铣削法或轴向铣削法，就是利用铣刀端面刃进行垂直下刀铣削的加工方法。采用这种方法开始铣削内槽（型腔），铣刀端部切削刃必须有一刃过铣刀中心（端面刃主要用来加工与侧面相垂直的底平面）。适合采用插铣法的场合是当加工任务要求刀具轴向长度较大时（如铣削大凹腔或深槽），采用插铣法可有效减小径向切削力，提高加工稳定性。

（3）坡走铣法　坡走铣法是开始切削内槽（型腔）的最佳方法之一，它是采用 X、Y、Z 三轴联动线性坡走下刀切削加工，以达到全部轴向深度的切削方法，如图5-24所示。

（4）螺旋插补铣　螺旋插补铣是开始切削内槽（型腔）的最佳方法，它是采用 X、Y、Z 三轴联动以螺旋插补形式下刀进行切削内槽（型腔）的加工方法，如图5-25所示。螺旋插补铣是一种非常好的开始切削内槽（型腔）加工方法，切削的内槽（型腔）表面粗糙度 R_a 值较小，表面光滑，切削力较小，刀具寿命较高，只要求很小的开始切削空间。

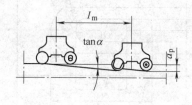

图5-24　坡走铣法

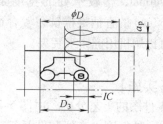

图5-25　螺旋插补铣

二、挖槽加工工艺分析

（1）挖槽加工的形式　挖槽加工是轮廓加工的扩展，它既要保证轮廓边界，又要将轮廓内（或外）的多余材料铣掉，根据图样要求的不同，挖槽加工通常有如图5-26所示的几种形式。其中，图5-26a所示为铣掉一个封闭区域内的材料。图5-26b所示为在铣掉一个封闭区域内的材料的同时，要留下中间的凸台（一般称为"岛屿"）。图5-26c所示为由于岛屿和外轮廓边界的距离小于刀具直径，使加工的槽形成了两个区域。图5-26d所示为要铣掉凸台轮廓外的所有材料。

注意：

1）根据以上特征和要求，对于挖槽的编程和加工要选择合适的刀具直径，刀具直径太

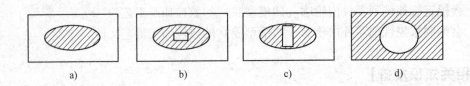

图 5-26 挖槽加工的常见形式

小将影响加工效率，刀具直径太大可能使某些转角处难于切削，或由于岛屿的存在形成不必要的区域。

2）由于圆柱形铣刀（键槽铣刀）垂直切削时受力情况不好，因此要选择合适的刀具类型，一般可选择双刃的键槽铣刀，并注意下刀时的方式，可选择斜向下刀或螺旋形下刀，以改善下刀切削时刀具的受力情况。

3）当刀具在一个连续的轮廓上切削时使用一次刀具半径补偿，刀具在另一个连续的轮廓上切削时应重新使用一次刀具半径补偿，以避免过切或留下多余的凸台。

4）切削如图 5-26d 所示的形状时，不能用图样上所示的外轮廓作为边界，因为将这个轮廓作边界时角上的部分材料可能铣削不掉。

（2）工艺分析及处理

如图 5-27 所示，工件毛坯为 100mm × 80mm × 25mm 的长方体零件，材料为 45 钢。根据零件图分析，要加工的部位是一个环形槽，中间的凸台作为槽的岛屿，外轮廓转角处的半径是 $R4mm$，槽较窄处的宽度是 10mm，所以选用 $\phi6mm$ 的直柄键槽铣刀较合适。工件安装时可直接用机用虎钳来装夹。

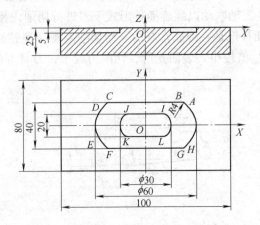

图 5-27 挖槽加工工艺处理

【任务实施】

（1）零件图的工艺分析 由图 5-23 所示，凸轮槽形内、外轮廓由直线和圆弧组成，几何元素之间关系描述清楚完整，凸轮槽侧面与 $\phi20mm$、$\phi12mm$ 两个内孔表面粗糙度要求较高，为 $R_a = 1.6\mu m$。凸轮槽内、外轮廓面和 $\phi20mm$ 孔与底面有垂直度要求。零件材料为 HT200，切削加工性能较好。根据上述分析，凸轮槽内、外轮廓及 $\phi20mm$、$\phi12mm$ 两个孔的加工应分粗、精加工两个阶段进行，以保证表面粗糙度要求。同时以底面 A 定位，提高装夹刚度以满足垂直度要求。

（2）确定装夹方案 根据零件的结构特点，加工 $\phi20mm$、$\phi12mm$ 两个孔时，以底面 A 定位（必要时可设工艺孔），采用螺旋压板机构夹紧。加工凸轮槽内、外轮廓时，采用"一面两孔"方式定位，即以底面 A 和 $\phi20mm$、$\phi12mm$ 两个孔为定位基准。为此，设计"一面两销"专用夹具，在一垫块上分别精镗 $\phi20mm$、$\phi12mm$ 两个定位销安装孔，孔距为 65mm，垫块平面度为 0.04mm。装夹示意如图 5-28 所示。采用双螺母夹紧，提高装夹刚性，防止铣削时振动。

（3）确定加工顺序及进给路线 加工顺序的拟定按照基面先行，先粗后精的原则确定。因此应先加工用作定位基准的 $\phi20$mm、$\phi12$mm 两个孔，然后再加工凸轮槽内、外轮廓表面。为保证加工精度，粗、精加工应分开，其中 $\phi20$mm、$\phi12$mm 两个孔的加工采用钻孔→粗铰→精铰方案。

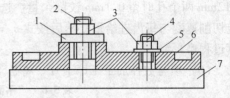

图 5-28 凸轮槽加工装夹示意图
1—开口垫圈 2—带螺纹圆柱销 3—压紧螺母
4—带螺纹削边销 5—垫圈 6—工件 7—垫块

进给路线包括平面进给和深度进给两部分。平面进给时，外凸轮廓从切线方向切入，内凹轮廓从过渡圆弧切入。为使凸轮槽表面具有较好的表面质量，采用顺铣方式铣削，对外凸轮廓，按顺时针方向铣削，对内凹轮廓逆时针方向铣削，如图 5-29 所示为铣刀在水平面内的切入进给路线。深度进给有两种方法：一种是在 XOZ 平面（或 YOZ 平面）来回铣削逐渐进刀到既定深度；另一种方法是先打一个工艺孔，然后从工艺孔进刀到既定深度。

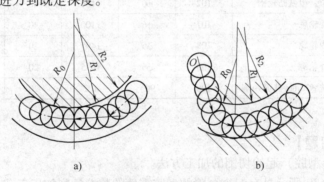

图 5-29 平面槽形凸轮的切入进给路线
a）直线切入外凸轮廓 b）过渡圆弧切入内凹轮廓

（4）刀具选择 根据零件的结构特点，铣削凸轮槽内、外轮廓时，铣刀直径受槽宽限制，取为 $\phi6$mm。粗加工选用 $\phi6$mm 高速钢立铣刀，精加工选用 $\phi6$mm 硬质合金立铣刀。所选刀具及其加工表面见表 5-5。

表 5-5 "平面凸轮槽"零件数控加工刀具卡片

产品名称或代号					零件名称	平面凸轮槽	零件图号	
工序序号	刀具号	刀 具				加工表面		备注
		规格名称	数量	刀长/mm				
1	T01	$\phi5$mm 中心钻	1			钻 $\phi5$mm 中心孔		
2	T02	$\phi19.6$mm 钻头	1	45		$\phi20$mm 孔粗加工		
3	T06	$\phi11.6$mm 钻头	1	60		$\phi12$mm 孔粗加工		
4	T04	$\phi20$mm 铰刀	1	45		$\phi20$mm 孔精加工		
5	T05	$\phi12$mm 铰刀	1	60		$\phi12$mm 孔精加工		
6	T06	90°倒角铣刀	1			$\phi20$mm 孔倒角 $C1.5$		
7	T07	$\phi6$mm 高速钢立铣刀	1	20		粗加工凸轮槽内外轮廓		底圆角 $R0.5$mm
8	T08	$\phi6$mm 硬质合金立铣刀	1	20		精加工凸轮槽内外轮廓		
编制		审核		批准		年 月 日	共1页	第1页

（5）切削用量的选择 凸轮槽内、外轮廓精加工时留 0.1mm 铣削余量，精铰 $\phi 20$mm、$\phi 12$mm 两个孔时留 0.1mm 铰削余量。选择主轴转速与进给速度时，先查切削用量手册，确定切削速度与每齿进给量，然后按式 $v_c = \pi dn/1000$，$v_f = nZf_z$ 计算主轴转速与进给速度（计算过程略）。

（6）填写数控加工工序卡片 将各工步加工内容，所用刀具和切削用量填入表 5-6。

表 5-6 "平面凸轮槽"数控加工工序卡

工步号	工步内容	刀具号	刀具规格 /mm	主轴转速 /r·min⁻¹	进给速度 /mm·min⁻¹	背吃刀量 /mm	备注
1	A 面定位钻 $\phi 5$mm 中心孔	T01	$\phi 5$	755			手动
2	钻 $\phi 19.6$mm 孔	T02	$\phi 19.6$	402	40		自动
3	钻 $\phi 11.6$mm 孔	T06	$\phi 11.6$	402	40		自动
4	铰 $\phi 20$mm 孔	T04	$\phi 20$	160	20	0.2	自动
5	铰 $\phi 12$mm 孔	T05	$\phi 12$	160	20	0.2	自动
6	$\phi 20$mm 孔倒角 $C1.5$	T06	90°	402	20		手动
7	一面两孔定位，粗铣凸轮槽	T07	$\phi 6$	1100	40	4	自动
8	粗铣凸轮槽外轮廓	T07	$\phi 6$	1100	40	4	自动
9	精铣凸轮槽内轮廓	T08	$\phi 6$	1495	20	14	自动
10	精铣凸轮槽外轮廓	T08	$\phi 6$	1495	20	14	自动
11	翻面装夹，铣 $\phi 20$mm 孔另一侧	T06	90°	402	20		手动

【思考与练习题】

1. 简述内槽（型腔）起始切削的加工方法。

2. 编制如图 5-30 所示具有三个台阶的型腔零件的数控铣削加工工艺。

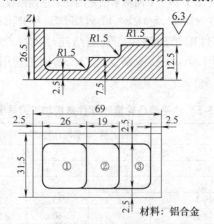

图 5-30 台阶型腔零件图

学习情境六　典型零件加工中心加工工艺分析

项目一　"壳体"零件加工工艺分析的编制

【工作任务】

本项目完成如图 6-1 所示"壳体"零件的加工中心加工工艺的分析与编制。材料为 HT300。

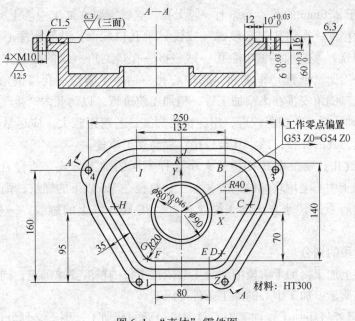

图 6-1　"壳体"零件图

【能力目标】

1. 会选择数控加工中等以上复杂程度异形类零件孔系、平面的数控加工刀具。
2. 会选择数控加工中等以上复杂程度异形类零件的夹具，并确定装夹方案。
3. 会按照中等以上复杂程度异形类零件的数控加工工艺选择合适的切削用量与机床。
4. 会编制中等以上复杂程度异形类零件的数控加工工艺文件。

【相关知识准备】

一、加工方法的选择

加工中心加工的零件表面主要是平面、平面轮廓、曲面、孔和螺纹等。这些表面的加工方法要与其表面特征、精度及表面粗糙度要求相适应。

（一）平面、平面轮廓及曲面的加工方法

这类表面在镗铣类加工中心上唯一的加工方法是铣削。粗铣即可使两平面间的公差等级

达到 IT11～IT13，表面粗糙度 R_a 值可达 12.5～50μm。粗铣后再精铣，两平面间的公差等级可达 IT8～IT10，表面粗糙度 R_a 值可达 1.6～6.3μm。

（二）孔加工方法

加工中心上孔的加工方法比较多，有钻削、扩削、铰削和镗削等，大直径孔还可采用圆弧插补方式进行铣削，具体加工方案如下。

1）所有孔都应全部粗加工后，再进行精加工。

2）毛坯上已有铸造出或锻造出的孔（其直径通常在 φ30mm 以上），一般先在普通机床上进行荒加工，直径上留 3～5mm 的余量，然后再由加工中心按粗镗→半精镗→孔口倒角→精镗的加工方案完成；有空刀槽时可用锯片铣刀在半精镗之后，精镗之前用圆弧插补方式铣削完成，也可用单刀镗刀镗削加工，但效率较低；孔径较大时可用键槽铣刀或立铣刀用圆弧插补方式通过粗铣、精铣加工完成。

3）直径小于 φ30mm 的孔，毛坯上一般无孔，这就需要在加工中心上完成其全部加工。为提高孔的位置精度，在钻孔前必须锪（或铣）平孔口端面，并钻出中心孔作引导孔，即通常采用锪（或铣）平端面→钻中心孔→钻→扩→孔口倒角→铰的加工方案；有同轴度要求的小孔，须采用锪（或铣）平端面→钻中心孔→钻→半精镗→孔口倒角→精镗（或铰）的加工方案。孔口倒角安排在半精加工后，精加工前进行，以防孔内产生飞边。

4）对于同轴孔系，若相距较近，用穿镗法加工；若跨距较大，应尽量采用掉头镗的方法加工，以缩短刀具的伸长，减小其长径比，提高加工质量。

5）对于螺纹孔，要根据其孔径的大小选择不同的加工方式。直径在 M6～M20 的螺纹孔，一般在加工中心上用攻螺纹的方法加工；直径在 M6 以下的螺纹，则只在加工中心上加工出底孔，然后通过其他方法加工螺纹；直径在 M20 以上的螺纹，一般采用镗刀镗削而成。

二、加工阶段的划分

在加工中心上加工，加工阶段的划分主要依据工件的精度要求确定，同时还需要考虑到生产批量、毛坯质量、加工中心的加工条件等因素。

1）若零件已经过粗加工，加工中心只完成最后的精加工，则不必划分加工阶段。

2）当零件的加工精度要求较高，在加工中心加工之前又没有进行过粗加工时，则应将粗、精加工分开进行，粗加工通常在普通机床上进行，在加工中心上只进行精加工。这样不仅可以充分发挥机床的各种功能，降低加工成本，提高经济效益，还可以让零件在粗加工后有一段自然时效过程，消除粗加工产生的残余应力，回复因切削力、夹紧力引起的弹性变形以及由切削热引起的热变形，必要时还可以安排人工时效，最后再通过精加工消除各种变形，保证零件的加工精度。

3）对零件的加工精度要求不高，而毛坯质量较高、加工余量不大、生产批量又很小的零件，则可在加工中心上利用加工中心的良好冷却系统，把粗、精加工合并进行，完成加工工序的全部内容，但粗、精加工应划分成两道工序分别完成。在加工过程中，对于刚性较差的零件，可采取相应的工艺措施，如粗加工后安排暂停指令，由操作者将压板等夹紧元件（装置）稍稍放松一些，以回复零件的弹性变形，然后再用较小的夹紧力将零件夹紧，最后再进行精加工。

三、加工顺序的安排

在加工中心上加工零件，一般都有多个工步，使用多把刀具，因此加工顺序安排得是否合理直接影响到加工精度、加工效率、刀具数量和经济效益。

1) 在安排加工顺序时同样要遵循"基面先行"、"先面后孔"、"先主后次"及"先粗后精"的一般工艺原则。

2) 定位基准的选择直接影响到加工顺序的安排，作为定位基准的面应先加工好，以便为加工其他面提供一个可靠的定位基准。因为本道工序选出定位基准后加工出的表面，又可能是下道工序的定位基准，所以待各加工工序的定位基准确定之后，即可从最终精加工工序向前逐级倒推出整个工序的大致顺序。

3) 确定加工中心的加工顺序时，还先要明确零件是否要进行加工前的预加工。预加工常由普通机床完成。若毛坯精度较高，定位也较可靠，或加工余量充分且均匀，则可不必进行预加工，而直接在加工中心上加工。这时，要根据毛坯粗基准的精度考虑加工中心工序的划分，可以是一道工序或分成几道工序来完成。

4) 加工中心加工零件时，最难保证的是加工面与非加工面之间的尺寸，这一点和数控铣削一样。因此，即使图样要求的是非加工面，也必须在制作毛坯时在非加工面上增加适当的余量，以便在加工中心加工时，保证非加工面与加工面间的尺寸符合图样要求。同样，若加工中心加工前的预加工面与加工中心所加工的面之间有尺寸要求，则也应在预加工时留一定的加工余量，最好在加工中心的一次装夹中完成包括预加工面在内的所有加工内容。

【任务实施】

(1) 图样分析及选择加工内容　该零件的材料为灰铸铁，其结构较复杂。在数控机床加工前，可在普通机床上将 $\phi 80^{+0.046}_{0}$ mm 的孔、底面和零件后侧面预加工完毕。数控加工工序的加工内容为上端平面、环形槽和 4 个螺孔，全部加工表面都集中在一个面上。零件图形上各加工部位的尺寸标注完整无误，所铣削环形槽的轮廓比较简单（仅直线和弧相切），公差等级（IT12）和表面粗糙度（$R_a = 6.3 \mu m$）要求也不高。

(2) 机床的选择　由于全部加工表面都集中在一个面上，只需单工位加工即可完成，故选择立式加工中心，工件一次装夹后可自动完成铣、钻及攻螺纹等工步的加工。

(3) 拟定加工工艺

1) 选择加工方法。上表面、环形槽用铣削方法加工，因其公差等级和表面粗糙度要求不高，故可一次铣削完成；4 × M10 螺纹采用先钻底孔后攻螺纹的加工方法，即按钻中心孔→钻底孔→倒角→攻螺纹的方案加工。

2) 确定加工顺序。按照先面后孔，先简单后复杂的原则，先安排平面铣削，后安排孔和槽的加工。具体加工工序安排如下：先铣削基准（上）平面，然后用中心钻加工 4 × M10 底孔的中心孔，并用钻头点环形槽窝；再钻 4 × M10 底孔，用 $\phi 18$ mm 钻头加工 4 × M10 的底孔倒角，攻螺纹 4 × M10，最后铣削 10mm 槽。壳体零件的机械加工工艺过程见表 6-1。

表6-1 壳体零件的机械加工工艺过程

序号	工序名称	工序内容	设备
1	铸造	铸造毛坯，各加工部位单边余量2～3mm	
2	热处理	时效	
3	涂装	涂底漆	
4	钳	照顾各部分划线	
5	铣	按线找正，粗、精铣底面；粗铣上表面，余量为0.5mm	普通铣床
6	钳	划$\phi80^{+0.046}_{0}$mm孔加工线	
7	车	按线找正，车$\phi80^{+0.046}_{0}$mm孔至尺寸要求	立式车床
8	数控加工	铣上表面，环形槽并加工各孔	立式加工中心
9	钳	去飞边	
10	检验		

（4）确定装夹方案和选择夹具　该工件可采用"一面、一销、一板"的方式定位装夹，即工件底面为第一定位基准，定位元件采用支承面，限制工件$\vec{X}$、$\vec{Y}$、$\vec{Z}$三个自由度；$\phi80^{+0.046}_{0}$mm孔为第二定位基准，定位元件采用带螺纹的短圆柱销，限制工件$\vec{X}$、$\vec{Y}$两个自由度；工件的后侧面为第三定位基准，定位元件采用移动定位板，限制工件$\vec{Z}$一个自由度。工件的装夹可通过压板从定位孔的上端面往下将工件压紧。

（5）确定进给路线　因需加工的上表面属于较窄的环形表面（大部分宽度仅为35mm，最宽处为50mm左右），故铣削上表面时和铣削环形槽一样，均按环形槽走刀即可。铣削上端平面，钻螺孔的中心孔，钻环形槽起点，螺纹底孔，底孔倒角及攻螺纹和铣环形槽的工艺路线安排，如图6-2所示。

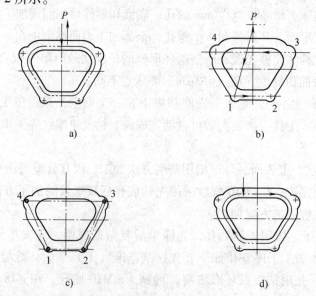

图6-2　壳体零件的工艺路线
a）铣上端面　b）钻螺孔中心孔　c）钻环形槽起点、螺孔底面等　d）铣环形槽

（6）选择刀具 刀具的规格主要根据加工尺寸选择，因上表面较窄，一次走刀即可加工完成，故选用不重磨硬质合金 $\phi80mm$ 的面铣刀；环形槽的精度和表面粗糙度（$R_a = 12.5\mu m$）要求不高，可选用高速钢 $\phi10\,^{+0.03}_{0}mm$ 立铣刀直接铣削完成。其余刀具规格见表6-2。

表6-2 壳体零件的数控加工刀具卡

工步号	刀具号	刀具名称	刀具规格（直径）/mm	备注
1	T01	硬质合金面铣刀	$\phi80$	
2	T02	中心钻	$\phi3$	
3	T03	麻花钻	$\phi8.5$	
4	T04	麻花钻	$\phi18$	
5	T05	机用丝锥	M10	
6	T06	高速钢立铣刀	$\phi10\,^{+0.03}_{0}$	

（7）选择切削用量 根据零件加工精度和表面粗糙度的要求，并考虑刀具的强度、刚度以及加工效率等因素，在该零件的各道加工工序中，切削用量见表6-3。

（8）填写数控加工工序卡片 将各工步加工内容、所用刀具和切削用量填入表6-3壳体零件数控加工工序卡片中。

表6-3 壳体零件的数控加工工序卡

工步号	工步内容	刀具号	刀具规格（直径）/mm	主轴转速 r·mm⁻¹	进给速度 /mm·min⁻¹	备注
1	铣削上表面	T01	$\phi80$	280	56	
2	钻 4×M10 中心孔	T02	$\phi3$	1000	100	
3	钻 4×M10 底孔及槽 $\phi10\,^{+0.15}_{0}$ 落刀孔	T03	$\phi8.5$	500	50	
4	4×M10 底孔孔口倒角	T04	$\phi18$	500	50	
5	攻螺纹 4×M10	T05	M10	60	90	
6	铣环形槽	T06	$\phi10\,^{+0.03}_{0}$	300	30	

【思考与练习题】

1. 如图6-3所示，该支承套加工案例零件为卧式升降台铣床的支承套，零件材料为45钢，小批生产。零件毛坯为 $\phi110mm \times 90mm$ 棒料，长度 $80\,^{+0.5}_{0}mm$，大径 $\phi100f9$ 及尺寸 $78\,^{0}_{-0.5}mm$ 在前面工序均已按图样技术要求加工好。因加工工序较多，若采用普通机床加工需多次装夹，加工精度难于保证，要求采用数控加工。试设计该支承套加工案例的数控加工工艺。

2. 编制如图6-4所示零件的数控加工工艺文件（提示：需要增加工艺孔辅助）。

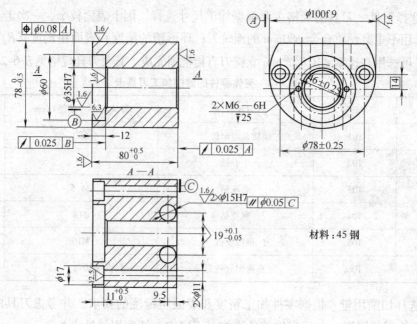

图 6-3　支承套零件图

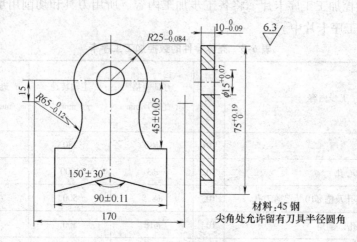

图 6-4　样板零件图

项目二　"泵盖"零件加工工艺分析的编制

【工作任务】

本项目完成如图 6-5 所示"泵盖"零件加工中心加工工艺的分析与编制。材料为 HT200 铸铁,小批量生产,毛坯尺寸为 170mm×110mm×30mm。

【能力目标】

1. 会制订中等以上复杂程度箱盖类零件加工中心的综合加工工艺。
2. 会编制中等以上复杂程度箱盖类零件加工中心的加工工艺文件。

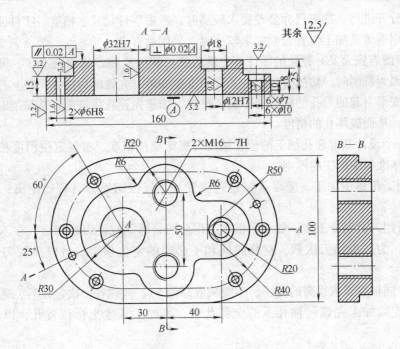

图 6-5　"泵盖"零件图

【相关知识准备】

一、孔系加工方法和加工余量的确定

1. 孔系加工方法

孔加工方法比较多，有钻、扩、铰、镗和攻螺纹等。大直径孔还可采用圆弧插补方式进行铣削加工。孔的具体加工方案可借鉴学习情境六项目一中的孔加工方法。

2. 加工余量的确定

确定加工余量的基本原则是在保证加工质量的前提下，尽量减少加工余量。最小加工余量应保证能将具有各种缺陷和误差的金属层切去，从而提高加工表面的精度和表面质量。

在具体确定工序间的加工余量时，应根据下列条件选择大小。

1）对最后的工序，加工余量应能保证得到图样上所规定的表面粗糙度和精度要求。

2）考虑加工方法、设备的刚性以及零件可能发生的变形。

3）考虑零件热处理时引起的变形。

4）考虑被加工零件的大小，零件愈大，由于切削力、内应力引起的变形也会增加，因此要求加工余量也相应地大一些。

二、加工阶段的划分

加工阶段的划分可借鉴学习情境六项目一中的加工阶段的划分。

三、加工工序的划分

划分加工工序方法与学习情境四项目一相同。但加工中心加工工序划分后还要细分加工工步，设计加工中心工步时，主要从精度和效率两方面考虑。加工中心加工工步设计的主要原则如下。

1）加工表面按粗加工、半精加工、精加工次序完成，或全部加工表面按先粗、后半精、精加工分开进行。加工尺寸公差要求较高时，考虑零件尺寸、精度、零件刚性和变形等因素，可采用前者；加工位置公差要求较高时，采用后者。

2）对于既有铣面又有镗孔的零件应先铣后镗。按照这种方法划分工步，可以提高孔的加工精度，因为铣削时，切削力较大，工件易发生变形。先铣面后镗孔，使其有一段时间回复，减少由变形引起的对孔的精度的影响。反之，如果先镗孔后铣面，则铣削时，必然在孔口产生飞边，从而破坏孔的精度。

3）当一个设计基准和孔加工的位置精度与机床定位精度、重复定位精度相接近时，采用相同设计基准集中加工的原则。

4）相同工位集中加工，应尽量按就近位置加工，以缩短刀具移动距离，减少空运行时间。

5）按所用刀具划分工步。如有些机床工作台回转时间较换刀时间短，在不影响加工精度的前提下，为减少换刀次数、空移时间和不必要的定位误差，可以采取刀具集中工序加工。

6）对于同轴度要求很高的孔系，不能采取原则5）。应该在一次定位后，通过顺序连续换刀，顺序连续加工完该同轴孔系的全部孔后，再加工其他坐标位置孔，以提高孔系同轴度。

7）在一次定位装夹中，尽可能完成所有能够加工的表面。

四、加工顺序的拟定

加工顺序的拟定可借鉴学习情境六项目一中的加工顺序的安排。

五、加工路线的确定

加工中心加工孔时，一般首先将刀具在 XY 平面内迅速、准确运动到孔中心线位置，然后再沿 Z 向运动进行加工。因此，孔加工路线的确定包括以下内容。

（1）在 XY 平面内的加工路线 加工孔时，刀具在 XY 平面内属点位运动，因此确定加工路线时主要考虑以下两点。

1）定位要迅速。在加工如图 6-6a 所示零件图中，图 6-6b 所示加工路线比如图 6-6c 所示进给路线节省将近一半的定位时间。

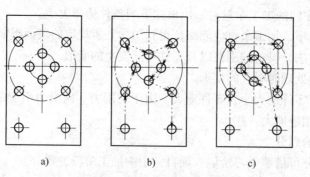

图 6-6 最短加工路线设计图

2）定位要准确。安排加工路线要避免引入机械进给传动系统的反向间隙。在加工如图 6-7a 所示零件中，图 6-7b 所示的加工路线引入了机床进给传动系统的反向间隙，难以做到定位准确；图 6-7c 所示的进给路线是从同一方向趋近目标位置的，消除了机床传动系统反向间隙的误差，满足了定位准确，但非最短进给路线，没有满足定位迅速的要求。因此，在具体加工中应抓住主要矛盾，若按最短路线进给能保证位置精度，则取最短路线；反之，应取能保证定位准确的路线。

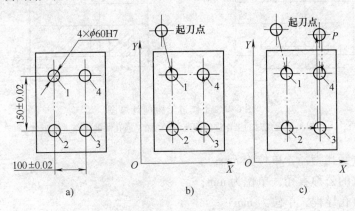

图 6-7　准确定位加工路线设计图

（2）Z 向（轴向）的加工路线　为缩短刀具的空行程时间，Z 向的加工分快进和工进。刀具在开始加工前，要快速运动到距待加工表面一定距离的 R 平面上，然后才能以工作进给速度进行切削加工。如图 6-8a 所示为加工单孔时刀具的加工路线。加工多孔时，为减少刀具空行程时间，加工完前一个孔后，刀具只需退到 R 平面即可沿 X、Y 坐标轴方向快速移动到下一孔位，其加工路线如图 6-8b 所示。

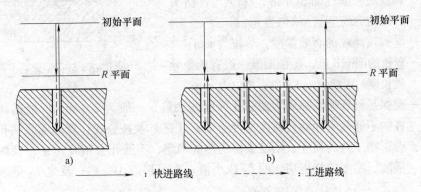

图 6-8　刀具 Z 向加工路线设计

在工作进给路线中，工进距离 Z_F 除包括被加工孔的深度 H 外，还应包括切入距离 Z_a、切出距离 Z_0（加工通孔）和钻尖（顶角）长度 T_t，如图 6-9 所示。

加工不通孔时，工作进给距离为　$Z_F = Z_a + H + T_t$。

加工通孔时，工作进给距离为　$Z_F = Z_a + H + Z_0 + T_t$。

（3）钻螺纹底孔尺寸及钻孔深度的确定

1）钻螺纹底孔尺寸的确定。直径在 M6 ~ M20 之间的螺纹孔，一般在加工中心上用攻螺纹的方法加工；直径在 M6 以下的螺纹，则只在加工中心上加工出底孔，然后通过其他手段攻螺纹。如图 6-10 所示，钻螺纹底孔时，一般螺纹底孔尺寸为

$$d = M - P_h$$

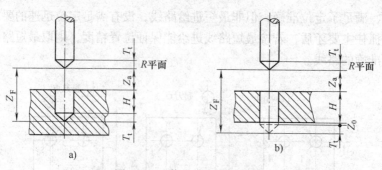

图 6-9　工作进给距离计算图

a）加工不通孔时的工作进给距离　b）加工通孔时的工作进给距离

式中　d——螺纹底孔直径，单位为 mm；

　　　M——螺纹的公称直径，单位为 mm；

　　　P_h——螺纹孔导程，单位为 mm。

2）钻孔深度的确定。

① 螺纹为通孔时，螺纹底孔则钻通，不存在计算确定钻孔深度的问题。

② 螺纹为不通孔时，钻孔深度按下式计算，即

$$H = H_2 + L_1 + L_2 + L_3$$

$$H_1 = H_2 + L_1 + L_2$$

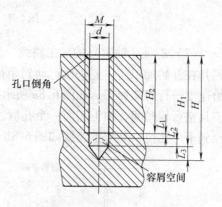

图 6-10　钻螺纹孔加工尺寸

式中　H——螺纹底孔编程的实际钻孔深度（含钻头 118°钻尖高度），单位为 mm；

　　　H_2——丝锥攻螺纹的有效深度，单位为 mm；

　　　L_1——丝锥的倒锥长度，丝锥倒锥一般有 3 个导程长度，因此 $L_1 = 3 \times P_h$，单位为 mm；

　　　L_2——确保足够容屑空间而增加钻孔深度的余量，一般为 2 ~ 3mm。根据计算公式计算的不通孔实际钻孔深度是否会钻破（穿）及按公式计算的实际钻孔深度是否会影响工件的强度、刚度或使用功能确定，不通孔会钻破（穿）及影响工件的强度、刚度或使用功能的 L_2 取小值，也可再取小一些；反之 L_2 则取大值，或再大一些；

　　　L_3——钻头的钻尖高度，一般钻头的顶角为 118°，为便于计算，钻头顶角常近似按 120°计算，根据三角函数即可算出钻尖的高度；

　　　H_1——钻孔的有效深度，单位为 mm。

【任务实施】

（1）零件工艺分析　该零件主要由平面、外轮廓以及孔系组成。其中 $\phi32H7$ 和 $2 \times \phi6H8$ 三个内孔的表面粗糙度要求较高，为 $R_a = 1.6\mu m$；而 $\phi12H7$ 内孔的表面粗糙度要求更高，为 $R_a = 0.8\mu m$；$\phi32H7$ 内孔表面对 A 面有垂直度要求，上表面对 A 面有平行度要求。该零件材料为铸铁，切削加工性能较好。根据上述分析，$\phi32H7$ 孔、$2 \times \phi6H8$ 孔与 $\phi12H7$ 孔的粗、精加工应分开进行，以保证表面粗糙度要求。同时以底面 A 定位，提高装夹刚度

以满足 $\phi 32\mathrm{H}7$ 内孔表面的垂直度要求。

（2）拟定加工工艺

1）选择加工方法。上、下表面及台阶面的表面粗糙度要求为 $R_a = 6.2\mu m$，可选择"粗铣→精铣"方案。

2）孔加工方法的选择。

① 孔 $\phi 32\mathrm{H}7$，表面粗糙度为 $R_a = 1.6\mu m$，选择"钻→粗镗→半精镗→精镗"方案。

② 孔 $\phi 12\mathrm{H}7$，表面粗糙度为 $R_a = 0.8\mu m$，选择"钻→粗铰→精铰"方案。

③ 孔 $6 \times \phi 7mm$，表面粗糙度为 $R_a = 3.2\mu m$，无尺寸公差要求，选择"钻→铰"方案。

④ 孔 $2 \times \phi 6\mathrm{H}8$，表面粗糙度为 $R_a = 1.6\mu m$，选择"钻→铰"方案。

⑤ 孔 $\phi 18mm$ 和 $6 \times \phi 10mm$，表面粗糙度为 $R_a = 12.5\mu m$，无尺寸公差要求，选择"钻孔→锪孔"方案。

⑥ 螺纹孔 $2 \times \mathrm{M}16 - \mathrm{H}7$，采用先钻底孔，后攻螺纹的加工方法。

（3）确定装夹方案　该零件毛坯的外形比较规则，因此在加工上下表面、台阶面及孔系时，选用机用虎钳夹紧；在铣削外轮廓时，采用"一面两孔"定位方式，即以底面 A、$\phi 32\mathrm{H}7$ 孔和 $\phi 12\mathrm{H}7$ 孔定位。

（4）确定加工顺序及走刀路线　按照基面先行、先面后孔、先粗后精的原则确定加工顺序，详见表 6-5 泵盖零件数控加工工序卡。外轮廓加工采用顺铣方式，刀具沿切线方向切入与切出。

（5）刀具选择

1）零件上、下表面采用面铣刀加工，根据侧吃刀量选择面铣刀直径，使铣刀工作时有合理的切入、切出角；且铣刀直径应尽量包容工件整个加工宽度，以提高加工精度和效率，并减小相邻两次进给之间的接刀痕迹。

2）台阶面及其轮廓采用立铣刀加工，铣刀半径只受轮廓最小曲率半径限制，取 $R = 6mm$。

3）孔加工各工步的刀具直径根据加工余量和孔径确定。

该零件加工所选刀具详见表 6-4 泵盖零件数控加工刀具卡片。

表 6-4　泵盖零件数控加工刀具卡片

序号	刀具	刀具规格名称	数量	加工表面	备注
1	T01	$\phi 125mm$ 硬质合金面铣刀	1	铣削上、下表面	
2	T02	$\phi 12mm$ 硬质合金立铣刀	1	铣削台阶面及其轮廓	
3	T03	$\phi 3mm$ 中心钻	1	钻中心孔	
4	T04	$\phi 27mm$ 钻头	1	钻 $\phi 32\mathrm{H}7$ 底孔	
5	T05	内孔镗刀	1	粗镗半精镗和精镗 $\phi 32\mathrm{H}7$	
6	T06	$\phi 11.8mm$ 钻头	1	钻 $\phi 12\mathrm{H}7$ 底孔	
7	T07	$\phi 8 \times 11mm$ 锪钻	1	锪 $\phi 18mm$ 孔	
8	T08	$\phi 12mm$ 铰刀	1	铰 $\phi 12\mathrm{H}7$ 孔	
9	T09	$\phi 14mm$ 钻头	1	钻 $2 \times \mathrm{M}16$ 螺纹底孔	
10	T10	$90°$ 倒角铣刀	1	$2 \times \mathrm{M}16$ 螺孔倒角	
11	T11	M16 机用丝锥	1	攻 $2 \times \mathrm{M}16$ 螺纹孔	

（续）

序号	刀具	刀具规格名称	数量	加工表面	备注
12	T12	ϕ6.8mm 钻头	1	钻 6×ϕ7mm 底孔	
13	T13	ϕ10×5.5mm 锪钻	1	锪 6×ϕ10mm 孔	
14	T14	ϕ7mm 铰刀	1	铰 6×ϕ7mm 孔	
15	T15	ϕ5.8mm 钻头	1	钻 2×ϕ6H8 底孔	
16	T16	ϕ6mm 铰刀	1	铰 2×ϕ6H8 孔	
17	T17	ϕ35mm 硬质合金立铣刀	1	铣削外轮廓	

（6）切削用量选择　该零件材料切削性能较好，铣削平面、台阶面及轮廓时，留0.5mm 精加工余量；孔加工精镗余量留 0.2mm，精铰余量留 0.1mm。

选择主轴转速与进给速度时，先查切削用量手册，确定切削速度与每齿进给量，然后根据式 $v_c = \pi dn/1000$ ，$v_f = nZf_z$ 计算主轴转速与进给速度（计算过程略）。

（7）拟定数控铣削加工工序卡片　为更好地指导编程和加工操作，把该零件的加工顺序、所用刀具和切削用量等参数编入表 6-5 泵盖零件数控加工工序卡片中。

表 6-5　泵盖零件数控加工工序卡片

数控加工工序（工步）卡片		零件图号		零件名称	材料	使用设备
				泵盖	HT200 铸铁	加工中心
工步号	工步内容	刀具号	刀具规格（直径）/mm	主轴转速/r·min^{-1}	进给速度/mm·min^{-1}	背吃刀量/mm	备注

工步号	工步内容	刀具号	刀具规格（直径）/mm	主轴转速/r·min^{-1}	进给速度/mm·min^{-1}	背吃刀量/mm	备注
1	粗铣定位基准面 A	T01	ϕ125	180	40	2	自动
2	精铣定位基准面 A	T01	ϕ125	180	25	0.5	自动
3	粗铣上表面	T01	ϕ125	180	40	2	自动
4	精铣上表面	T01	ϕ125	180	25	0.5	自动
5	粗铣台阶面及其轮廓	T02	ϕ12	900	40	4	自动
6	精铣台阶面及其轮廓	T02	ϕ12	900	25	0.5	自动
7	钻所有孔的中心孔	T03	ϕ6	1000			自动
8	钻 ϕ32H7 底孔至 ϕ28mm	T04	ϕ27	200	40		自动
9	粗镗 ϕ32H7 孔至 ϕ31.6mm	T05	ϕ31.6	500	80	1.5	自动
10	半精镗 ϕ32H7 孔	T05		700	70	0.8	自动
11	精镗 ϕ32H7 孔	T05		800	60	0.2	自动
12	钻 ϕ12H7 底孔至 ϕ11.7mm	T06	ϕ11.8	600	60		自动
13	锪 ϕ18mm 孔	T07	ϕ18×11	150	60		自动
14	粗铰 ϕ12H7	T08	ϕ12	100	40	0.1	自动
15	精铰 ϕ12H7mm	T08	ϕ12	100	40		自动
16	钻 2-M16 底孔至 ϕ14mm	T09	ϕ14	450	60		自动
17	2-M16 底孔倒角	T10	90°倒角	600	40		手动
18	攻 2-M16 螺纹孔	T11	M16	100	200		自动
19	钻 6-ϕ7 底孔至 ϕ6.8mm	T12	ϕ6.8	700	70		自动

（续）

数控加工工序 （工步）卡片	零件图号		零件名称	材料	使用设备
			泵盖	HT200 铸铁	加工中心
工步号	工步内容	刀具号	刀具规格 （直径）/mm	主轴转速 /r·min⁻¹	进给速度 /mm·min⁻¹	背吃刀量 /mm	备注

工步号	工步内容	刀具号	刀具规格（直径）/mm	主轴转速 /r·min⁻¹	进给速度 /mm·min⁻¹	背吃刀量 /mm	备注
20	锪 6 - ϕ10 孔	T13	ϕ10×5.5	150	60		自动
21	铰 6 - ϕ7 孔	T14	ϕ7	100	25	0.1	自动
22	钻 2 - ϕ6H8 底孔至 45.8mm	T15	ϕ5.8	900	80		自动
23	铰 2 - ϕ6H8 孔	T16	ϕ6	100	25	0.1	自动
24	一面两孔定位粗铣外轮廓	T17	ϕ35	600	40	2	自动
25	精铣外轮廓	T17	ϕ35	600	25	0.5	自动

【思考与练习题】

分析如图 6-11 所示零件图，编制其数控加工工艺文件。

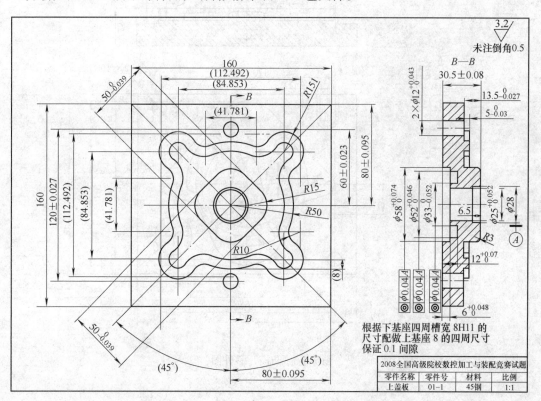

图 6-11　上滑板

学习情境七　典型零件配合的数控铣削加工工艺案例分析

项目　板类配合件的数控加工工艺案例

【工作任务】

分别完成如图 7-1 所示"凸模"零件和如图 7-2 所示"凹模"零件的数控加工工艺的分析与工艺文件的编制，使两者达到合理的配合。毛坯尺寸为 160mm × 130mm × 30mm，材料为 45 钢。

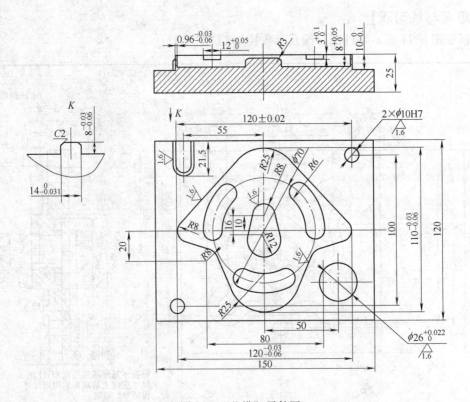

图 7-1　"凸模"零件图

【能力目标】

1. 会拟定配合件的数控铣削加工路线。
2. 会选择配合件的数控铣削加工刀具。
3. 会选择配合件的数控铣削加工夹具，确定装夹方案。
4. 会编制配合件的数控铣削加工工艺文件。

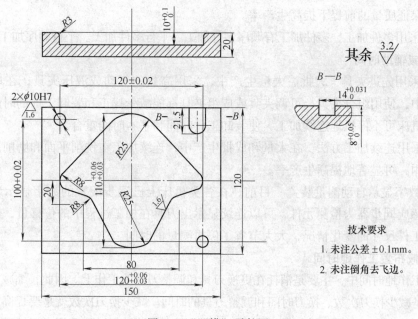

图 7-2 "凹模" 零件图

【相关知识准备】

一、影响加工余量大小的因素

1）表面粗糙度 R_a。

2）材料表面缺陷层深度 $R_a + D_a$。

3）空间偏差。

4）表面几何形状误差。

5）装夹误差 ε_b。

6）实际的加工要求和材料性能。

二、提高劳动生产率的工艺途径

劳动生产率是一项综合性的技术经济指标。提高劳动生产率，必须正确处理好质量、生产率和经济性三者之间的关系。应在保证质量的前提下提高生产率、降低成本。

（一）缩减时间定额

1. 缩减基本时间

（1）提高切削用量 由基本时间的计算公式可知，增大切削速度、进给量和切削深度都可缩减基本时间，这是广泛采用的非常有效的方法。目前，硬质合金车刀的切削速度可达 200m/min，陶瓷刀具的切削速度可达 500m/min。

（2）减少或重合切削行程长度 利用多把刀具或复合刀具对工件的同一表面或多个表面同时进行加工，或者利用宽刃刀具或成形刀具作横向进给同时加工多个表面，实现复合工步，都能减少每把刀的切削行程长度或使切削行程长度部分或全部重合，减少基本时间。

采用多刃或多刀加工时，要尽量做到粗、精分开。同时，由于刀具间的位置精度会直接影响工件的精度，故调整精度要求较高。另外，工艺系统的刚度和机床的功率也要相应增加，要在保证质量的前提下提高生产率。

（3）采用多件加工　多件加工有顺序多件加工、平行多件加工、平行顺序加工三种形式。

2. 缩减辅助时间

（1）采用先进夹具　大批、大量生产中，采用高效的气动或液压夹具；在单件小批和中批生产中，使用组合夹具、可调夹具或成组夹具都能减少找正和装卸工件的时间。采用多位夹具，机床可不停机地连续加工，使装卸工件时间和基本时间重合。

（2）采用连续加工方法　在大量和成批生产中，连续加工在铣削平面和磨削平面中得到广泛的应用，可显著地提高生产率。

（3）数字显示自动测量装置　目前，在各类机床上已逐步配置的数字显示装置，都是以光栅、感应同步器为检测元件，可以连续显示出刀具在加工过程中的位移量，使工人能直观地看出工件尺寸的变化情况，大大节省了停机测量的时间。

3. 缩减布置工作地时间

布置工作地时间中，主要是消耗在更换刀具和调整刀具的工作上。因此，缩减布置工作地时间主要是减少换刀次数、换刀时间和调整刀具的时间。减少换刀次数就是要提高刀具或砂轮的寿命，而减少换刀和调刀时间是通过改进刀具的装夹和调整方法，采用对刀辅具来实现的。

目前，在车削和铣削中已广泛采用机械夹固的可转位硬质合金刀片。这种刀片可按需要预制成形，并通过机械夹持的方法固定在刀杆上。每块刀片上都有几个切削刃，当某个切削刃用钝后，可以松开紧固螺钉转换一个新切削刃继续加工，直到全部切削刃用钝后，再更换刀片。采用这种刀片后，既能减少换刀次数，又减少了刀具的装卸、对刀和刃磨时间，从而大大提高了生产率。

4. 缩减准备与终结时间

缩减准备与终结时间的主要方法是扩大零件的批量和减少调整机床、刀具和夹具的时间。

在中、小批生产中，产品经常更换，批量又小，使准终时间在单件计算时间中占有较大的比重。同时，批量小又限制了高效设备和高效装备的应用。因此，扩大批量是缩减准终时间的有效途径。目前，应用相似原理，采用成组技术以及零部件通用化、标准化，产品系列化是扩大批量最有效的方法：

1）采用易于调整的先进加工设备。

2）夹具和刀具的通用化。

3）减少换刀和调刀时间。

4）减少夹具在机床上的装夹找正时间。

（二）采用新工艺和新方法

（1）先进的毛坯制造方法　如精密铸造、精密锻造、粉末冶金等方法。

（2）无切削的新工艺　如采用冷挤、冷轧、滚压和滚轧等方法，不仅能提高生产率，而且工件的表面质量和精度也能得到明显改善。

（3）特种加工　目前各种电加工机床应用较普遍。用常规切削方法很难加工的特硬、特脆、特韧材料以及复杂型面，采用电加工等特种加工后均可迎刃而解。

（4）改进加工方法　例如，在大批、大量生产中，采用拉削代替铣削、钻削和铰削，以粗磨代替铣平面；在成批生产中，采用以铣代刨，以精刨、精磨或精细镗（金刚镗）代替刮研等。

（三）提高机械加工自动化程度

加工过程自动化是提高劳动生产率最理想的手段，但自动化加工投资大、技术复杂，因而要针对不同的生产类型，采取相应的自动化水平。

大批、大量生产时，由于工件批量大，生产稳定，可采用多工位组合机床或组合机床自动线，整个工作循环都是自动进行的，生产率很高。中批生产的自动化可采用各种数控机床及其他柔性较高的自动化生产方式。

三、配合件加工时应考虑的因素和解决方案

（1）考虑因素　零件的表面粗糙度明显达不到图样要求，将影响工件间配合的紧密度，进而达不到配合的要求。其原因主要有：刀具的选择、切削用量的选择等。刀具的选择，主要体现在刀具的质量和适当的选刀，对球形刀具行距选择过大，使零件的表面粗糙度达不到要求；切削用量的选择，主要体现在加工不同材料时，铣削三要素的选择有很大的差异，因此选择切削用量时，要根据机床的实际情况而定。

此外，在加工时，要求机床主轴具有一定的回转运动精度。即加工过程中主轴回转中心相对刀具或者工件的精度。当主轴回转时，实际回转轴线其位置总是在变动的，也就是说，存在回转误差。主轴的回转误差可分为三种形式：轴向窜动、径向圆跳动和角度摆角。在切削加工过程中的机床主轴回转误差使得刀具和工件间的相对位置不断变化，影响着成形运动的准确性，在工件上引起加工误差。

（2）解决方案

1）刀具的选择，应尽可能选择较大的刀具，避免让刀振动，以减小表面粗糙度值。

2）铣削用量的确定，在加工中，粗加工主轴转速慢一些，进给速度慢一些，铣削深度大一些（$D <$刀具半径），精加工转速快一些。

3）尽量避免接刀痕产生。

4）尽量避免装夹误差。主要是夹紧力和限制工件自由度要做到合理。

5）加工余量的确定要合理。主要是 X、Y 轴的加工余量选择应合理。

【任务实施】

1. 零件图的工艺分析

（1）零件结构的分析　如图 7-1、图 7-2 所示，该零件是需要配合的薄壁零件，形状比较简单，但是结构较复杂，表面质量和精度要求较高，因此，从精度要求上考虑，定位和工序安排比较关键。为了加工精度和表面质量，根据毛坯质量（主要是指形状和尺寸），分析采用两次定位（一次粗定位，一次精定位）装夹加工完成，按照基面先行、先主后次、先近后远、先内后外、先粗后精、先面后孔的原则一次划分工序加工。

（2）加工余量的分析　根据精度要求，该图的尺寸精度要求较高，即需要有余量的计算，正确规定加工余量的数值，是完成加工要求的重要任务之一。在具体确定工序的加工余量时，应根据下列条件选择大小。

1）对最后的加工工序，加工余量应达到图样上规定的表面粗糙度和精度要求。

2）考虑加工方法、设备的刚性以及零件可能发生的变形。

3）考虑零件热处理时引起的变形。

4）考虑被加工零件的大小，若零件愈大，由于切削力、内应力引起的变形也会增加，因此要求加工余量也相应地大一些。

（3）精度分析　该零件的尺寸公差比较高，在 0.02～0.03mm 之间，且凸件薄壁厚度为 0.96mm，区域面积较大，表面粗糙度的要求也比较高，达到了 $R_a = 1.6\mu m$，加工时极容易产生变形，处理不好可能会导致其壁厚公差及表面粗糙度难以达到要求，所以必须合理地确定加工余量。

（4）定位基准分析　定位基准是工件在装夹定位时所依据的基准。该零件首先以毛坯件的一个平面为粗基准定位，将毛坯料的精加工定位面铣削出来，并达到规定的要求和质量，作为夹持面，再以夹持面为基准装夹来加工零件，最后再将粗基准面加工到尺寸要求。

2. 机床的选择

选择 KVC650 加工中心，FANUC 0i Mate 系统。加工中心加工柔性比普通数控铣床优越，有一个自动换刀的伺服系统，对于工序复杂的零件需要多把刀加工，在换刀的时候可以减少很多辅助时间，很方便，而且能够加工更加复杂的曲面等工件。

3. 装夹方案的确定

该零件形状规则，四个侧面较光整，加工面与加工面之间的位置精度要求不高，因此，以底面和两个侧面作为定位基准，用机用虎钳从工件侧面夹紧即可。

4. 加工工艺过程设计

（1）确定工序方案。根据零件图样和技术要求，制订一套加工用时少，经济成本花费少，又能保证加工质量的工艺方案。通常毛坯未经过任何处理时，外表有一层硬皮，硬度很高，很容易磨损刀具，在选择走刀方式时应考虑选择逆铣，并且在装夹前应进行钳工去飞边处理，再以面作为粗基准加工精基准定位面。

1）"凸模"零件工艺方案。铣削夹持面→粗铣上平面→精铣上平面→粗铣内轮廓（挖槽）→粗铣槽内凸台→手动去除槽内多余残料→粗铣槽内圆弧槽→粗铣外轮廓→粗铣凸台→手动去除多余残料→精铣槽内凸台→精铣槽内圆弧槽→半精铣内轮廓→半精铣外轮廓→精铣凸台→精铣槽面→精铣内轮廓→精铣外轮廓→钻孔→铰孔→翻面铣掉夹持面。

2）"凹模"零件工艺方案。铣削夹持面→粗铣上平面→精铣上平面→粗铣内轮廓（挖槽）→手动去除槽内多余残料→粗铣定位槽→粗铣槽底面→精铣内轮廓和倒圆角→精铣定位槽→钻孔→绞孔→翻面铣掉夹持面。

方案的加工顺序是先里后外，先粗后精，先面后孔的方法划分加工步骤，由于轮廓薄壁太薄，对其划分工序考虑要全面，先对受力大的部位先加工，对剩余部分粗铣后就开始精加工。由于粗精加工同一个部位都用的不是同一把刀，所以选择加工方案要综合考虑。

（2）加工工步顺序的安排

1）"凸模"零件加工工步顺序。

① 加工上表面。由于下表面的精度要求不高，所以以底面作为基准，粗、精加工上平

面，以底面作为基准线粗铣外轮廓尺寸公差等级可达 IT7 ~ IT8，表面粗糙度可达 12.5 ~ 50μm。再精铣外轮廓，公差等级可达 IT7 ~ IT8，表面粗糙度可达 0.8 ~ 3.2μm。因此采用粗、精铣的顺序。

② 加工槽轮廓、槽内岛屿和圆弧槽。根据槽轮廓尺寸要求、圆弧曲率及其加工精度要求可知：轮廓精度要求很高，公差要求为 0.03mm，表面粗糙度为 $R_a = 1.6$μm，壁厚为 0.96mm，按其深度分层粗加工，留有合适的加工余量，所以要采用粗加工→半精加工→精加工的方案来完成加工，以满足加工要求。槽内岛屿只对表面质量有较高要求，在粗加工时留 0.3mm 的余量，采用同一把刀粗加工，按其深度分层粗加工，采用同一把刀精加工，减少换刀时间和刀具误差。采用粗加工→精加工方案来完成加工，以满足加工的要求。在倒圆角上，还要用到球形刀具，考虑行距的大小。圆弧槽的加工没什么要求，只对其深度尺寸限制了公差，其要求不高，但还要进行粗、精铣削加工，刀具最大尺寸有所限制，所以选择 ϕ10mm 的立铣刀，同前面加工可以选同一把，即 ϕ10mm 粗加工刀具、另一把 ϕ10mm 精加工刀具。

③ 加工外轮廓和凸台。外轮廓的加工要求比内轮廓要求高，采用同样的方法加工，同一规格 ϕ10mm 的立铣刀，采用粗加工→半精加工→精加工的方案，只是在加工时要小心一点。凸台的尺寸要求和表面质量要求比较高，按其深度分层粗加工，留有 0.3mm 的精加工余量。对于 C2 的倒角，要用到球形刀具，需考虑行距的大小。

④ 加工中间底面。底面的表面质量要求高，注意不要产生过切。

⑤ 孔加工。通孔 ϕ10mm，公差为 H7，表面粗糙度 $R_a = 1.6$μm。通孔 ϕ26mm，公差为 0.022mm，表面粗糙度 $R_a = 1.6$μm，所以先钻孔，再铰孔完成加工的要求。

2）"凹模"零件加工工步顺序。

① 加工上表面和外轮廓。凹模上表面和外轮廓加工方案与凸模的加工方案大致相同。两个凹槽的要求比较高，凹槽的深度要求为 8 ~ 10mm，需要分层加工，公差要求有高、有低，但表面粗糙度均为 $R_a = 1.6$μm，因此采用粗加工→半精加工→精加工的方案来完成加工，以满足加工的要求。凹槽的圆弧最小曲率半径为 8mm，所以在选择加工刀具时，应选择半径小于 8mm 的铣刀。

② 孔加工。通孔 ϕ10mm，公差为 H7，表面粗糙度 $R_a = 1.6$μm，加工方法与凸模相同，先钻孔，再铰孔完成加工的要求。

（3）铣削下刀方式的设定

1）"凸模"铣削下刀方式。槽内轮廓深度不是很深，区域比较大，采用螺旋下刀比较好，减少换刀时间。精加工用切线方式进刀，切线退刀，防止接刀痕的产生。槽内凸台粗、精加工，选择直线进刀，在空档的位置垂直下刀。圆弧槽的深度不是很深，粗加工采用极坐标螺旋下刀，精加工采用直接下刀，直线进刀。外轮廓深度不是很深，可以在外面直接垂直下刀，直线切入，精加工相同。凸台与外轮廓一样，采用的方法相同。钻孔和铰孔可直接垂直下刀。

2）"凹模"铣削下刀方式。槽轮廓区域内没有岛屿，可以螺旋下刀，精加工下刀方式跟凸模相同。开放式槽直接在工件外下刀，在轮廓延长线上切入切出。钻孔和铰孔可直接垂直下刀。

5. 刀具的选择（表7-1、表7-2）

表7-1 "凸模"零件刀具卡

工序号	刀具号	刀具名称	直径/mm	长度/mm	备注（刃长/mm）
1	T01	盘形铣刀	ϕ80		10
2	T02	R2mm 立铣刀	ϕ16 R2	120	50
3	T03	立铣刀	ϕ10	120	50
4	T04	立铣刀	ϕ10	120	50
5	T05	立铣刀	ϕ16	120	50
6	T06	球头铣刀	ϕ12	120	50
7	T07	中心钻	ϕ2	60	
8	T08	钻头	ϕ25.6	160	100
9	T09	铰刀	ϕ26	160	100
10	T10	钻头	ϕ9.8	120	60
11	T11	铰刀	ϕ10	120	60

表7-2 "凹模"零件刀具卡

工序号	刀具号	刀具名称	直径/mm	长度/mm	备注（刃长/mm）
1	T01	盘形铣刀	ϕ80		10
2	T02	R2mm 立铣刀	ϕ16 R2	120	50
3	T03	立铣刀	ϕ10	120	50
4	T04	立铣刀	ϕ10	120	50
5	T05	立铣刀	ϕ16	120	50
6	T06	球头铣刀	ϕ12	120	50
7	T07	中心钻	ϕ2	60	
8	T10	钻头	ϕ9.8	120	60
9	T11	铰刀	ϕ10	120	60

6. 切削用量的确定

选择主轴转速与进给速度时，先查切削用量手册，确定切削速度与每齿进给量，然后按式 $v_c = \pi dn/1000$，$v_f = nZf_z$ 计算主轴转速与进给速度（计算过程略）。

7. 填写数控加工工序卡片

将各工步加工内容、所用刀具和切削用量填入表7-3和表7-4中。

表7-3 "凸模"零件数控加工工序卡

数控加工工序（工步）卡片		零件图号		零件名称	材料	使用设备
				凸模	45钢	加工中心
工步号	工步内容		刀具号	刀具规格/mm	主轴转速/r·min^{-1}	进给速度/mm·min^{-1}	背吃刀量/mm	备注
1	装夹，粗铣基准面 A，留1mm余量		T01	ϕ80	1600	300	2	自动
2	粗铣定位侧面，留 0.5mm 余量		T02	ϕ16 R2	600	150	4	自动

（续）

数控加工工序（工步）卡片		零件图号		零件名称	材料		使用设备	
				凸模	45 钢		加工中心	
工步号	工步内容	刀具号	刀具规格/mm	主轴转速/r·min⁻¹	进给速度/mm·min⁻¹	背吃刀量/mm	备注	

工步号	工步内容	刀具号	刀具规格 /mm	主轴转速 /r·min^{-1}	进给速度 /mm·min^{-1}	背吃刀量 /mm	备注
3	装夹，粗精铣基准面 B 至尺寸要求和表面质量要求	T01	$\phi80$	1600/2000	300	2	自动
4	粗铣薄壁内轮廓，留 0.8mm 侧面余量，0.3mm 底面余量	T03	$\phi10$	450	120	4	自动
5	粗铣薄壁内凸台轮廓，留 0.8mm 余量，0.3mm 底面余量	T03	$\phi10$	450	120	4	自动
6	手动去除薄壁内大部分余量，留 0.3mm 底面余量	T02	$\phi16R2$	600	100~120	4	手动
7	粗铣薄壁内圆弧槽，留 0.3mm 余量，0.3mm 底面余量	T03	$\phi10$	450	120	4	自动
8	粗铣薄壁外轮廓，留 0.8mm 侧面余量，0.3mm 底面余量	T03	$\phi10$	450	120	4	自动
9	粗铣薄壁外凸台轮廓，留 0.8mm 侧面余量，0.3mm 底面余量	T03	$\phi10$	450	120	4	自动
10	手动去除薄壁外大部分余量，留 0.3mm 底面余量	T02	$\phi16R2$	600	100~120	4	手动
11	粗铣加工四方轮廓形状，留 0.4mm 余量	T02	$\phi16R2$	600/800	150~120	4/10	自动
12	精加工薄壁内圆弧槽到尺寸要求和精度要求	T04	$\phi10$	720	100	4	自动
13	半精铣薄壁内轮廓，留 0.2mm 余量	T04	$\phi10$	720	100	10	自动
14	半精铣薄壁内凸台轮廓，留 0.2mm 余量	T04	$\phi10$	720	100	10	自动
15	半精铣薄壁外轮廓，留 0.2mm 余量	T04	$\phi10$	720	100	10	自动
16	半精铣薄壁外凸台轮廓，留 0.2mm 余量	T04	$\phi10$	720	100	10	自动
17	精铣薄壁内底面到尺寸要求和表面质量要求	T05	$\phi16$	800	300	0.3	自动
18	精铣薄壁内凸台顶面至尺寸要求和表面质量要求	T05	$\phi16$	800	300		自动

（续）

数控加工工序 （工步）卡片	零件图号		零件名称 凸模		材料 45 钢		使用设备 加工中心	
工步号	工步内容	刀具号	刀具规格 /mm	主轴转速 /r·min⁻¹	进给速度 /mm·min⁻¹	背吃刀量 /mm	备注
19	精铣薄壁外凸台顶面至尺寸要求和表面质量要求	T05	φ16	800	300		自动
20	精铣薄壁外底面至尺寸要求和表面质量要求	T05	φ16	800	300	0.3	自动
21	精铣四方轮廓面至尺寸要求和表面质量要求	T05	φ16	800	150		自动
22	精加工薄壁内轮廓至尺寸要求和表面质量要求	T04	φ10	1000	120	10	自动
23	精加工薄壁外轮廓至尺寸要求和表面质量要求	T04	φ10	1000	120	10	自动
24	精加工薄壁内凸台轮廓至尺寸要求和表面质量要求	T04	φ10	1000	120	10	自动
25	精加工薄壁外凸台轮廓至尺寸要求和表面质量要求	T04	φ10	1000	120	10	自动
26	倒圆角 R3mm	T06	φ12	800	200		自动
27	倒角 C2	T06	φ12	800	200		自动
28	钻中心孔	T07	φ2	600	60		自动
29	钻 φ26mm 的通孔，留 0.4mm 余量	T08	φ25.6	600	80		自动
30	绞 φ26mm 的通孔至尺寸要求和表面质量要求	T09	φ26	1000	100		自动
31	钻 φ10mm 的通孔，留 0.2mm 余量	T10	φ9.8	600	60		自动
32	绞 φ10mm 的通孔至尺寸要求和表面质量要求	T11	φ10	1000	60		自动
33	装夹，精铣基准面 A	T01	φ80	2000	300		自动
34	精加工四方轮廓面	T05	φ16	800	150		自动

表7-4 "凹模"零件数控加工工序卡片

数控加工工序（工步）卡片		零件图号		零件名称	材料	使用设备
				凸模	45钢	加工中心
工步号	工步内容	刀具号	刀具规格/mm	主轴转速/r·min⁻¹	进给速度/mm·min⁻¹	背吃刀量/mm	备注

工步号	工步内容	刀具号	刀具规格/mm	主轴转速/r·min⁻¹	进给速度/mm·min⁻¹	背吃刀量/mm	备注
1	装夹，粗铣基准面 A，留1mm面余量	T01	$\phi80$	1600	300	2	自动
2	粗铣定位侧面，留0.5mm余量	T02	$\phi16R2$	600	150	4	自动
3	装夹，粗精铣基准面 B 至尺寸要求和表面质量要求	T01	$\phi80$	1600~2000	300	2	自动
4	粗铣薄壁内轮廓，留0.5mm侧面余量，0.3mm底面余量	T03	$\phi10$	450	120	4	自动
5	粗铣外槽轮廓，留0.5mm侧面余量，0.3mm底面余量	T03	$\phi10$	450	120	4	自动
6	手动去除槽内大部分余量，留0.3mm底面余量	T02	$\phi16R2$	600	100~120	4	手动
7	粗铣加工四方轮廓形状，留0.4mm余量	T02	$\phi16R2$	600	150	4	手动
8	精铣槽内底面至尺寸要求和表面质量	T05	$\phi16$	800	300		自动
9	精铣加工四方轮廓形状至尺寸要求和表面质量	T05	$\phi16$	800	150		自动
10	精加工槽内轮廓至尺寸要求和表面质量	T04	$\phi10$	1000	120	10	自动
11	精加工槽内轮廓至尺寸要求和表面质量	T04	$\phi10$	1000	120	10	自动
12	倒圆角 $R3$mm	T06	$\phi12$	800	200		自动
13	钻中心孔	T07	$\phi2$	600	60		自动
14	钻 $\phi10$mm 的通孔，留0.2mm余量	T10	$\phi9.8$	600	60		自动
15	绞 $\phi10$mm 的通孔至尺寸要求和表面质量要求	T11	$\phi10$	1000	60		自动
16	装夹，精铣基准面 A	T01	$\phi80$	2000	300		自动
17	精加工四方轮廓面	T05	$\phi16$	800	150		自动

【思考与练习题】

分别完成如图 6-11、图 7-3 和图 7-4 所示零件的数控加工工艺的分析与工艺文件的编制，使其达到配合要求。毛坯尺寸为 170mm×170mm×35mm，材料为 45 钢。

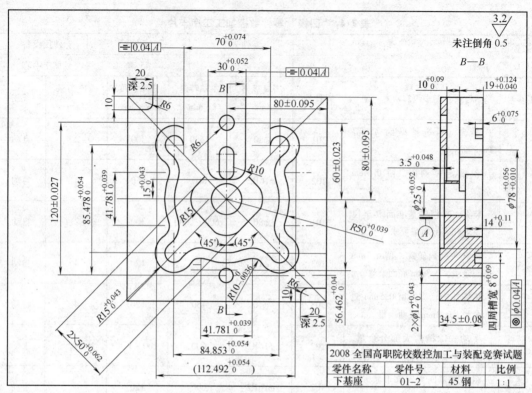

图 7-3　下基座

2008 全国高职院校数控加工与装配竞赛试题			
零件名称	零件号	材料	比例
下基座	01-2	45 钢	1:1

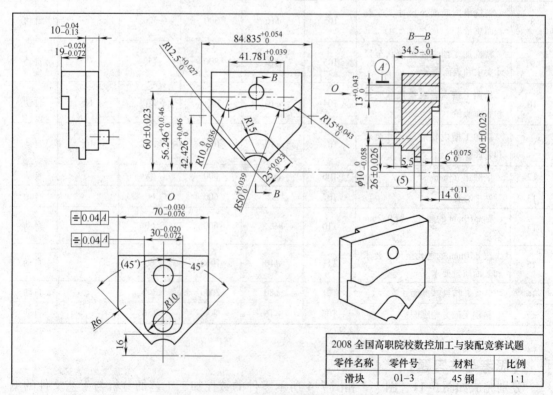

图 7-4　滑块

2008 全国高职院校数控加工与装配竞赛试题			
零件名称	零件号	材料	比例
滑块	01-3	45 钢	1:1

附　　录

附录 A　切削刀具用可转位刀片型号
表示规则（GB/T 2076—2007）

一、范围

本标准规定了切削刀具用硬质合金或其他切削材料的可转位刀片的型号表示规则。

本标准适用于切削刀具用硬质合金或其他切削材料的可转位刀片，还适用于镶有立方氮化硼及聚晶金刚石的刀片。

二、规范性引用文件

下列文件中的条款通过本标准的引用而成为本标准的条款。凡是注日期的引用文件，其随后所有的修改单（不包括勘误的内容）或修订版均不适用于本标准，然而，鼓励根据本标准达成协议的各方研究是否可使用这些文件的最新版本。凡是不注日期的引用文件，其最新版本适用于本标准。

GB/T 2075　切削加工用硬切削材料的分类和用途　大组和用途小组的分类代号

GB/T 12204　金属切削　基本术语（ISO 3002 – 1：1982，NEQ）

ISO 3002 – 1：1982/AMD. 1：1992　切削和磨削加工的基本参数　第 1 部分：切削刀具工作部分的几何参数通用术语、基准坐标系、刀具和工作角度、断屑槽　修改 1

ISO 16462　镶片式或整体立方氮化硼刀片尺寸及类型

ISO 16463　镶片式聚晶金刚石刀片尺寸及类型

三、型号表示规则

可转位刀片的型号表示规则用 9 个代号表征刀片的尺寸及其他特性。代号①～⑦是必需的，代号⑧和⑨在需要时添加，见示例 A-1。

例 A-1：一般表示规则

	①	②	③	④	⑤	⑥	⑦	⑧	⑨	⑬
米制	T	P	G	N	16	03	08	E	N	– …
英制	T	P	G	N	3	2	2	E	N	– …

镶片式刀片的型号表示规则用 12 个代号表征刀片的尺寸及其他特性。代号①～⑦和⑪、⑫是必须的，代号⑧、⑨和⑩在需要时添加，代号⑪、⑫与代号⑨之间用短横线"－"隔开，见示例 A-2。

例 A-2：符合 ISO 16462、ISO 16463 的刀片表示规则

	①	②	③	④	⑤	⑥	⑦	⑧	⑩	⑨	⑪	⑫	⑬
切削刀片	S	N	M	A	15	06	08	E		(N)	– B	L	– …
磨削刀片	T	P	G	T	16	T3	AP	S	01520	R	– M	028	– …

注意：依照 GB/T 12204，可转位刀片不同几何角度的表示规则和代号，有以下惯例：

1）刀片适用于手持工具系统。

2）参考面 P_r 平行于刀片底面。

3）假定的工作面 P_f 垂直于参考面 P_r，平行于进给运行的工作方向。只有在刀片有一个或几个修光刃时，才需要说明工作面。

4）工件进给方向应平行于修光刃（见表 A-9 中的注 1）。

除标除代号之外，制造商可以用补充代号⑬表示一个或两个刀片特征，以更好地描述其产品（如不同槽型）。该代号应用短横线"－"与标准代号隔开，并不得使用⑧、⑨和⑩位已用过的代号。

建议不增加或扩展本标准规定的表示规则。如确实需要增加或扩展本标准规定的表示规则，最好不采用增加位数的方式，而采用在相应的数位增加表示符号的方式，以保持与本标准的一致性，同时用简略图描叙清楚或给出详细的说明。

总之，如果第④位代号中使用了符号"X"，它也可能同时在第⑤、⑥、⑦位中被使用，其代表意义若没有在本标准给出，则应用简略图描叙清楚，或按照四中的 4 给出详细说明。

型号表示规则中各代号的意义如下：

① 字母代号表示　　刀片形状
② 字母代号表示　　刀片法后角
③ 字母代号表示　　允许偏差等级　　表征可转
④ 字母代号表示　　夹固形式及有无断屑槽　位刀片的
⑤ 数字代号表示　　刀片长度　　　　必需代号
⑥ 数字代号表示　　刀片厚度
⑦ 字母或数字代号表示　刀尖角形状
⑧ª 字母代号表示　　切削刃截面形状　　按照 ISO 16462、
⑨ª 字母代号表示　　切削方向　　　　ISO 16463 表征
⑩ᵇ 数字代号表示　　切削刃长度　　　镶嵌或整体切削
⑪ 字母代号表示　　镶嵌或整体切削刃类型及镶嵌角数量　刀片的必需代号，
⑫ 字母或数字代号表示　镶刃长度　　特别说明的除外
⑬ 制造商代号或符合 GB/T 2075
　　规定的切削材料表示代号

注：a 可转位刀片和镶片式刀片的可选代号。

　　b 镶片式刀片的可选代号。

四、代号

1. 表示刀片形状的字母代号

表示刀片形状的字母代号应符合表 A-1 的规定（代号①表示规则）。

表　A-1

刀片形状类别	代号	形状说明	刀尖角 ε_r	示意图
I　等边等角	H	正六边形	120°	⬡
	O	正八边形	135°	⬡
	P	正五边形	108°	⬠
	S	正方形	90°	▢
	T	正三角形	60°	△

（续）

刀片形状类别	代号	形状说明	刀尖角 ε_r	示意图
Ⅱ　等边不等角	C	菱形	80°ᵃ	
	D		55°ᵃ	
	E		75°ᵃ	
	M		86°ᵃ	
	V		35°ᵃ	
	W	等边不等角的六边形	80°ᵃ	
Ⅲ　等角不等边	L	矩形	90°	
Ⅳ　不等边不等角	A	平行四边形	85°ᵃ	
	B		82°ᵃ	
	K		55°ᵃ	
	F	不等边不等角六边形	82°ᵃ	
Ⅴ　圆形	R	圆形	—	

注：a 所示角度是指较小的角度。

2. 表示刀片后角大小的字母代号

表示刀片法后角大小的字母代号应符合表 A-2 的规定（代号②表示规则）。

1）常规刀片法后角，依托主切削刃（见表 A-2 中示意图）从表 A-2 所列代号中选取。

表　A-2

示意图	代　号	法后角
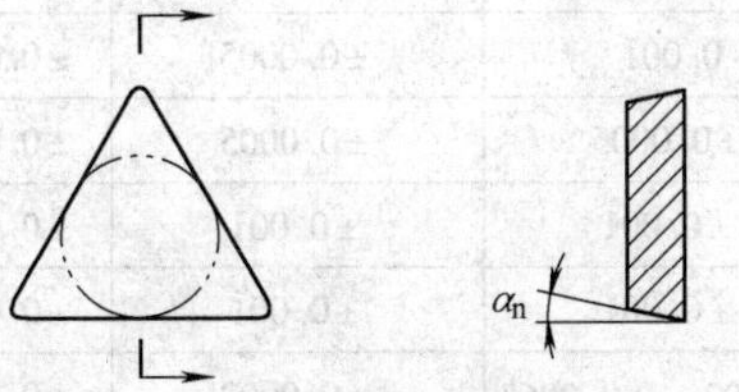	A	3°
	B	5°
	C	7°
	D	15°
	E	20°
	F	25°
	G	30°
	N	0°
	P	11°
	O	其他需专门说明的法后角

2）如果所有的切削刃都用来作主切削刃，不管法后角是否不同，用较长一段切削刃的法后角来选择法后角表示代号。这段较长的切削刃亦即作为主切削刃，表示刀片长度（见代号⑤）。

3. 表示刀片主要尺寸允许极限偏差等级的字母代号

表示刀片主要尺寸允许极限偏差等级的字母代号应符合表 A-3 的规定（代号③表示规则）。

1）主要尺寸包括：d（刀片内切圆直径）、s（刀片的厚度）和 m（刀尖位置尺寸）。图 A-1～图 A-3 三种图示情况的 m 值有所不同。

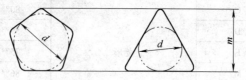

图 A-1　刀片边为奇数，刀尖为圆角

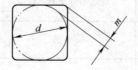

图 A-2　刀片边为偶数，刀尖为圆角

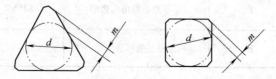

图 A-3　带修光刃的刀片（见表 A-9 中注 1）

表　A-3

极限偏差等级代号	允许极限偏差/mm			允许极限偏差/in		
	d	m	s	d	m	s
A[a]	±0.025	±0.005	±0.025	±0.001	±0.0002	±0.001
F[a]	±0.013	±0.005	±0.025	±0.0005	±0.0002	±0.001
C[a]	±0.025	±0.013	±0.025	0.001	±0.0005	±0.001
H	±0.013	±0.013	±0.025	±0.0005	±0.0005	±0.001
E	±0.025	±0.025	±0.025	±0.001	±0.001	±0.001
G	±0.025	±0.025	±0.13	±0.001	±0.001	±0.005
J[a]	±0.05 ~ ±0.15[b]	±0.005	±0.025	±0.002 ~ ±0.006[b]	±0.0002	±0.001
K[a]	±0.05 ~ ±0.15[b]	±0.013	±0.025	±0.002 ~ ±0.006[b]	±0.0005	±0.001
L[a]	±0.05 ~ ±0.015[b]	±0.025	±0.025	±0.002 ~ ±0.006[b]	±0.001	±0.001
M	±0.05 ~ ±0.15[b]	±0.08 ~ ±0.2[b]	±0.13	±0.002 ~ ±0.006[b]	±0.003 ~ ±0.008[b]	±0.005
N	±0.05 ~ ±0.15[b]	±0.08 ~ ±0.2[b]	±0.025	±0.002 ~ ±0.006[b]	±0.003 ~ ±0.008[b]	±0.001
U	±0.08 ~ ±0.25[b]	±0.13 ~ ±0.38[b]	±0.13	±0.003 ~ ±0.01[b]	±0.005 ~ ±0.015[b]	±0.005

注：1. a 通常用于具有修光刃的可转位刀片。
　　2. b 允许极限偏差取决于刀片尺寸的大小（见表 A-4、表 A-5），每种刀片的尺寸允许偏差应按其相应的尺寸标准表示。

2）形状为 H、O、P、S、T、C、E、M、W、F 和 R 的刀片，其 d 尺寸的 J、K、L、M、N 和 U 级允许极限偏差；刀尖角大于、等于 60°的形状为 H、O、P、S、T、C、E、M、W 和 F 的刀片，其 m 尺寸的 M、N 和 U 级允许极限偏差均应符合表 A-4 的规定。

表　A-4

内切圆公称尺寸 d		d 值允许极限偏差				m 值允许极限偏差			
		J、K、L、M、N 级		U 级		M、N 级		U 级	
mm	in	mm	in	mm	in	mm	in	mm	in
4.76	3/16	±0.05	±0.002	±0.08	±0.003	±0.08	±0.003	±0.13	±0.005
5.56	7/32								
6[a]	—								
6.35	1/4								
7.94	5/16								
8[a]	—								
9.525	3/8								
10[a]	—								
12[a]	—	±0.08	±0.003	±0.13	±0.005	±0.13	±0.005	±0.2	±0.008
12.7	1/2								
15.875	5/8	±0.1	±0.004	±0.18	±0.007	±0.15	±0.006	±0.27	±0.011
16[a]	—								
19.05	3/4								
20[a]	—								
25[a]	—	±0.13	±0.005	±0.25	±0.01	±0.18	±0.007	±0.38	±0.015
25.4	1								
31.75	1¼	±0.15	±0.006	±0.25	±0.01	±0.2	±0.008	±0.38	±0.15
32[a]	—								

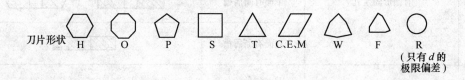

刀片形状　H　O　P　S　T　C、E、M　W　F　R
（只有 d 的极限偏差）

注：a 只适用于圆形刀片。

3）角刀尖为 55°（D 形）、35°（V 形）的菱形刀片，其 m 尺寸、d 尺寸的 M、N 级允许极限偏差应符合表 A-5 的规定。

表　A-5

内切圆公称尺寸 d		d 值允许极限偏差		m 值允许极限偏差		刀片形状
mm	in	mm	in	mm	in	
5.56	7/32	±0.05	±0.002	±0.11	±0.004	D 
6.35	1/4					
7.94	5/16					
9.525	3/8					
12.7	1/2	±0.08	±0.003	±0.15	±0.006	
15.875	5/8	±0.1	±0.004	±0.18	±0.007	
19.05	3/4					
6.35	1/4	±0.05	±0.002	±0.16	±0.006	V 
7.94	5/16					
9.525	3/8					
12.7	1/2	±0.08	±0.003	±0.2	±0.008	
15.875	5/8	±0.1	±0.004	0.27	±0.011	
19.05	3/4					

4. 表示刀片有、无断屑槽和中心固定孔的字母代号

表示刀片有、无断屑槽和中心固定孔的字母代号应符合表 A-6 的规定（代号④表示规则）。

表　A-6

代号	固定方式	断屑槽[a]	示意图
N	无固定孔	无断屑槽	
R		单面有断屑槽	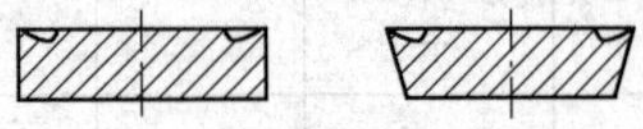
F		双面有断屑槽	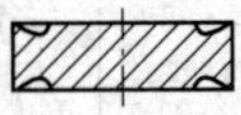
A	有圆形固定孔	无断屑槽	
M		单面有断屑槽	
G		双面有断屑槽	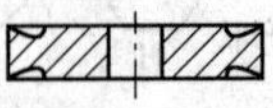
W	单面有 40°~60° 固定沉孔	无断屑槽	
T		单面有断屑槽	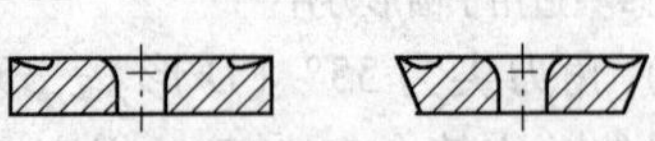

（续）

代号	固定方式	断屑槽[a]	示意图
Q	双面有40°~60°固定沉孔	无断屑槽	
U	双面有40°~60°固定沉孔	双面有断屑槽	
B	单面有70°~90°固定沉孔	无断屑槽	
H	单面有70°~90°固定沉孔	单面有断屑槽	
C	双面有70°~90°固定沉孔	无断屑槽	
J	双面有70°~90°固定沉孔	双面有断屑槽	
X[b]	其他固定方式和断屑槽形式，需附图形或加以说明		—

注：a 断屑槽的说明见 GB/T 12204。

　　b 不等边刀片通常在④号位用 X 表示，刀片宽度的测定（垂直于主切削刃或垂直于较长的边）以及刀片结构的特征需要予以说明。如果刀片形状没有列入①号位的表示范围，则此处不能用代号 X 表示。

5. 表示刀片长度的数字代号

表示刀片长度的数字代号应符合表 A-7 的规定（代号⑤表示规则）。

表　A-7

刀片形状类别	数字代号
Ⅰ-Ⅱ 等边形刀片	——在采用米制单位时，用舍去小数部分的刀片切削刃长度值表示。如果舍去小数部分后，只剩下一位数字，则必须在数字前加"0" 如：切削刃长度 15.5mm，表示代号为 15 　　切削刃长度 9.525mm，表示代号为 09 ——在采用英制单位时，用刀片内切圆的数值作为表示代号。数值取按 1/8 英寸为单位测量得到的分数的分子 a）当取用数字是整数时，用一位数字表示 如：内切圆直径 1/2in 表示代号为 4(1/2＝4/8) b）当取用数字不是整数时，用两位数字表示 如：内切圆直径 5/16in 表示代号为 2.5(5/16＝2.5/8)
Ⅲ-Ⅳ 不等边形刀片	通常用主切削刃或较长的边的尺寸值作为表示代号。刀片其他尺寸可以用符号 X 在④表示，并需附示意图或加以说明 ——在采用米制单位时，用舍去小数部分后的长度值表示 如：主要长度尺寸 19.5mm 表示代号为 19 ——在采用英制单位时，用按 1/4 英寸为单位测量得到的分数的分子表示 如：主要长度尺寸 3/4in 表示代号为 3
V 圆形刀片	——在采用米制单位时，用舍去小数部分后的数值表示 如：刀片尺寸 15.875mm 表示代号为 15 对米制圆形尺寸，结合代号⑦中的特殊代号，上述规则同样适用 ——在采用英制单位时，表示方法与等边形刀片相同（见 Ⅰ-Ⅱ类）

6. 表示刀片厚度的数字代号

表示刀片厚度的数字代号应符合表 A-8 的规定（代号⑥表示规则）。

刀片厚度（s）是指刀尖切削面与对应的刀片支承面之间的距离，其测量方法见图 A-4。圆形或倾斜的切削刃视同尖的切削刃。

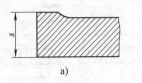 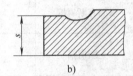 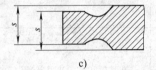

a)   b)   c)

图 A-4　刀片厚度

表　A-8

数字代号表示规则

——在采用米制单位时，用舍去小数值部分的刀片厚度值表示。若舍去小数部分后，只剩下一位数字，则必须在数字前加 "0"

如：刀片厚度 3.18mm 表示代号为 03

当刀片厚度整数值相同，而小数值部分不同，则将小数部分大的刀片代号用 "T" 代替 0，以示区别

如：刀片厚度 3.97mm，表示代号为 T3

——在采用英制单位时，用按 1/16 英寸为单位测量得到的分数的分子表示

a) 当数值是一个整数时，用一位数值表示

如：主要长度尺寸 1/8in 表示代号为 2（1/8 = 2/16）

b) 当数值不是一个整数时，用两位数值表示

如：主要长度尺寸 3/32in 表示代号为 1.5（3/32 = 1.5/16）

7. 表示刀尖形状的字母或数字代号

表示刀尖形状的字母或数字代号应符合表 A-9 的规定（代号⑦表示规则）。

表　A-9

数字或字母代号

1）若刀尖角为圆角，则其代号表示为

a) 在采用米制单位时，用按 0.1mm 为单位测量得到的圆弧半径值表示，如果数值小于 10，则在数字前加 "0"。

　　如：刀尖圆弧半径：0.8mm，表示代号为 08

　　如果刀尖角不是圆角时，则表示代号为 00

b) 在采用英制单位时，则用下列代号表示：

　　　　　　　　　0——尖角（不是圆形）；

　　　　　　　　　1——圆弧半径 1/64in；

　　　　　　　　　2——圆弧半径 1/32in；

　　　　　　　　　3——圆弧半径 3/64in；

　　　　　　　　　4——圆弧半径 1/16in；

　　　　　　　　　6——圆弧半径 3/32in；

　　　　　　　　　8——圆弧半径 1/8in；

　　　　　　　　　X——其他尺寸圆弧半径。

（续）

数字或字母代号

2）若刀片具有修光刃（见示意图），则用下列代号表示：

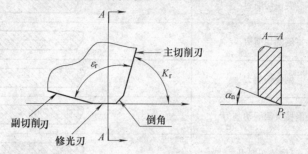

注：1. 修光刃是副切削刃的一部分。

　　2. 具有修光刃的刀片，根据其类型可能有或没有削边，本标准没有对其作出规定。标准刀片有无削边体现在尺寸标准上，非标准刀片有无削边则由供应商的产品样本给出。

表示主偏角 K_r 的大小	表示修光刃法后角 α'_n 大小
A——45°	A——3°
D——60°	B——5°
E——75°	C——7°
F——85°	D——15°
P——90°	E——20°
Z——其他角度	F——25°
	G——30°
	N——0°
	P——11°
	Z——其他角度

3）圆形刀片的表示规则，应视使用单位制式的情况区别表示：

　　——采用英制单位时，用"OO"表示；

　　——采用米制单位时，用"MO"表示。

五、可转位刀片的可选代号

1. 一般规定

除了 ISO 16462 和 ISO 16463 中规定的以外，本标准四中 1～7 中所规定的代号是可转位刀片型号表示中所必须有的代号。按三的规定，如有必要才采用五中的 2 和 3 中所规定的代号。

如果切削刃截面形状说明和切削方向中只需表示其中一个，则该代号占第 8 位。如果切削刃截面形状说明或切削方向都需表示，则该两个代号分别占第 8 位和第 9 位。

注：如有必要，五中的 2 和 3 中所规定的代号可用于符合 ISO 16462 和 ISO 16463 规定的镶片式刀片。

2. 表示刀片切削刃截面形状的字母代号

表示刀片切削刃截面形状的字母代号应符合表 A-10 的规定（代号⑧表示规则）。

表　A-10

代号	刀片切削刃截面形状	示意图
F	尖锐切削刃	
E	倒圆切削刃	
T	倒棱切削刃	
S	既倒棱又倒圆切削刃	
Q	双倒棱切削刃	
P	既双倒棱又倒圆切削刃	

3. 表示刀片切削方向的字母代号

表示刀片切削方向的字母代号应符合表 A-11 的规定（代号⑨表示规则）。

表　A-11

代号	切削方向	刀片的应用	示意图
R	右切	适用于非等边、非对称角、非对称刀尖、有或没有非对称断屑槽刀片，只能用该进给方向	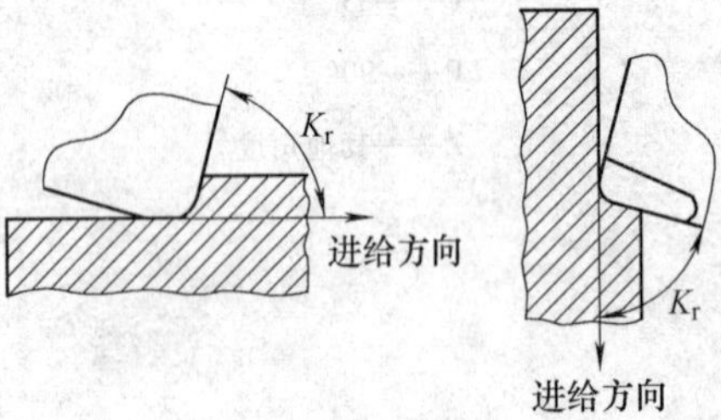
L	左切	适用于非等边、非对称角、非对称刀尖、有或没有非对称断屑槽刀片，只能用该进给方向	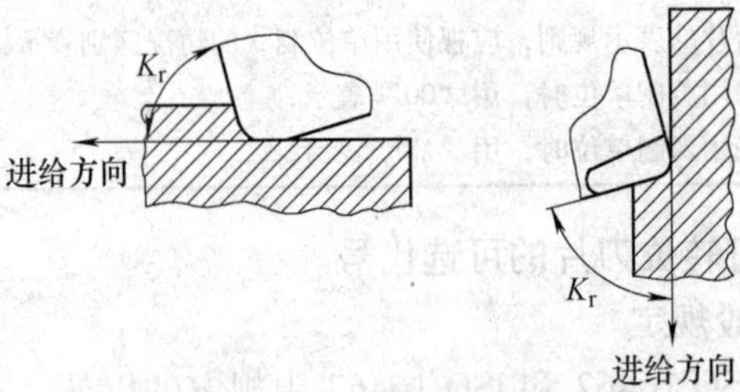
N	双向	适用于有对称刀尖、对称角、对称边和对称断屑槽的刀片，可能采用两个进给方向	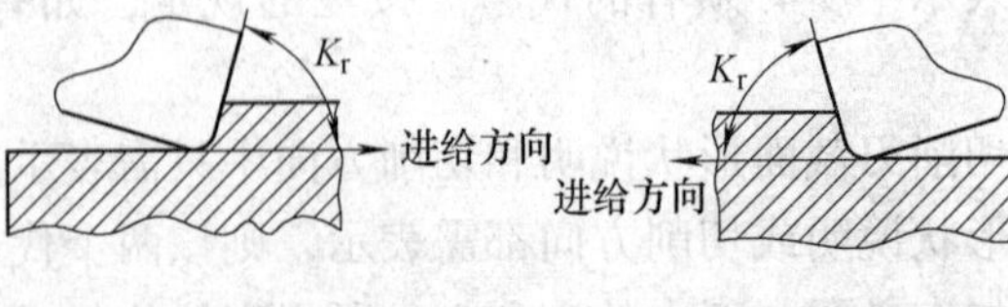

六、镶片式刀片的附加代号

1. 一般规定

3 和 4 给出的代号⑪和⑫用于表示符合 ISO 16462 和 ISO 16463 的镶片式刀片。需要时可以使用代号⑩。代号⑪和⑫与代号⑨之间应用短横线"—"隔开，参看示例 A-2。

2. 表示切削刃情况的字母代号（代号⑩表示规则）

（1）最多代号数　根据切削刃的情况用不多于 5 位数字的代号表示。

（2）倒圆　倒圆类别表示代号为 E（见图 A-5）。倒圆没有尺寸代码。

示例：SNMA150608E

（3）倒棱　倒棱类别表示代号为 T（见图 A-6）。

倒棱形状用 5 位阿拉伯数字表示，见表 A-12。前 3 位阿拉伯数字代码表示倒棱的宽度 b_r，以 0.01mm 为单位计算；后 2 位阿拉伯数字表示倒棱的角度 γ_b。

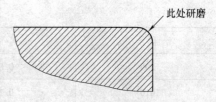

图 A-5　倒圆切削刃示意图

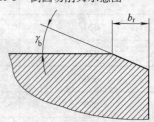

图 A-6　倒棱示意图

表　A-12

代号	b_r/mm	代号	γ_b
005	0.05	05	5°
010	0.10	10	10°
015	0.15	15	15°
020	0.20	20	20°
025	0.25	25	25°
030	0.30	30	30°
050	0.50		
070	0.70		
100	1.00		
150	1.50		
200	2.00		

示例：SNMA150608 T05020

（4）既倒棱又倒圆　既倒棱又倒圆类别表示代号为 S（见图 A-7）。

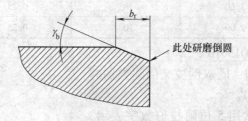

图 A-7　倒棱又倒圆示意图

既倒棱又倒圆形状用 5 位阿拉伯数字表示，见表 A-13。前 3 位阿拉伯数字代码表示既倒棱又倒圆的总宽度 b_r，以 0.01mm 为单位计算；后 2 位阿拉伯数字表示倒棱的角度 γ_b。倒圆没有尺寸代码。

表 A-13

代号	b_r/mm	代号	γ_b
005	0.05	05	5°
010	0.10	10	10°
015	0.15	15	15°
020	0.20	20	20°
025	0.25	25	25°
030	0.30	30	30°
050	0.50		
070	0.70		
100	1.00		
150	1.50		
200	2.00		

示例：SNMA150608 <u>S05020</u>

（5）双倒棱 双倒棱类别的表示代号为 Q（见图 A-8）。

双倒棱形状用 5 位阿拉伯数字表示，见表 A-14。前 3 位阿拉伯数字代码表示双倒棱的总宽度 b_{r1}，以 0.01mm 为单位计算；后 2 位阿拉伯数字表示双倒棱的较小角度 γ_{b1}；$b_{r2} \times \gamma_{b2}$ 取决于 $b_{r1} \times \gamma_{b1}$。

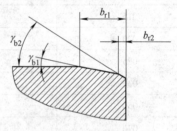

图 A-8 双倒棱示意图

表 A-14

代号	b_{r1}/mm	γ_{b1}	b_{r2}/mm	γ_{b2}
05015	0.50	15°	0.10	30°
07015	0.70	15°	0.15	30°
10015	1.00	15°	0.20	30°
15010	1.50	10°	0.25	30°
20010	2.00	10°	0.25	30°

示例：SNMA150608 <u>Q15010</u>

（6）既双倒棱又倒圆 既双倒棱又倒圆类别的表示代号为 P（见图 A-9）。

既双倒棱又倒圆形状用 5 位阿拉伯数字表示，见表 A-15。前 3 位阿拉伯数字代码表示既双倒棱又倒圆的总宽度 b_{r1}，以 0.01mm 为单位计算；后 2 位阿拉伯数字表示双倒棱的较小角度 γ_{b1}；$b_{r2} \times \gamma_{b2}$ 取决于 $b_{r1} \times \gamma_{b1}$。倒圆没有尺寸代码。

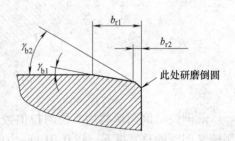

图 A-9 既双倒棱又倒圆示意图

表　A-15

代号	b_{r1}/mm	γ_{b1}	b_{r2}/mm	γ_{b2}
05015	0.50	15°	0.10	30°
07015	0.70	15°	0.15	30°
10015	1.00	15°	0.20	30°
15010	1.50	10°	0.25	30°
20010	2.00	10°	0.25	30°

示例：SNMA150608 P15010

3. 表示镶片式或整体刀片的切削刃类型和镶嵌角数量的字母代号（代号⑪表示规则）

镶片式或整体刀片的切削刃类型和镶嵌角数量用一个字母代号表示，其字母代号应符合表 A-16 的规定。

表　A-16

代号	示意图	说明
S		整体刀片
F	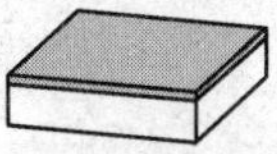	单面全镶刀片
E	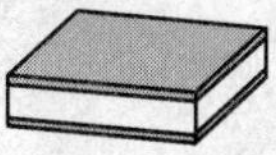	双面全镶刀片
A	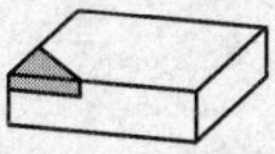	单面单角镶片刀片
B	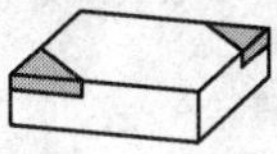	单面对角镶片刀片
C	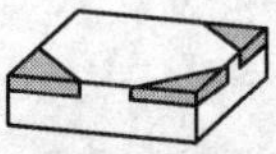	单面三角镶片刀片
D	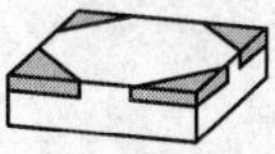	单面四角镶片刀片
G	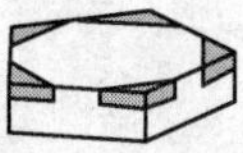	单面五角镶片刀片
H	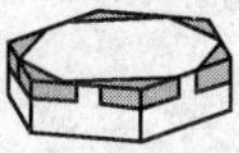	单面六角镶片刀片

（续）

代号	示意图	说明
J		单面八角镶片刀片
K		双面单角镶片刀片
L		双面对角镶片刀片
M		双面三角镶片刀片
N		双面四角镶片刀片
P		双面五角镶片刀片
Q		双面六角镶片刀片
R		双面八角镶片刀片
T		单角全厚镶片刀片
U		对角全厚镶片刀片
V		三角全厚镶片刀片
W		四角全厚镶片刀片
X		五角全厚镶片刀片

（续）

代号	示意图	说明
Y	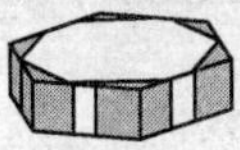	六角全厚镶片刀片
Z	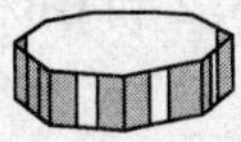	八角全厚镶片刀片

示例：SNMA150608S05020 – <u>B</u>

4. 表示镶刃长度的字母代号（代号⑫表示规则）

1）表示镶刃长度的代号可以为 1 位字母代号，也可为 3 位数字代号。

2）该代号可以为表 A-16 中所用 A、B、C、D、G、H、J、K、L、M、N、P、Q、R、T、U、V、W、X、Y、Z 中的字母。

3）镶刃长度是标准长度，用 1 位字母代号表示，见表 A-17。

表　A-17

代号	说明	切削刃长度 l_1 不小于
L	长	见 ISO 16462 和 ISO 16463
S	短	

4）如果镶刃长度不是标准长度时，用 3 位数字代码表示有效刃尖长度，以 0.1mm 计。如果刃尖长度小于 10.0mm 时，则在前面加 0。

示例：镶刃长度 4.5mm，代号为 045。

示例：镶刃长度 10.7mm，代号为 107。

5. 标注示例

例 A-3：

正方形（S）、0°法后角（N）、允许极限偏差 M 级（M）、有圆形固定孔无断屑槽（A）、切削刃长度 15.875mm（15）、刀片厚度 6.35mm（06）、刀尖圆弧半径 0.8mm（08）、切削刃为既倒棱又倒圆（S）、倒棱加倒圆总宽度 0.5mm（050）、较小角度 20°（20）、单面对角镶嵌（B），镶刃长度 l_1 = 3.0mm（L）的镶片刀片表示为

SNMA150608S05020 – BL

例 A-4：

正方形（S）、0°法后角（N）、极限偏差 M 级（M）、有圆形固定孔无断屑槽（A）、切削刃长度 15.875mm（15）、刀片厚度 6.35mm（06）、刀尖圆弧半径 0.8mm（08）、切削刃为既倒棱又倒圆（S）、倒棱加倒圆总宽度 0.5mm（050）、较小角度 20°（20）、单面对角镶嵌（B），镶刃长度 l_1 = 4.5mm（045）的镶片刀片表示为

SNMA150608S05020 – B045

附录 B　可转位车刀及刀夹型号表示规则
（GB/T 5343.1—2007）

1. 范围

本部分规定了矩形柄可转位车刀、仿形车刀及刀夹的型号表示规则，以利于简化订货和技术规范。已标准化了的矩形柄的尺寸 f 见 GB/T 5343.2 和 GB/T 14661。

本部分适用于可转位车刀及刀夹的型号表示规则。

2. 规范性引用文件

下列文件中的条款通过 GB/T 5343 的本部分的引用而成为本部分的条款。凡是注日期的引用文件，其随后所有的修改单（不包括勘误的内容）或修订版均不适用于本部分，然而，鼓励根据本部分达成协议的各方研究是否可使用这些文件的最新版本。凡是不注日期的引用文件，其最新版本适用于本部分。

GB/T 5343.2　可转位车刀及刀夹　第 2 部分：可转位车刀型式尺寸和技术条件（GB/T 5343.2—2007，ISO 5610：1998，MOD）

GB/T 14661　可转位 A 型刀夹（GB/T 14661—2007，ISO 5611：1995，MOD）

3. 代号使用规则的说明

本部分规定车刀或刀夹的代号由代表给定意义的字母或数字符合按一定的规则排列所组成，共有 10 位符号，任何一种车刀或刀夹都应使用前 9 位符号，最后一位符号在必要时才使用。在 10 位符号之后，制造厂可以最多再加 3 个字母（或）3 位数字表达刀杆的参数特征，但应用破折号与标准符号隔开，并不得使用第（10）位规定的字母。

9 个应使用的符号和一位任意符号的规定如下：

1）表示刀片夹紧方式的字母符号。

2）表示刀片形状的字母符号。

3）表示刀具头部型式的字母符号。

4）表示刀片法后角的字母符号。

5）表示刀具切削方向的字母符号。

6）表示刀具高度（刀杆和切削刃高度）的数字符号。

7）表示刀具宽度的数字符号或识别刀夹类型的字母符号。

8）表示刀具长度的字母符号。

9）表示可转位刀片尺寸的数字符号。

10）表示特殊公差的字母符号。

例 B-1：

①	②	③	④	⑤	⑥	⑦	⑧	⑨	⑩
C	T	G	N	R	32	25	M	16	Q

4. 符号的规定

1）表示刀片夹紧方式的符号按表 B-1 的规定——第①位。

表　B-1

字母符号	夹紧方式
C	顶面夹紧（无孔刀片）
M	顶面和孔夹紧（有孔刀片）
P	孔夹紧（有孔刀片）
S	螺钉通孔夹紧（有孔刀片）

2）表示刀片形状的符号按表 B-2 的规定——第②位。

表　B-2

字母符号	刀片形状	刀片型式
H	六边形	
O	八边形	
P	五边形	等边和等角
S	四边形	
T	三角形	
C	菱形 80°	
D	菱形 55°	
E	菱形 75°	
M	菱形 86°	等边但不等角
V	菱形 35°	
W	六边形 80°	
L	矩形	不等边但等角
A	85°刀尖角平行四边形	
B	82°刀尖角平行四边形	不等边和不等角
K	55°刀尖角平行四边形	
R	圆形刀片	圆形

注：刀尖角均指较小的角度。

3）表示刀具头部型式的符号按表 B-3 的规定——第③位。

表　B-3

符　号	型　式	
A	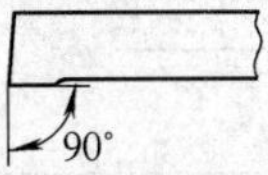 90°	90°直头侧切
B	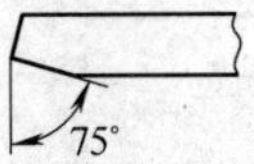 75°	75°直头侧切
C	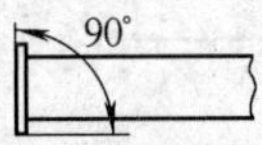 90°	90°直头端切
D[a]	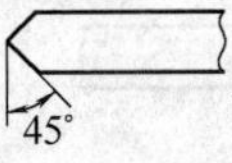 45°	45°直头侧切

（续）

符　号	型　式	
E		60°直头侧切
F		90°偏头端切
G		90°偏头侧切
H		107.5°偏头侧切
J		93°偏头侧切
K		75°偏头端切
L		95°偏头侧切和端切
M		50°直头侧切
N		63°直头侧切
P		117.5°偏头侧切
R		75°偏头侧切
S[a]		45°偏头端切
T		60°偏头侧切
U		93°偏头端切

（续）

符　号	型　式	
V	72.5°	72.5°直头侧切
W	60°	60°偏头端切
Y	85°	85°偏头端切

注：a　D 型和 S 型车刀和刀夹也可以安装圆形（R 型）刀片。

4）表示刀片法后角的符号按表 B-4 的规定——第④位。

表　B-4

字母符号	刀片法后角
A	3°
B	5°
C	7°
D	15°
E	20°
F	25°
G	30°
N	0°
P	11°

注：对于不等边刀片，符号用于表示较长边的法后角。

5）表示刀具切削方向的符号按表 B-5 的规定——第⑤位。

表　B-5

字母符号	切削方向
R	右切削
L	左切削
N	左右均可

6）表示刀具高度的符号规定如下——第⑥位。

对于刀尖高 h_1 等于刀杆高 h 的矩形柄车刀（见图 B-1），用刀杆高度 h 表示，毫米作单位，如果高度的数值不足两位时，在该数前加"0"。

例如：$h = 32mm$，符号为 32；$h = 8mm$，符号为 08。

对于刀尖高度 h_1 不等于刀杆高度 h 的刀夹（见图 B-2），用刀尖高 h_1 表示，毫米作单位，如果高度的数值不足两位时，在该数前加"0"。

例如：$h_1 = 12mm$，符号为 12；$h_1 = 8mm$，符号为 08。

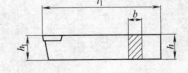

图　B-1

7）表示刀具宽度的符号按以下的规定——第⑦位。

对于矩形柄车刀（见图 B-1），用刀杆宽度 b 表示，毫米作单位。如果宽度的数值不足两位时，在该数前加"0"。

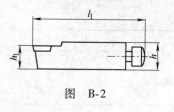

图　B-2

例如：$b=25mm$，符号为 25；$b=8mm$，符号为 08。

对于刀夹（见图 B-2），当宽度没有给出时，用两个字母组成的符号表示类型，第一个字母总是 C（刀夹），第二个字母表示刀夹的类型。例如：对于符合 GB/T 14461 规定的刀夹，第二个字母为 A。

8）表示刀具长度的符号见表 B-6——第⑧位。

对于符合 GB/T 5343.2 的标准车刀，一种刀具对应的长度尺寸只规定一个，因此，该位符号用一个破折号"——"表示。

对于符合 GB/T 14461 的标准刀夹，如果表 B-6 中没有对应的 l_1 符号（例如：$l_1=44mm$），则该位符号用破折号"——"来表示。

表　B-6

字母符号	长度/mm（图 B-1 和图 B-2 的 l_1）
A	32
B	40
C	50
D	60
E	70
F	80
G	90
H	100
J	110
K	125
L	140
M	150
N	160
P	170
Q	180
R	200
S	250
T	300
U	350
V	400
W	450
X	特殊长度，待定
Y	500

9）表示可转位刀片尺寸的数字符号按表 B-7 的规定——第⑨位。

表　B-7

刀片型式	数字符号
等边并等角（H、O、P、S、T）和等边但不等角（C、D、E、M、V、W）	符号用刀片的边长表示，忽略小数 例如，长度：16.5mm，符号为16
不等边但等角（L） 不等边不等角（A、B、K）	符号用主切削刃长度或较长的切削刃表示，忽略小数 例如，主切削刃的长度：19.5mm，符号为19
圆形（R）	符号用直径表示，忽略小数 例如，直径：15.874mm，符号为15

注：如果米制尺寸的保留只有一位数字时，则符号前面应加0。例如，边长为9.525mm，则符号为09。

5. 可选符号：特殊公差符号——第⑩位

对于f_1、f_2和l_1带有±0.08公差的不同测量基准刀具的符号按表 B-8 的规定。

表　B-8　　　　　　　　　　　　　　　　（单位：mm）

符号	测量基准面	简　图
Q	基准外侧面和基准后端面	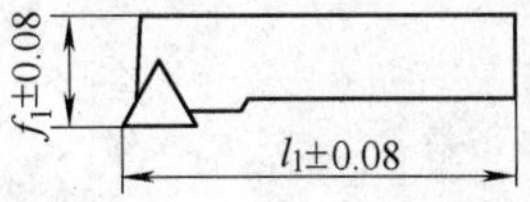
F	基准内侧面和基准后端面	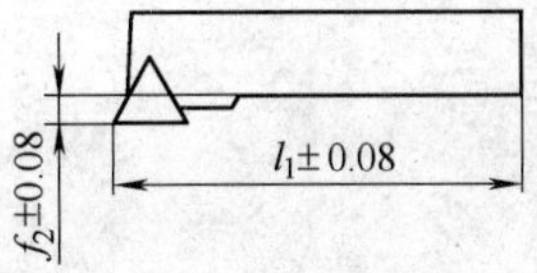
B	基准内外侧面和基准后端面	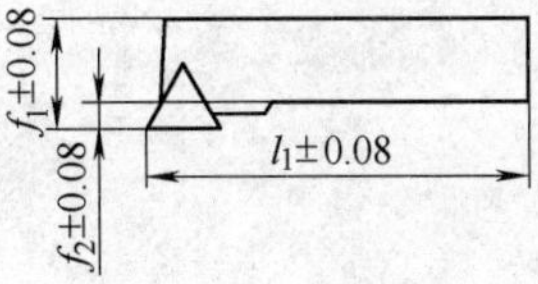

参 考 文 献

[1] 数控大赛试题·答案·点评编委会. 数控大赛试题·答案·点评 [M]. 北京：机械工业出版社，2006.

[2] 罗春华，刘海明. 数控加工工艺简明教程 [M]. 北京：北京理工大学出版社，2007.

[3] 张明建，杨世成. 数控加工工艺规划 [M]. 北京：清华大学出版社，2009.

[4] 杨建明. 数控加工工艺与编程 [M]. 北京：北京理工大学出版社，2006.

[5] 苏建修，杜家熙. 数控加工工艺 [M]. 北京：机械工业出版社，2009.

[6] 张平亮. 现代数控加工工艺与装备 [M]. 北京：清华大学出版社，2008.

[7] 杨丰，宋宏明. 数控加工工艺 [M]. 北京：机械工业出版社，2010.

[8] 田春霞. 数控加工工艺 [M]. 北京：机械工业出版社，2006.

[9] 杨继宏. 数控加工工艺手册 [M]. 北京：化学工业出版社，2008.